高职高专国家示范性院校课改教材

微控制器应用系统开发项目教程

主　编　罗　剑
副主编　黄俊梅

西安电子科技大学出版社

内 容 简 介

本书系统地阐述了以 MCS-51 微控制器为核心的应用系统的结构、原理、开发平台、指令系统、常用接口设计等内容，并通过三个进阶项目深入浅出地讲解了微控制器应用系统开发的一般流程和注意事项。

本书根据现代职业教育人才培养的要求，重在培养学生的实践动手能力。书中基于 TKMCU-1 型单片机开发平台，穿插了大量的实例、验证实验和习题，同时又强调了知识的前沿性和拓展性，增强了学习的趣味性，为读者提供了广阔的自我开发空间。

本书可作为高职高专计算机类、电子类、电气自动化类专业教材，也可作为微控制器应用系统开发、智能仪器仪表领域工程技术人员的参考书。

图书在版编目(CIP)数据

微控制器应用系统开发项目教程/罗剑主编.
—西安：西安电子科技大学出版社，2017.6
高职高专国家示范性院校课改教材
ISBN 978-7-5606-4430-1

Ⅰ.① 微…　Ⅱ.① 罗…　Ⅲ.① 微处理器—系统设计—教材　Ⅳ.① TP332

中国版本图书馆 CIP 数据核字(2017)第 072588 号

策　　划　秦志峰
责任编辑　杨　璠
出版发行　西安电子科技大学出版社(西安市太白南路 2 号)
电　　话　(029)88242885　88201467　　邮　　编　710071
网　　址　www.xduph.com　　电子邮箱　xdupfxb001@163.com
经　　销　新华书店
印刷单位　陕西大江印务有限公司
版　　次　2017 年 6 月第 1 版　2017 年 6 月第 1 次印刷
开　　本　787 毫米×1092 毫米　1/16　印张 15.5
字　　数　365 千字
印　　数　1～2000 册
定　　价　32.00 元
ISBN 978-7-5606-4430-1/TP

XDUP 4722001-1

前　　言

微控制器(Micro Controller Unit，MCU)，又称为单片微型计算机，简称单片机。微控制器应用系统开发与控制理论、微电子技术、微机技术、通信技术等密切相关，是一门多学科互相渗透的综合性技术学科，该技术已经渗透到我们生活的各个领域，有着广泛的应用。因此，微控制器课程在电子信息、电气工程、通信和机电一体化等相关专业均有开设。

本书针对初级单片机产品开发设计人员的要求，以 8 位 MCS－51 通用型单片机为代表机型，以单片机的典型应用为载体，秉持“能力本位、任务驱动”的基本设计理念，按照“学做一体”的教学模式进行内容设计。本书以能力培养为主线，按照基本能力—应用能力—综合能力—自身发展能力的进阶式发展，进行微控制器的应用系统构建原理与电子产品的开发过程双轨道教学，使读者能快速具备基于微控制器的小型电子产品开发和设计的能力。

本书具有如下特点：

(1) 采用“项目引领，任务驱动”的教学模式。全书分为三个依次递进的教学模块，各由一个实用项目引领，每个项目划分为若干个具体的工作任务。为了更好地理解并完成任务，每个项目后都附有相关的实验实训，便于学生“做中学，学中做”，体现职业教育特色。

(2) 基于应用系统开发的一般流程，将 MCS－51 单片机的核心知识点融入各个任务当中；为了能突出硬件，深入了解单片微型计算机的结构及应用，开发语言采用汇编语言。

(3) 为了突出实用性和拓展性，本书在经典案例的基础上为相关章节增加了液晶接口、I^2C 总线接口、SPI 接口、看门狗等知识点介绍，同时还添加了电子产品装配制作的有关知识内容。

(4) 本书的所有应用系统开发案例均可在 TKMCU－1 型综合实验装置上进行硬件仿真，编译软件采用 Keil 内核的伟福编译环境，使用方便。

针对应用需求和学生能力培养的课程目标，课堂教学内容划分为三个典型应用项目，共九个学习任务，建议学时为 78。具体教学实施建议如下：

(1) 项目论述，明确能力目标及知识点，下达项目任务书，要求学生预习相关内容。

(2) 指导教师集中介绍项目实施的目的和内容、实施步骤及注意事项、所使用的设备仪器的使用方法与规范，指导学生书写任务计划单。

(3) 指导教师应根据教学内容和教学条件使学生分组实施任务；小组成员应分工明确，协调操作，以便提高动手能力和团队精神。教师还应指导学生填写任务记录。

(4) 采用理实一体化教学模式，对于任务实施过程中需要学习的知识点，应在任务实施过程中穿插讲解。

(5) 项目实施结束后，根据任务记录及任务实施表现填写考核表。教师指导学生进行项目实施总结。

本书由陕西能源职业技术学院罗剑担任主编、黄俊梅担任副主编。罗剑负责全书的统稿，并编写了项目三；黄俊梅编写了项目一、项目二。此外，在本书的编写过程中得到了杨建康老师、张鹏老师的良好建议，以及学院领导和出版社的大力支持，在此表示衷心感谢。

由于编者水平有限，书中难免有不妥之处，恳请读者批评指正。如有疑问和建议，请联系编者(E-mail：snzydzx@163.com)。

编　者
2017年1月

目　录

项目一　微控制器最小系统设计

（基础知识模块）

能力目标

◆ 能够进行微控制器最小系统的搭建与焊接装配；

◆ 能熟练使用单片机汇编语言进行简单程序设计；

◆ 能进行微控制系统开发软件工具的安装使用，利用开发装置进行系统硬件仿真。

知识要点

◆ 微控制器的概念及应用特点；

◆ 微机的结构与工作过程，数制编码的转换；

◆ MCS－51 单片机的工作方式、结构组成、工作时序；

◆ MCS－51 单片机的指令系统，汇编语言程序设计。

电子计算机高速发展到今天，通常可将其分为巨型机、大型机、中型机、小型机和微型机五类。它们在系统结构和基本工作原理方面并无本质的区别，只是在体积、性能和应用领域方面有所不同。后 PC 时代的到来，使人们频繁地接触到一个概念——嵌入式产品，如手机、PDA、机顶盒、GPS 导航、智能网络设备和智能家电等。在计算机的应用中，新型嵌入式设备在数量上远远超过普通计算机。其中，单片机的出现为嵌入式系统的发展奠定了基础。

单片机也叫做微控制器(Micro Controller Unit，MCU)，即在一块芯片上实现一台微型计算机的基本功能。单片机最小系统是能让单片机运转起来的最小外部组件的集合，它包括时钟电路、复位电路、电源三个部分。微控制器作为控制核心，通常是以单片机最小系统为基础，利用输入/输出接口实现对象的控制，十分方便。因此，微控制器最小系统的设计开发具有很高的实用价值和现实意义。

学习任务一　认识微控制器

任务描述

在进行微控制器系统应用开发之前，要对典型的微控制系统功能有个初步认知，其中包括单片机的概念、发展状况、特点、硬件结构等，从而为单片机的系统设计与开发奠定基础。

相关知识

一、微控制器(单片机)概述

(一) 微处理器、微型计算机和微控制器(单片机)的概念

1. 微处理器 MP(Micro Processor)

微处理器就是传统计算机的 CPU，是集成在同一块芯片上的具有运算和逻辑控制功能的中央处理器，简称 MP，它是构成微型计算机系统的核心部件。

2. 微型计算机 MC(Micro Computer)

微型计算机由中央处理单元(CPU)、存储器、I/O 接口及中断系统等组成，相互之间通过三组总线(Bus)，即地址总线 AB、数据总线 DB 和控制总线 CB 相连接。

CPU 由运算器和控制器组成，运算器能够完成各种算术运算和逻辑运算操作，控制器用于控制计算机进行各种操作。

存储器是计算机系统中的“记忆”装置，可分为 RAM 和 ROM 两种，其功能是存放程序和数据。

输入/输出(I/O)接口是 CPU 与外部设备进行信息交换的部件。

总线是将 CPU、存储器和 I/O 接口等相对独立的功能部件连接起来，并传送信息的公共通道。

3. 微控制器(单片机)

将组成微型计算机所必需的部件(中央处理器(CPU)、程序存储器(ROM)、数据存储器(RAM)、中断系统、定时/计数器、输入/输出(I/O)接口、系统总线等)集成在一块集成电路芯片上，使其具备计算机的基本功能，就叫做单片微型计算机(Single Chip Micro Computer，SCMC)，简称单片机。由于单片机的指令功能是按照工业控制的要求设计的，所以单片机又称为微控制器(Micro Controller Unit，MCU)。

(二) 微控制器(单片机)的发展状况

微控制器(单片机)发展很快，其发展过程大致可分为以下几个阶段：

1. 单芯片微机形成阶段

1976年，Intel公司推出了MCS-48系列单片机：8位CPU、1 KB ROM、64 B RAM、27根I/O线和1个8位定时/计数器。其特点是：存储器容量小，寻址范围小(不大于4 KB)，无串行接口，指令系统功能不强。

2. 性能完善提高阶段

1980年，Intel公司推出了MCS-51系列单片机：8位CPU、4 KB ROM、128 B RAM、4个8位并口、1个全双工串行口、2个16位定时/计数器。寻址范围为64 KB，并有控制功能较强的布尔处理器。该阶段单片机的特点是：结构体系完善，性能得到大大提高，面向控制的特点进一步突出。现在，MCS-51已成为公认的单片机经典机种。

3. 微控制器化阶段

1982年，Intel推出MCS-96系列单片机。芯片内集成：16位CPU、8 KB ROM、232 B RAM、5个8位并口、1个全双工串行口、2个16位定时/计数器。寻址范围为64 KB。片上还有8路10位ADC、1路PWM输出及高速I/O部件等。该阶段微控制器的特点是：片内面向测控系统电路增强，使之可以方便灵活地用于复杂的自动测控系统及设备。“微控制器”的称谓更能反映单片机的本质。

20世纪90年代以后，单片机获得了飞速的发展。

(三) 8位单片机的主要生产厂家和机型

(1) 美国Intel公司MCS-51系列及其增强型、扩展型系列。

(2) 美国ATMEL公司89C51、89C52、89C55、89S52系列等。

(3) 荷兰PHILIPS(飞利浦)公司8xC552系列。

(4) 美国Microchip(微芯)公司PIC16 5X系列。

(四) MCS-51系列单片机的特点

(1) 采用哈佛结构，即程序存储与数据存储是分开的，对于MCS-51单片机而言，也可以说存储器ROM和RAM是严格区分的。ROM称为程序存储器，只存放程序、固定常数及数据表格。RAM则为数据存储器，用于工作区及存放用户数据。

(2) 采用面向硬件的高效率指令系统。

(3) I/O引脚通常是多功能的。

(4) 外部扩展能力强。

(5) 体积小，成本低，运用灵活，易于产品化。

(6) 面向控制，能有针对性地解决从简单到复杂的各类控制任务，因而能获得最佳的性能价格比。

(7) 抗干扰能力强，适用温度范围宽。

(8) 可以方便地实现多机和分布式控制，使整个控制系统的效率和可靠性大为提高。

(五) 单片机的应用领域

1. 智能仪器仪表

单片机具有体积小、功耗低、控制功能强、扩展灵活、微型化和使用方便等优点，广泛应用于仪器仪表中，结合不同类型的传感器，可实现诸如电压、功率、频率、湿度、温度、流量、速度、厚度、角度、长度、硬度、元素、压力等物理量的测量。采用单片机控制使得仪器仪表数字化、智能化、微型化，且功能比采用电子或数字电路控制的仪器仪表更加强大。例如精密的测量设备(功率计、示波器、各种分析仪)。

2. 工业控制

用单片机可以构成形式多样的控制系统、数据采集系统。例如工厂流水线的智能化管理，电梯智能化控制、各种报警系统，与计算机联网构成二级控制系统等。

3. 家用电器

现在的家用电器基本上都采用了单片机控制，从电饭煲、洗衣机、电冰箱、空调机、彩电到音响视频器材，再到电子称量设备，五花八门，无所不在。

4. 计算机网络和通信领域

现在的单片机普遍具备通信接口，可以很方便地与计算机进行数据通信，为单片机在计算机网络和通信设备间的应用提供了极好的物质条件，并且多数通信设备基本上都实现了单片机智能控制。

5. 医用设备

现代的医用呼吸机、分析仪、监护仪、超声诊断设备以及病床呼叫系统等都采用了单片机智能控制系统。

二、微机基础知识

(一) 数制

数制是人们利用符号来计数的科学方法。数制有很多种，在计算机中常使用的则为十进制、二进制和十六进制。

数制所使用的数码的个数称为基，数制每一位所具有的值称为权。

1）十进制(D或不带字母)

- 基数：10。
- 符号：0，1，…，9。
- 规则：逢十进一。

以253.48为例，该数可表示为

$$253.48=2\times10^2+5\times10^1+3\times10^0+4\times10^{-1}+8\times10^{-2}$$

2）二进制(B)

- 基数：2。
- 符号：0，1。
- 规则：逢二进一。
- 特点：便于实现，不便记忆。

3）十六进制(H)

- 符号：0，1，…，9，A，B，…，F。
- 规则：逢十六进一。

注意： 为了区别几种数制，在数的后面加写英文字母来区别，D、B、H分别表示为十进制数、二进制数、十六进制数，通常对十进制可不加标志。三种进制之间的关系如表1-1所示。

表 1-1　十进制、二进制、十六进制之间的关系

十进制	二进制	十六进制	十进制	二进制	十六进制
0	0000	0	8	1000	8
1	0001	1	9	1001	9
2	0010	2	10	1010	A
3	0011	3	11	1011	B
4	0100	4	12	1100	C
5	0101	5	13	1101	D
6	0110	6	14	1110	E
7	0111	7	15	1111	F

(二) 数制的转换

1. 二进制、十六进制数转换成十进制数

将二进制、十六进制数转换为十进制数的基本方法为：位权展开求和法。将二、十六进制数按权展开后相加即可。例如：

$$(10111)_2 = 1\times2^4+0\times2^3+1\times2^2+1\times2^1+1\times2^0=16+4+2+1$$
$$=(23)_{10}$$
$$(2AF)_{16}=2\times16^2+A\times16^1+F\times16^0=2\times16^2+10\times16+15\times1$$
$$=(687)_{10}$$

2. 十进制数转换成二进制、十六进制数

将十进制数转换成二进制数、十六进制数的基本方法为：除基取余法。

【例】　将十进制数 59 转化成二进制数。

解：

```
    整数部分        余数
  2 | 59
  2 | 29  ......  1    ↑  低位
  2 | 14  ......  1    |
  2 | 7   ......  0    |  (反序)
  2 | 3   ......  1    |
  2 | 1   ......  1    |  高位
      0   ......  1    |
```

得：

$$(59)_{10}=(111011)_2$$

【例】　试求十进制数 427 所对应的十六进制数。

解：

```
    整数部分        余数
 16 | 427
 16 | 26  ......  11   ↑  低位
 16 | 1   ......  10   |  (反序)
      0   ......  1    |  高位
```

得：

$$(427)_{10}=(1AB)_{16}$$

3. 二进制数转换成十六进制数

将二进制数转换成十六进制数的基本方法为：四位一并法。

【例】 $(11110111101.01)_2=(\qquad)_{16}$

解：

0111 1011 1101 . 0100

7 B D . 4

即： $(11110111101.01)_2=(7BD.4)_{16}$

4. 十六进制数转换成二进制数

将十六进制数转换成二进制数的基本方法为：一分为四法。

【例】 $(23.F)_{16}=(\qquad)_2$

解：

2 3 . F

0010 0011 . 1111

即： $(23.F)_{16}=(100011.1111)_2$

(三) 计算机中常用的编码

1. BCD码

BCD码(十进制数的二进制编码)是一种具有十进制权的二进制编码，即它是一种既能为计算机所接受，又基本上符合人们的十进制数运算习惯的二进制编码。

BCD码的种类较多，常用的有8421码、2421码、余3码和格雷码等，其中最为常用的是8421 BCD编码(也称为8421码)。因十进制数有10个不同的数码0～9，必须要有4位二进制数来表示，而4位二进制数可以有16种状态，因此取4位二进制数顺序编码的前10种，即0000B～1001B为8421码的基本代码，1010B～1111B未被使用，称为非法码或冗余码。8421 BCD编码表如表1-2所示。

表1-2 8421 BCD编码表

十进制数	压缩BCD码	非压缩BCD码	十进制数	压缩BCD码	非压缩BCD码
0	0H(0000B)	00H(0000 0000B)	5	5H(0101B)	05H(0000 0101B)
1	1H(0001B)	01H(0000 0001B)	6	6H(0110B)	06H(0000 0110B)
2	2H(0010B)	02H(0000 0010B)	7	7H(0111B)	07H(0000 0111B)
3	3H(0011B)	03H(0000 0011B)	8	8H(1000B)	08H(0000 1000B)
4	4H(0100B)	04H(0000 0100B)	9	9H(1001B)	09H(0000 1001B)

2. ASCII码

ASCII码诞生于1963年，是一种比较完整的字符编码，现已成为国际通用的标准编码，广泛应用于微型计算机与外部设备的通信中。

ASCII码是“美国信息交换标准代码”的简称，它是用7位二进制数码来表示的。7位二进制数码共有128种组合状态，包括图形字符96个和控制字符32个。96个图形字符包括十进制数字符10个、大小写英文字母52个和其他字符34个，这类字符有特定形状，可以显示在CRT上和打印在打印纸上。32个控制字符包括回车符、换行符、退格符、设备控制符和信息分隔符等，这类字符没有特定形状，字符本身不能在CRT上显示和在打印机上打印。

(四) 计算机中带符号数的表示

数在计算机内的表示形式称为机器数。机器数的最高位是符号位，最高位为 0 表示正数，最高位为 1 表示负数。

1. 原码

原码表示法是最简单的一种机器数表示法，只要把真值的符号部分用 0 或 1 表示即可。正数的符号位用 0 表示，负数的符号位用 1 表示。

$105=+1101001B$，　$[105]_{原}=01101001B$

$-105=-1101001B$，　$[-105]_{原}=11101001B$

2. 反码

正数的反码与原码一样。负数的反码为：符号位不变，其余位按位取反。

$[105]_{原}=01101001B$，　$[105]_{反}=01101001B$

$[-105]_{原}=11101001B$，　$[-105]_{反}=10010110B$

3. 补码

计算机中，带符号数的运算均采用补码。正数的补码与其原码相同。负数的补码为：符号位不变，其余位按位取反+1(反码末位加 1)。

$[105]_{原}=01101001B$，　$[105]_{补}=01101001B$

$[-105]_{原}=11101001B$，　$[-105]_{补}=10010111B$

三、单片机的工作原理及硬件构建

(一) 单片机的概念

单片机是一种将中央处理器(Central Processing Unit，CPU)、随机存储器、只读存储器、中断系统、定时器/计数器以及 I/O 接口电路等微型计算机的主要部件集成在一块芯片上，使其具有计算机的基本功能的集成电路芯片，它也叫做单片微型计算机(Single Chip Micro Computer，SCMC)。由于单片机的指令功能是按照工业控制要求设计的，所以单片机又称为微控制器(Micro Controller Unit，MCU)。

(二) 单片机的工作原理

单片机的工作原理就是执行程序的过程，而执行程序的过程就是不断执行指令的过程。执行指令的过程可以分为两个阶段：取指令阶段和执行指令阶段。要取指令的地址由程序计数器(PC)给出，经译码产生硬件可直接执行的微指令。这两个阶段都是严格按单片机时序进行的。工作过程大致为：首先由 PC 将要执行指令的地址送到总线上，进行取指令操作，从存储器取出指令后送指令译码器，经译码产生微指令直接控制硬件完成指令的功能；然后再取指令，再执行，就这样周而复始地进行。

1. MCS-51 单片机的结构及信号引脚

1) MCS-51 单片机的结构

MCS-51 单片机的结构框图如图 1-1 所示。

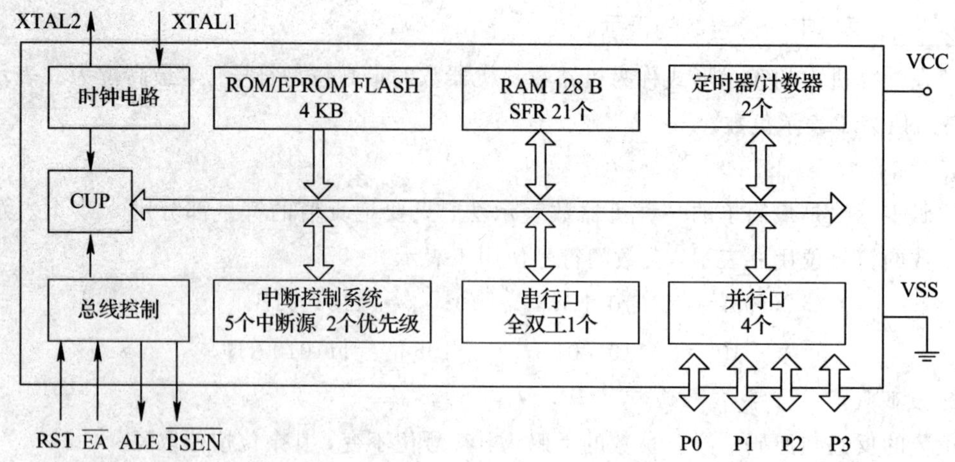

图 1-1　MCS-51 单片机结构框图

MCS-51 单片机的存储器结构如图 1-2 所示。

(1) 内部数据存储器。内部存储器用于存放可读写的数据。内部数据存储器可分为三个区域，如表 1-3 所示。

表 1-3　内 RAM 低 128 字节的三个区

地址区域		功能名称
00H～1FH	00H～07H	工作寄存器 0 组
	08H～0FH	工作寄存器 1 组
	10H～17H	工作寄存器 2 组
	18H～1FH	工作寄存器 3 组
20H～2FH		位寻址区
30H～7FH		通用 RAM 区

(2) 内部程序存储器。内部程序存储器用于存放程序和原始数据。

(3) 定时器/计数器。MCS-51 共有两个 16 位的定时器/计数器，实现定时/计数功能，并以定时或计数结果对单片机进行控制，以满足控制需要。

(4) 中断控制系统。MCS-51 共有 5 个中断源，即外中断 2 个、定时/计数中断 2 个、串行中断 1 个。全部中断分为高级和低级共两个优先级别。

(5) 时钟电路。MCS-51 芯片的内部有时钟电路，但石英晶体和微调电容需外接。时钟电路为单片机产生时钟脉冲序列。

典型的晶振频率有：6 MHz、11.0592 MHz、12 MHz。

(6) 总线。总线是连接计算机各部件的一组公共信号线。单片机的三总线结构如图 1-3所示。总线分为地址总线、数据总线和控制总线。总线的设置减少了单片机的连线和引脚，提高了集成度和可靠性。

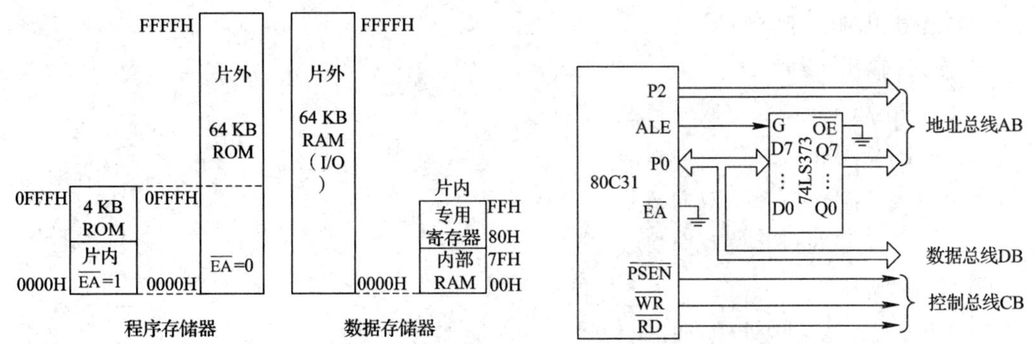

图 1-2　MCS-51 单片机的存储器结构　　　图 1-3　MCS-51 单片机的三总线结构

(7) 并行 I/O 口。MCS-51 共有 4 个 8 位的 I/O 口(P0、P1、P2、P3)，用于实现数据的并行输入输出。

(8) 串行口。MCS-51 单片机有一个全双工的串行口，用以实现单片机和其他数据设备之间的串行数据传送。

2) MCS-51 单片机的逻辑结构

(1) 中央处理器(CPU)。中央处理器简称 CPU，是单片机的核心，能完成运算和控制操作。按其功能划分，中央处理器包括运算器和控制器两部分电路。

(2) 运算器电路。运算器电路的功能是：以状态寄存器中的进位标志位 C 为累加位，可进行各种算数运算及逻辑运算操作。

(3) 控制器电路。控制器电路是单片机的指挥控制部件，它能保证单片机各部分自动而协调地工作。

3) MCS-51 单片机的信号引脚

MCS-51 是标准的 40 引脚双列直插式集成电路芯片，引脚排列如图 1-4 所示。

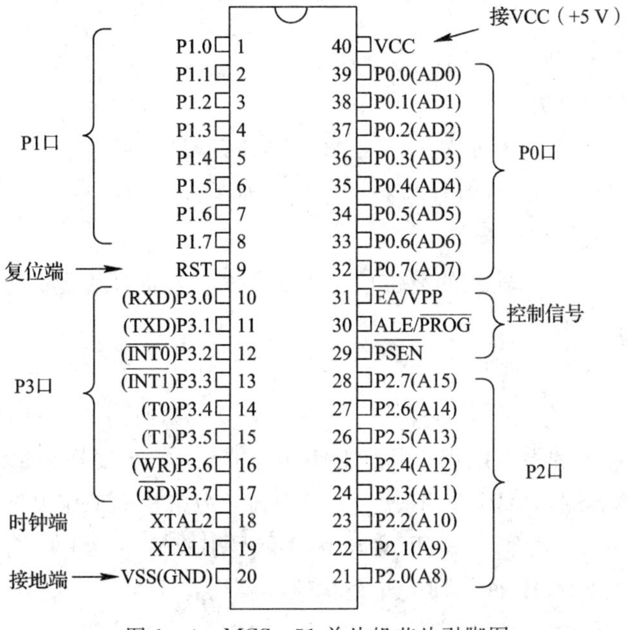

图 1-4　MCS-51 单片机芯片引脚图

(1) 信号引脚的介绍如下：

① 输入/输出口线：

P0.0～P0.7：P0 口 8 位双向口线。

P1.0～P1.7：P1 口 8 位双向口线。

P2.0～P2.7：P2 口 8 位双向口线。

P3.0～P3.7：P3 口 8 位双向口线。

② 控制类引脚：

· ALE/$\overline{\text{PROG}}$：地址锁存控制信号。其功能如下：

a. 在系统扩展时，ALE 将 P0 口输出的低 8 位地址送入锁存器锁存起来，以实现低位地址和数据的分时传送，如图 1-5 所示。

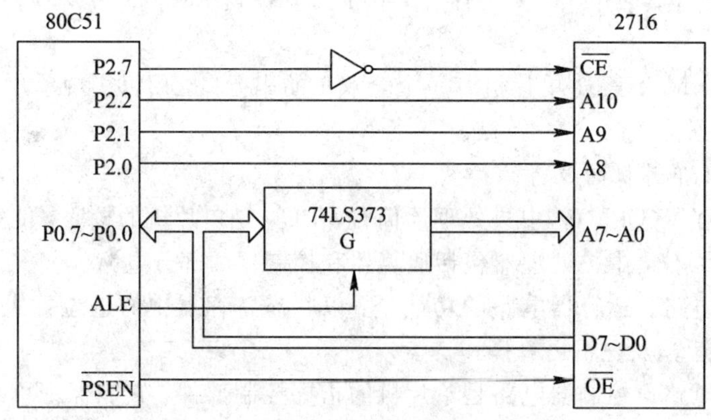

图 1-5　单片机程序存储器扩展连接图

b. ALE 是以六分之一晶振频率的固定频率输出的正脉冲，可作为外部时钟或外部定时脉冲使用。

· $\overline{\text{PSEN}}$：外部程序存储器读选通信号。在读外部 ROM 时$\overline{\text{PSEN}}$有效(低电平)，以实现外部 ROM 单元的读操作。

· $\overline{\text{EA}}$/VPP：访问程序存储器控制信号。当$\overline{\text{EA}}$信号为低电平时，对 ROM 的读操作限定在外部程序存储器；当$\overline{\text{EA}}$信号为高电平时，对 ROM 的读操作从内部程序存储器开始，并可延续至外部程序存储器。

· RST：复位信号。当输入的复位信号延续 2 个机器周期以上高电平时即为有效，用以完成单片机的复位操作。

③ 时钟引脚和主电源引脚：

· 时钟引脚：XTAL1 和 XTAL2 外接晶体引线端。当使用芯片内部时钟时，这两个引线端用于外接石英晶体和微调电容；当使用外部时钟时，用于接外部时钟脉冲信号。

· 电源、地：VSS 接地线，VCC 接+5 V 电源，为单片机工作提供能源。

(2) 信号引脚的第二功能："复用"即给一些信号引脚赋予双重功能。第二功能信号定义主要集中在 P3 口线中，另外再加上几个其他信号线。

P3 口 8 条口线都定义有第二功能，如表 1-4 所示。

表 1-4　P3 口线的第二功能

口　线	第二功能	信 号 名 称
P3.0	RXD	串行数据接收
P3.1	TXD	串行数据发送
P3.2	$\overline{\text{INT0}}$	外部中断 0 申请
P3.3	$\overline{\text{INT1}}$	外部中断 1 申请
P3.4	T0	定时器/计数器 0 计数输入
P3.5	T1	定时器/计数据 1 计数输入
P3.6	$\overline{\text{WR}}$	外部 RAM 写选通
P3.7	$\overline{\text{RD}}$	外部 RAM 读选通

说明：

① 第一功能信号与第二功能信号是单片机在不同工作方式下的信号，因此不会发生使用上的矛盾。

② P3 口线先按需要优先选用它的第二功能，剩下不用的才作为 I/O 口线使用。

2. MCS-51 单片机的内部数据存储器

1）MCS-51 单片机的内部数据存储器低 128 单元

低 128 单元共划分为三个区，如图 1-6 所示。

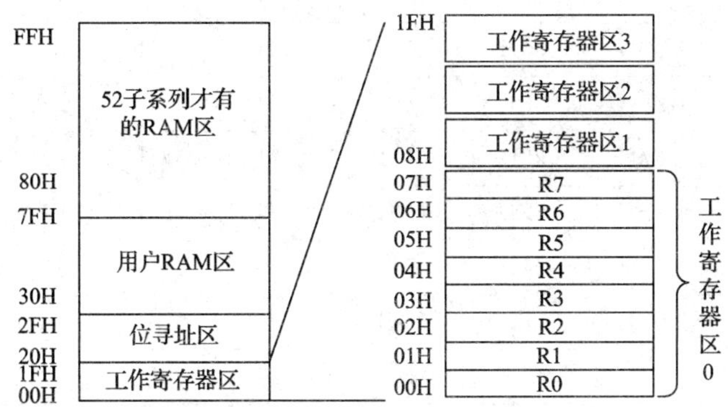

图 1-6　MCS-51 单片机片内部数据存储器

① 工作寄存器区。地址范围：4 组通用寄存器占据内部 RAM 的 00H～1FH 地址，每组 8 个，依次为 R0～R7，如表 1-5 所示。

表 1-5　内部 RAM 工作寄存器区

组号	RS1	RS0	R7	R6	R5	R4	R3	R2	R1	R0
0	0	0	07H	06H	05H	04H	03H	02H	01H	00H
1	0	1	0FH	0EH	0DH	0CH	0BH	0AH	09H	08H
2	1	0	17H	16H	15H	14H	13H	12H	11H	10H
3	1	1	1FH	1EH	1D	1CH	1BH	1AH	19H	18H

使用方法：一种是以寄存器的形式使用，用寄存器符号表示；另一种是以存储单元的形式使用，以单元地址表示。

说明：任一时刻，CPU只能使用其中一组寄存器，并且把正在使用的那组寄存器称为当前寄存器。使用哪一组寄存器，由程序状态字寄存器PSW中RS1、RS0位的状态组合来决定。

② 位寻址区。地址范围：内部RAM的20H～2FH单元，共有16个RAM单元，总计128位，位地址为00H～7FH。内部RAM位寻址区的位地址如表1-6所示。

操作方法：字节操作和位操作。

表1-6　内部RAM位寻址区的位地址

单元地址	MSB←			位地址				→LSB
2FH	7FH	7EH	7DH	7CH	7BH	7AH	79H	78H
2EH	77H	76H	75H	74H	73H	72H	71H	70H
2DH	6FH	6EH	6DH	6CH	6BH	6AH	69H	68H
2CH	67H	66H	65H	64H	63H	62H	61H	60H
2BH	5FH	5EH	5DH	5CH	5BH	5AH	59H	58H
2AH	57H	56H	55H	54H	53H	52H	51H	50H
29H	4FH	4EH	4DH	4CH	4BH	4AH	49H	48H
28H	47H	46H	45H	44H	43H	42H	41H	40H
27H	3FH	3EH	3DH	3CH	3BH	3AH	39H	38H
26H	37H	36H	35H	34H	33H	32H	31H	30H
25H	2FH	2EH	2DH	2CH	2BH	2AH	29H	28H
24H	27H	26H	25H	24H	23H	22H	21H	20H
23H	1FH	1EH	1DH	1CH	1BH	1AH	19H	18H
22H	17H	16H	15H	14H	13H	12H	11H	10H
21H	0FH	0EH	0DH	0CH	0BH	0AH	09H	08H
20H	07H	06H	05H	04H	03H	02H	01H	00H

使用方式：一种是以位地址的形式表示；另一种是以存储单元地址加位的形式表示。

③ 用户RAM区。地址范围：用户RAM区的单元地址为30H～7FH，共80个单元。

使用方法：只能以存储单元的形式来使用。但一般常把堆栈开辟在此区中。

2) 内部数据存储器高128单元

内部数据存储器高128单元又称为专用寄存器区，其单元地址为80H～FFH，用于存放相应功能部件的控制命令、状态或数据。因这些寄存器的功能已作专门规定，故而称为专用寄存器(SFR)，有时也称为特殊功能寄存器。MCS-51中80C51的专用寄存器共有22个，其中可寻址的专用寄存器为21个。

现对22个专用寄存器中的5个介绍如下，其余的将在后续章节中进行说明。

① 程序计数器PC。PC是一个16位的计数器，用来存放将要执行的下一条指令的地址，其寻址范围达64 KB。PC具有自动加1功能，可以实现程序的顺序执行。PC没有地址，是不可寻址的，因此用户无法对它进行读写。但在执行转移、调用、返回等指令时能

自动改变其存放内容，以改变程序的执行顺序。

② 累加器 A(或 ACC)。累加器为 8 位寄存器，是程序中最常用的专用寄存器，功能较多，地位重要。

③ B 寄存器。B 寄存器是一个 8 位寄存器，主要用于乘除运算，也可作为一般数据寄存器使用。

④ 程序状态字(Program Status Word，PSW)。程序状态字是一个 8 位寄存器，用于寄存指令执行的状态信息。其中有些位状态是根据指令执行结果，由硬件自动设置的，而有些位状态则是使用软件方法设定的。PSW 的位状态可以用专门指令进行测试，也可以用指令读出。程序状态字的各位定义如表 1-7 所示。

表 1-7　程序状态字的各位定义

位序	PSW.7	PSW.6	PSW.5	PSW.4	PSW.3	PSW.2	PSW.1	PSW.0
位标志	CY	AC	F0	RS1	RS0	OV	/	P

除 PSW.1 位保留未用外，对其余各位的定义及使用介绍如下：

· CY 或 C(PSW.7)进位/借位标志位，其功能是：存放算术运算的进位/借位标志或在位操作中，作累加位使用。

· AC(PSW. 6)辅助进位标志位，其功能是：在加减运算中，当有低 4 位向高 4 位进位或借位时，AC 由硬件置位，否则 AC 位被清“0”。在进行十进制数运算时需要进行十进制调整，此时要用到 AC 位状态进行判断。

· F0(PSW.5)用户标志位，是一个由用户定义使用的标志位，用户可根据需要用软件方法置位或复位。

· RS1 和 RS0(PSW.4 和 PSW.3)寄存器组选择位，用于设定当前通用寄存器的组号，如表 1-8 所示。其中，通用寄存器共有 4 组。

表 1-8　寄存器组选择

RS1	RS0	寄存器组	R0～R7 地址
0	0	组 0	00～07H
0	1	组 1	08～0FH
1	0	组 2	10～17H
1	1	组 3	18～1FH

说明：寄存器组两个选择位的状态是由软件设置的，被选中的寄存器组即为当前通用寄存器组。

· OV(PSW. 2)溢出标志位。在带符号数的加减运算中，OV＝1 表示加减运算结果超出了累加器 A 所能表示的符号数有效范围(－128～＋127)，即产生了溢出，因此运算结果是错误的；反之，OV＝0 表示运算正确，即无溢出产生。

在乘法运算中，OV＝1 表示乘积超过 255，即乘积分别在 B 与 A 中；反之，OV＝0，表示乘积只在 A 中。

在除法运算中，OV＝1 表示除数为 0，除法不能进行；反之，OV＝0，表示除数不为 0，除法可正常进行。

• P(PSW.0)奇偶标志位，表明累加器 A 中 1 的个数的奇偶性，可在每个指令周期中由硬件根据 A 的内容对 P 位进行置位或复位。若 1 的个数为偶数，则 P=0；若 1 的个数为奇数，则 P=1。

⑤ 数据指针(DPTR)。数据指针为 16 位寄存器，它是 MCS-51 中唯一一个供用户使用的 16 位寄存器。

DPTR 可以分为两个 8 位寄存器使用，即 DPH DPTR 高位字节；DPL DPTR 低位字节。

DPTR 在访问外部数据存储器时作地址指针使用，在变址寻址方式中，用 DPTR 作基址寄存器，用于对程序存储器的访问。

DPTR 与 PC 都是 16 位的寄存器。PC 实际是程序的字节地址计数器，它的内容是将要执行的下一条指令的地址，具有自加 1 功能。改变 PC 的内容就可以改变程序执行的方向。DPTR 的高字节寄存器用 DPH 表示，低字节寄存器用 DPL 表示。DPTR 既可以作为一个 16 位寄存器使用，也可以作为两个独立的 8 位寄存器使用。DPTR 主要用于存放 16 位地址，以便对 64 KB 的片外 RAM 和 64 KB 的程序存储空间作间接访问。

说明：

① 在 22 个专用寄存器中，唯一一个不可寻址的专用寄存器就是程序计数器(PC)。

② 对专用寄存器只能使用直接寻址方式，在指令中既可使用寄存器符号表示，也可使用寄存器地址表示。

③ 在 21 个可寻址的专用寄存器中，有 11 个寄存器是可以位寻址的。

3) MCS-51 的堆栈操作

堆栈是在 RAM 中专门开辟出来的一个具有特殊用途的存储区，是一种数据结构。堆栈是按照"先进后出"(即先进入堆栈的数据后移出堆栈)的原则存取数据的。堆栈指针 SP 是一个 8 位寄存器，其值为栈顶的地址，即指向栈顶，SP 为访问堆栈的间址寄存器。

数据写入堆栈称为入栈(PUSH)，数据从堆栈中读出称为出栈(POP)。数据操作规则为"后进先出"(LIFO)，即先入栈的数据由于存放在栈的底部，因此后出栈；而后入栈的数据存放在栈的顶部，因此先出栈。

堆栈主要是为子程序调用和中断操作而设立的，其具体功能有两个：保护断点和保护现场。

堆栈只能开辟在芯片的内部数据存储器中，即所谓的内堆栈形式。

堆栈指示器 SP(Stack Pointer)的内容是堆栈栈顶的存储单元地址。SP 是一个 8 位寄存器。

说明：系统复位后，SP 的内容为 07H，但由于堆栈最好在内部 RAM 的 30H～7FH 单元中开辟，所以在程序设计时应注意把 SP 值初始化为 30H 以后。

堆栈的使用有两种方式：

• 自动方式，即在调用子程序或中断时，返回地址(断点)自动进栈。程序返回时，断点再自动弹回 PC。

• 指令方式，即使用专用的堆栈操作指令进行进出栈操作。其进栈指令为 PUSH，出栈指令为 POP。例如保护现场就是用指令方式进行操作的。

3. MCS－51 单片机的内部程序存储器

ROM 用来存放程序、常数或表格等，地址范围为 0000H～FFFFH，共 64 KB。其中，片内 4 KB：0000H～0FFFH，片外 64 KB：0000H～FFFFH。

MCS－51 单片机程序存储器的中断入口地址如图 1－7 所示，它们是 MCS－51 单片机程序存储器低端的几个特殊单元。

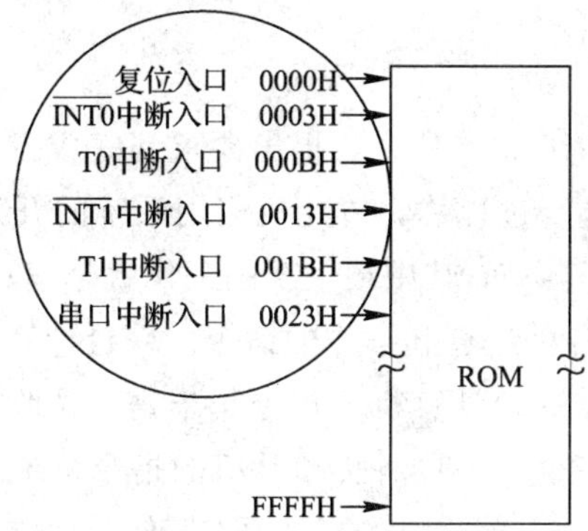

图 1－7　MCS－51 单片机程序存储器的中断入口地址

其中，0003H～0023H 是 5 个中断源中断服务程序入口地址，当有中断时用户不能安排其他内容。由于各地址区容量有限，因此一般在第一个单元放置一条无条件转移指令以转移到程序实际存放位置。中断响应后，系统能按中断种类，自动转到各中断区的首地址去执行程序。

习题与思考题

（1）什么是单片机？

（2）单片机有哪些特点？

（3）单片机的应用有哪些？

（4）MCS－51 单片机的$\overline{\text{EA}}$引脚有何功能？信号为何种电平？

（5）MCS－51 单片机的存储器分为哪几个空间？如何区分不同空间的寻址？

（6）简述 MCS－51 单片机片内 RAM 的空间分配。内部 RAM 低 128 单元分为哪几个主要部分？各部分的主要功能是什么？

（7）单片机设置 4 组工作寄存器，应如何选择确定和改变当前工作寄存器？

（8）MCS－51 单片机的程序状态字寄存器 PSW 的作用是什么？常用标志有哪些位？其作用分别是什么？

（9）MCS－51 单片机复位后，CPU 使用哪组工作寄存器？它们的地址是什么？用户如何改变当前工作寄存器组？

（10）什么叫堆栈？堆栈指针 SP 的作用是什么？

（11）PC 与 DPTR 各有哪些特点？它们有何异同？

（12）MCS－51 单片机的 P0～P3 口结构和用途有何不同？

（13）MCS－51 单片机的程序存储器低端的几个特殊单元的用途是什么？

（14）MCS－51 单片机的控制总线信号有哪些？各信号的作用是什么？

学习任务二　微控制器指令系统的使用

任务描述

一个基于微控制器的应用产品，从客户提出要求到完成方案设计，再到产品样机的调试，直至正式投入试运行，这个过程称为单片机应用系统的开发。可见系统开发包括硬件设计、软件编程、联机调试等环节，其中最主要的工作就是编写程序代码。

指令是控制计算机进行各种运算和操作的命令。一台计算机所能执行的全部指令的集合称为指令系统。一般来说，一台计算机的指令越丰富，寻址方式越多，指令的执行速度越快，则它的总体功能也就越强。不同种类单片机的指令系统一般是不同的。本任务将以80C51为例，详细介绍MCS－51单片机的指令系统，使学生掌握指令系统中各指令的功能及应用。

相关知识

一、指令系统

（一）汇编语言的语句格式

MCS－51汇编语言的语句格式表示如下：

〔＜标号＞〕：＜操作码＞〔＜操作数＞〕；〔＜注释＞〕

1. 标号

标号是语句地址的标志符号，有关标号的规定如下：

· 标号由1～8个ASCII字符组成，第一个字符必须是字母，其余字符可以是字母、数字或其他特定字符。

· 不能使用汇编语言已经定义了的符号作为标号，如指令助记符、伪指令记忆符以及寄存器的符号名称等。

· 同一标号在一个程序中只能定义一次，不能重复定义。

· 标号的有无取决于本程序中的其他语句是否需要访问这条语句。

2. 操作码

操作码用于规定语句执行的操作内容，操作码是以指令助记符或伪指令助记符表示的，操作码是汇编指令格式中唯一不能空缺的部分。

3. 操作数

操作数可以给指令的操作提供数据或地址。

4. 注释

注释不属于语句的功能部分，它只是语句的解释说明。

5. 分界符(分隔符)

分界符可以把语句格式中的各部分隔开，以便区分，它包括空格、冒号、分号或逗号等多种符号。

冒号(：)用于标号之后。

空格(　)用于操作码和操作数之间。

逗号(，)用于操作数之间。

分号(；)用于注释之前。

(二) 指令的长度

在 MCS－51 指令系统中，有一字节(单字节)、二字节(双字节)和三字节等不同长度的指令。其中助记符指令包含了操作及数据信息。一般，熟记判断指令长度主要用在程序调试中。三种不同长度的指令如下：

· 单字节指令(操作码，没有立即数或地址)。

· 双字节指令(操作码＋1 个立即数或地址)。

· 三字节指令(操作码＋2 个立即数或地址)。

注：每个操作码占一个字节，每个立即数或地址占一个字节。

(三) MCS－51 单片机的寻址方式

寻址方式：指定操作数或操作数所在单元的方式，即指操作数的来源途径。根据指定方法的不同，MCS－51 单片机共有 7 种寻址方式。

1. 寄存器寻址方式

定义：操作数在寄存器中。

2. 直接寻址方式

定义：指令中操作数直接以单元地址的形式给出。

3. 寄存器间接寻址方式

定义：寄存器中存放的是操作数的地址，即操作数是通过寄存器间接得到的。访问片外 RAM 使用寄存器间接寻址方式。

4. 立即寻址方式

定义：操作数在指令中直接给出。

5. 变址寻址方式

定义：以 DPTR 或 PC 作基址寄存器，以累加器 A 作变址寄存器，并以两者内容相加形成的 16 位地址作为操作数地址。

6. 位寻址方式

寻址范围：内部 RAM 中的位寻址区，单元地址为 20H～2FH，共 16 个单元 128 位，位地址是 00H～7FH。位有两种表示方法：一种是位地址；另一种是单元地址加位。

专用寄存器的可寻址位的 4 种表示方法如下：

(1) 直接使用位地址。例如 PSW 寄存器位 5 的地址为 0D5H。

(2) 位名称表示方法。例如 PSW 寄存器位 5 是 F0 标志位，则可使用 F0 表示该位。

(3) 单元地址加位数的表示方法。例如 PSW 寄存器的位 5，表示为 0DOH.5。

(4) 专用寄存器符号加位数的表示方法。例如PSW寄存器的位5，表示为PSW.5。

7. 相对寻址方式

相对寻址方式是为解决程序转移而专门设置的，它被转移指令所采用。转移的目的地址为

目的地址＝转移指令地址＋转移指令字节数＋ rel

由于偏移量rel可正可负，通常汇编后为二进制的补码。

访问片内RAM低128单位使用直接寻址、寄存器间接寻址、位寻址方式；访问片内RAM高128单位使用寄存器间接寻址方式；访问SFR使用直接寻址、位寻址方式。

★ **练习**：以下指令分别采用了什么寻址方式？

(1) MOV　A，＃50H

(2) MOV　R3，50H

(3) MOV　A，R0

(4) MOVX　A，@DPTR

(5) MOVC　A，@A＋DPTR

(6) MOV　C，P1.0

(7) JZ　rel

(四) MCS－51单片机指令分类介绍

MCS－51单片机指令系统共有指令111条，分为5大类，分别是：数据传送类指令(29条)、算术运算类指令(24条)、逻辑运算及移位类指令(24条)、控制转移类指令(17条)、位操作类指令(17条)。

1. 指令格式中符号意义说明

Rn：当前寄存器组的8个通用寄存器为R0～R7，所以n＝0～7。

Ri：可用作间接寻址的寄存器，只能是R0、R1两个寄存器，所以i＝0、1。

direct：8位直接地址，在指令中表示直接寻址方式，寻址范围有256个单元。其值包括0～127(内部RAM低128单元地址)和128～255(专用寄存器的单元地址或符号)。

＃data8：8位立即数。

＃data16：16位立即数。

addr16：16位目的地址，只限于在LCALL、LJMP指令中使用。

addr11：11位目的地址，只限于在ACALL和AJMP指令中使用。

rel：相对转移指令中的偏移量，为8位带符号补码数。

DPTR：数据指针。

bit：内部RAM(包括专用寄存器)中的直接寻址位。

A：累加器。ACC直接寻址方式的累加器。

B：寄存器B。

C：进位标志位，它是布尔处理机的累加器，也称为累加位。

@：间址寄存器的前级标志。

/：加在位地址的前面，表示对该位状态取反。

(X)：某寄存器或某单元的内容。

((X))：以某寄存器的内容作为地址，该地址单元的内容。

←：箭头左边的内容被箭头右边的内容取代。

2. 数据传送类指令

传送指令中有从右向左传送数据的约定，即指令的右边操作数为源操作数，表达的是数据的来源；而左边操作数为目的操作数，表达的则是数据的去向。数据传送类指令的特点为：把源操作数传送到目的操作数，指令执行后，源操作数不改变，目的操作数修改为源操作数。

数据传送类指令可分为两类：

· 采用 MOV 操作码的是一般传送指令。

· 采用非 MOV 操作码的是特殊传送指令，如 MOVC、MOVX、PUSH、POP、XCH、XCHD 及 SWAP。

1）一般传送指令

一般传送指令即指内部 RAM 数据传送指令组，其通用格式为

MOV<目的操作数>，<源操作数>

一般传送指令的分类及其格式如表 1-9 所示。

表 1-9　一般传送指令

编号	指令分类	指令及其注释	字节数	机器周期数
1	16 位传送	MOV DPTR，#data16　；16 位常数送 DPTR	3	2
2	A 为目的	MOV A，Rn　；Rn 的内容送 A	1	1
3		MOV A，direct　；direct 的内容送 A	2	1
4		MOV A，@Ri　；Ri 指示单元内容送 A	1	1
5		MOV A，#data　；常数 data 送 A	2	1
6	Rn 为目的	MOV Rn，A　；A 的内容送 Rn	1	1
7		MOV Rn，direct　；direct 的内容送 Rn	2	2
8		MOV Rn，#data　；常数 data 送 Rn	2	1
9	direct 为目的	MOV direct，A　；A 的内容送 direct	2	1
10		MOV direct，Rn　；Rn 的内容送 direct	2	2
11		MOV direct1，direct2　；direct2 的内容送 direct1	3	2
12		MOV direct，@Ri　；Ri 指示单元的内容送 direct	2	2
13		MOV direct，#data　；常数 data 送 direct	3	2
14	@Ri 为目的	MOV @Ri，A　；A 的内容送 Ri 指示单元	1	1
15		MOV @Ri，direct　；direct 的内容送 Ri 指示单元	2	2
16		MOV @Ri，#data　；常数 data 送 Ri 指示单元	2	1

【例】　将片内 RAM 的 15H 单元的内容 0A7H 送至 55H 单元。

解法 1：MOV　55H，15H

解法 2：MOV　R6，15H
　　　　MOV　55H，R6

解法 3：MOV　R1，#15H
　　　　MOV　55H，@R1

解法 4：MOV　A，15H
　　　　MOV　55H，A

【例】 理解表 1－10 所列指令的执行结果。

表 1－10　执行结果

指　令	结　果	指　令	结果
MOV 25H，#3FH	(25H)＝3FH	MOV 75H，25H	(75H)＝3FH
MOV 18H，#35H	(18H)＝35H	MOV DPTR，#2025H	(DPTR)＝2025H
MOV R0，#25H	R0＝25H	MOV 18H，DPH	(18H)＝20H
MOV R6，#0A2H	R6＝0A2H	MOV R0，DPL	R0＝25H
MOV R1，#18H	R1＝18H	MOV A，@R0	A＝3FH
MOV A，@R0	A＝3FH		
MOV 34H，@R1	(34H)＝35H		

【例】 根据硬件电路图 1－8 编写程序，使单片机 P1.0 口所连接的那一个发光二极管点亮。

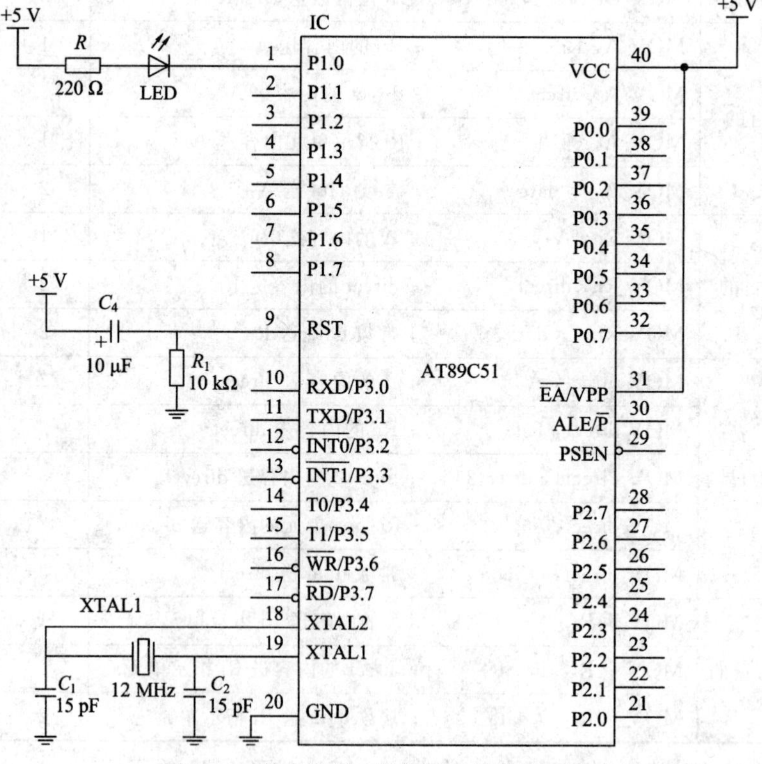

图 1－8　单个发光二极管点亮的硬件电路

解：

```
          ORG   OOOOH                ；将后面程序定位到 ROM 的 0000H 单元
          LJMP  START                ；跳转指令，跳转到 START 标号处执行程序
          ORG   0030H                ；将后面程序定位到 ROM 的 0030H 单元
START：MOV P1,＃01H(＃0000 0001B)    ；点亮 P1.0 所连接的发光二极管
          SJMP $                     ；死循环，防止程序跑飞
          END                        ；汇编结束
```

【例】 根据硬件电路图 1－9 编写程序，使单片机 P1 口所连接的 8 个发光二极管，高四位亮，低四位熄灭。

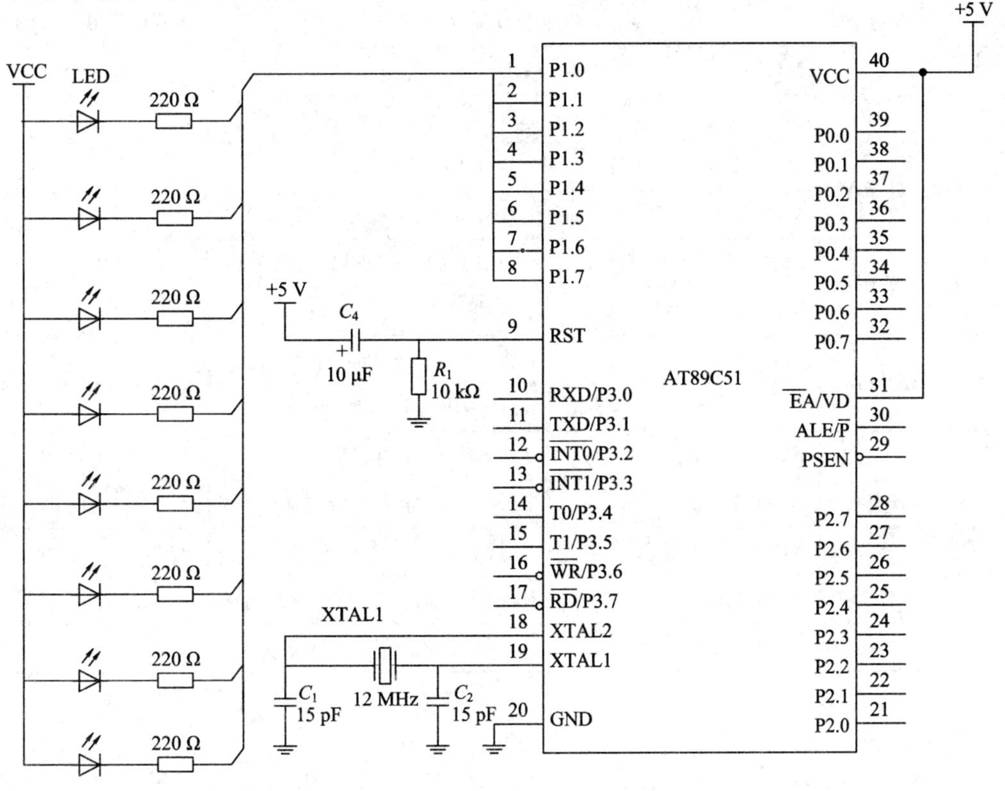

图 1－9　8 个发光二极管点亮的硬件电路

解：

```
          ORG   OOOOH                ；将后面程序定位到 ROM 的 0000H 单元
          LJMP  START                ；跳转指令，跳转到 START 标号处执行程序
          ORG   0030H                ；将后面程序定位到 ROM 的 0030H 单元
START：MOV P1,＃0FH(＃0000 1111B)    ；高四位亮，低四位灭
          SJMP $                     ；死循环，防止程序跑飞
          END                        ；汇编结束
```

【例】 根据图 1－9 编写程序，使单片机 P1 口所连接的 8 个发光二极管间隔点亮。

```
          ORG   OOOOH                ；将后面程序定位到 ROM 的 0000H 单元
          LJMP  START                ；跳转指令，跳转到 START 标号处执行程序
```

```
        ORG   0030H                      ；将后面程序定位到 ROM 的 0030H 单元
START：MOV P1，#55H(#0101 0101B)         ；8 个发光二极管间隔点亮(或者可送#0AAH)
        SJMP $                           ；死循环，防止程序跑飞
        END                              ；汇编结束
```

2）特殊传送指令

特殊传送指令的操作符为：MOVC、MOVX、PUSH、POP、XCH、XCHD 和 SWAP，其功能分别为：ROM 查表，外部 RAM 读、写，堆栈操作和数据交换。特殊传送指令如表 1－11 所示。

表 1－11　特殊传送指令

编号	指令分类	指令及其注释	字节数	机器周期数
17	ROM 查表	MOVC A，@A+DPTR　；DPTR 为基址、A 为偏移量	1	2
18		MOVC A，@A+PC　；PC 为基址、A 为偏移量	1	2
19	读片外 RAM	MOVX A，@DPTR　；片外 DPTR 指示单元送 A	1	2
20		MOVX A，@Ri　；片外 Ri 指示单元送 A	1	2
21	写片外 RAM	MOVX A，@DPTR，A　；A 内容送片外 DPTR 指示单元	1	2
22		MOVX A，@Ri，A　；A 内容送片外 Ri 指示单元	1	2
23	堆栈操作	PUSH direct　；将 direct 内容压入堆栈	2	2
24		POP direct　；堆栈中内容弹出到 direct 中	2	2
25	字节交换	XCH A，Rn　；Rn 内容与 A 内容交换	1	1
26		XCH A，direct　；direct 内容与 A 内容交换	2	1
27		XCH A，@Ri　；Ri 指示单元与 A 内容交换	1	1
28	半字节交换	XCHD A，@Ri　；Ri 指示单元与 A 低半字节交换	1	1
29	自交换	SWAP A　；A 的高 4 位、低 4 位自交换	1	1

(1) 程序存储器数据传送指令。

指令介绍：

```
MOVC  A，@A+DPTR    ；A←((A)+(DPTR))(远程查表指令)
MOVC  A，@A+ PC     ；A←((A)+(PC))(近程查表指令)
```

要点分析：

· 程序存储器数据传送指令的寻址范围为 64 KB。指令首先执行 16 位无符号数的加法操作，获得基址与变址之和，此“和”作为程序存储器的地址，再将该地址中的内容送入 A 中。

· 在近程查表指令中，由于 PC 的内容不能通过数据传送指令来改变，而且随该指令在程序中的位置变化而变化，因此在使用时需对变址寄存器 A 进行修正。

以上两条是 64 KB 存储空间内的查表指令，用于查找存放在程序存储器中的表格数据，实现程序存储器到累加器的常数传送，每次传送一个字节。

【例】 在片内 20H 单元有一个 BCD 数，用查表法获得相应的 ASCII 码，并将其送入 21H 单元。当(20H)＝07H 时，请列出其子程序。

解：

```
ORG 1000H                                   ；指明程序在 ROM 中存放始地址
1000H    BCD_ASCl：MOV A，20H；             A←(20H)，(A)=07H
1002H    ADD A，#3                          ；累加器(A)=(A)+3，修正偏移量
1004H    MOVC A，@A+PC                      ┌PC 当前值为 1005H
1005H    MOV 21H，A                        ；┤(A)+(PC)=0AH+1005H=100FH
1007H    RET                                └(A)=37H，A←ROM(100FH)
1008H    TAB：DB 30H
1009H    DB 31H
100AH    DB 32H
100BH    DB 33H
100CH    DB 34H
100DH    DB 35H
100EH    DB 36H
100FH    DB 37H
1010H    DB 38H
1011H    DB 39H
```

一般在采用 PC 作基址寄存器时，常数表与 MOVC 指令放在一起，称为近程查表。当采用 DPTR 作基址寄存器时，TAB 可以放在 64 KB 程序存储器空间的任何地址上，称为远程查表，不用考虑查表指令与表格之间的距离。

用远程查表指令如下：

```
              ORG   1000
BCD_ASC2：    MOV A，20H
              MOV DPTR，#TAB         ；TAB 首址送 DPTR
              MOVC A，@A+DPTR        ；查表
              MOV 21H，A
              RET
              TAB：……
```

(2) 外部 RAM 数据传送指令。

```
MOVX  A，@Ri        ；A←((Ri))
MOVX  @Ri，A        ；(R0)←(A)
MOVX  A，@DPTR      ；A←((DPTR))
MOVX  @DPTR，A      ；(DPTR)←(A)
```

要点分析：

· 在 MCS－51 中，与外部存储器 RAM 打交道的只可以是累加器 A，所有片外 RAM 数据传送必须通过累加器 A 进行。

· 要访问片外 RAM，必须要知道 RAM 单元的 16 位地址，在后两条指令中，地址是被直接放在 DPTR 中的。而在前两条指令中，由于 Ri(即 R0 或 R1)是一个 8 位寄存器，所以只能访问片外 RAM 低 256 个单元，即 0000H～00FFH。

· 使用外部 RAM 数据传送指令时，应当首先将要读或写的地址送入 DPTR 或 Ri 中，然后再用读写命令。

【例】 将外部 RAM 中 0010H 单元中的内容送入外部 RAM 的 2000H 单元中。程序如下：

```
MOV   R0，#10H
MOVX   A，@R0
MOV   DPTR，#2000H
MOVX   @DPTR，A
```

(3) 堆栈操作指令。

压入：PUSH　direct；(SP)←(SP)+1，(SP)← (direct)

弹出：POP　direct；direc←((SP))，(SP)←(SP)-1

要点分析：

- 堆栈操作的特点是“先进后出”，在使用时应注意指令顺序。

【例】 分析以下程序的运行结果：

```
MOV 02H，#05H
MOV A，#01H
PUSH ACC
PUSH 02H
POP ACC
POP 02H
```

结果是(02H)=01H，而(A)=05H。也就是两者进行了数据交换。因此，使用堆栈时，入栈的顺序和出栈的顺序必须相反，才能保证数据被送回原位，即恢复现场。

(4) 数据交换指令。

数据交换指令分为以下 3 种：

① 字节交换指令。

XCH　A，Rn；(A)↔(Rn)

XCH　A，@Ri；(A)↔(Ri)

XCH　A，direct；(A)↔(direct)

② 半字节交换指令。

XCHD　A，@Ri；$(A)_{0\sim3}\leftrightarrow(Ri)_{0\sim3}$

③ 自交换指令，即累加器 A 高低半字节交换指令。

SWAP　A；$(A)_{0\sim3}\leftrightarrow(A)_{4\sim7}$

注：数据交换主要在内部 RAM 单元与累加器 A 之间进行。

【例】 将片内 RAM 60H 单元与 61H 单元的数据进行交换。

不能用：　XCH　　60H，61H

应该写成：MOV　　A，60H

　　　　　XCH　　A，61H

　　　　　MOV　　60H，A

3. 算术运算类指令

算术运算类指令可以完成加、减、乘、除及加 1 和减 1 等运算，如表 1-12 所示。这类指令多数以 A 为源操作数之一，同时又使用 A 作为目的操作数。

表 1-12　算术运算类指令

编号	指令分类	指令及其注释	字节数	机器周期数
30	不带进位加	ADD A，Rn　；Rn 和 A 的内容相加送 A	1	1
31		ADD A，direct　；direct 和 A 的内容相加送 A	2	1
32		ADD A，@Ri　；Ri 指示单元和 A 的内容相加送 A	1	1
33		ADD A，#data　；data 加上 A 的内容送 A	2	1
34	带进位加	ADDC A，Rn　；Rn、A 内容及进位位相加送 A	1	1
35		ADDC A，direct　；direct、A 内容及进位位相加送 A	2	1
36		ADDC A，@Ri　；Ri 指示单元、A 及进位位相加送 A	1	1
37		ADDC A，#data　；data、A 内容及进位位相加送 A	2	1
38	加 1	INC A　；A 的内容加 1 送 A	1	1
39		INC Rn　；Rn 内容加 1 送 Rn	1	1
40		INC direct　；direct 内容加 1 送 direct	2	1
41		INC @Ri　；Ri 指示单元内容加 1 送 Ri 指示单元	1	1
42		INC DPTR　；DPTR 内容加 1 送 DPTR	1	2
43	十进制调整	DA A　；对 BCD 码加法结果调整	1	1
44	带借位减	SUBB A，Rn　；A 减 Rn 内容及进位位送 A	1	1
45		SUBB A，direct　；A 减 direct 内容及进位位送 A	2	1
46		SUBB A，@Ri　；A 减 Ri 指示单元内容及进位位送 A	1	1
47		SUBB A，#data　；A 减 data 及进位位送 A	2	1
48	减 1	DEC A　；A 的内容减 1 送 A	1	1
49		DEC Rn　；Rn 的内容减 1 送 Rn	1	1
50		DEC direct　；direct 内容减 1 送 direct	2	1
51		DEC @Ri　；Ri 指示单元内容减 1 送 Ri 指示单元	1	1
52	乘法	MUL AB　；A 乘以 B，结果高位在 B、低位在 A	1	4
53	除法	DIV AB　；A 除以 B，结果余数在 B、商在 A	1	4

要点分析：

• MUL 指令实现 8 位无符号数的乘法操作，两个乘数分别放在累加器 A 和寄存器 B 中，乘积为 16 位，低 8 位放在 A 中，高 8 位放在 B 中；DIV 指令实现 8 位无符号数除法，被除数放在 A 中，除数放在 B 中，指令执行后，商放在 A 中而余数放在 B 中。

• DA　A 指令必须紧跟在 ADD 或 ADDC 指令之后，且这里的 ADD 或 ADDC 的操作是对压缩的 BCD 码数进行运算。DA 指令不影响溢出标志。

【例】　设(A)=56H，(R7)=78H，执行指令：

```
ADD   A，R7
```

```
DA    A
```

结果：(A)=34H，(CY)=1

【例】 设计一个将两个4位压缩BCD码数相加的程序。其中一个数存放在30H(存放十位、个位)、31H(存放千位、百位)存储器单元，另一个加数存放在32H(存放低位)、33H(存放高位)存储单元，和数存到30H，31H单元。

程序如下：

```
MOV   R0，#30H        ；地址指针指向一个加数的个位、十位
MOV   R1，#32H        ；另一个地址指针指向第二个加数的个位、十位
MOV   A，@R0          ；一个加数送累加器
ADD   A，@R1          ；两个加数的个位、十位相加
DA    A               ；调整为BCD码数
MOV   @R0，A          ；和数的个位、十位送入30H单元
INC   R0              ；两个地址指针分别指向两个加数的百位、千位
INC   R1
MOV   A，@R0          ；一个加数的百位、千位送累加器
ADDC  A，@R1          ；两个加数的百位、千位和进位相加
DA    A               ；调整为BCD码数
MOV   @R0，A          ；和数的百位、千位送入31H单元
```

★ **练习题**：写出下列程序的运行结果。

```
MOV   SP，# 40H
MOV   42H，#85H
MOV   55H，#37H
PUSH  42H
PUSH  55H
POP   42H
POP   55H
(SP)=?    (42H)= ?    (55H)= ?
```

4. 逻辑运算及移位类指令

逻辑运算指令可以完成与、或、异或、清0和取反操作；移位指令是对累加器A的循环移位操作，包括左移、右移以及带进位的左移、右移等移位方式，如表1-13所示。

表1-13 逻辑运算及移位类指令

编号	指令分类	指令及其注释	字节数	机器周期数
54	逻辑与	ANL direct，A　；direct、A内容相与结果送direct	2	1
55		ANL direct，#data　；direct内容、data相与结果送direct	3	2
56		ANL A，Rn　；A、Rn内容相与结果送A	1	1
57		ANL A，direct　；A、direct内容相与结果送A	2	1
58		ANL A，@Ri　；A、Ri指示单元内容相与结果送A	1	1
59		ANL A，#data　；A内容、data相与结果送A	2	1

续表

编号	指令分类	指令及其注释	字节数	机器周期数
60	逻辑或	ORL direct，A　　；direct、A 内容相或结果送 direct	2	1
61		ORL direct，#data　　；direct 内容、data 相或结果送 direct	3	2
62		ORL A，Rn　　；A、Rn 内容相或结果送 A	1	1
63		ORL A，direct　　；A、direct 内容相或结果送 A	2	1
64		ORL A，@Ri　　；A、Ri 指示单元内容相或结果送 A	1	1
65		ORL A，#data　　；A 内容、data 相或结果送 A	2	1
66	逻辑异或	XRL direct，A　　；direct、A 内容异或结果送 direct	2	1
67		XPL direct，#data　　；direct 内容、data 异或结果送 direct	3	2
68		XPL A，Rn　　；A、Rn 内容异或结果送 A	1	1
69		XPL A，direct　　；A、direct 内容异或结果送 A	2	1
70		XPL A，@Ri　　；A、Ri 指示单元内容异或结果送 A	1	1
71		XPL A，#data　　；A 内容、data 异或结果送 A	2	1
72	清 0 取反 移位	CLR　A　　；A 内容清 0	1	1
73		CPL　A　　；A 内容取反	1	1
74		RR　A　　；A 内容循环右移 1 位	1	1
75		RRC　A　　；A 内容带进位循环右移 1 位	1	1
76		RL　A　　；A 内容循环左移 1 位	1	1
77		RLC　A　　；A 内容带进位循环左移 1 位	1	1

要点分析：

· 逻辑运算是按位进行的，累加器的按位取反实际上是逻辑非运算。

· 只需要改变字节数据的某几位，而其余位不变时，不能使用直接传送方法，只能通过逻辑运算完成。

移位指令的移位规则如图 1-10 所示。

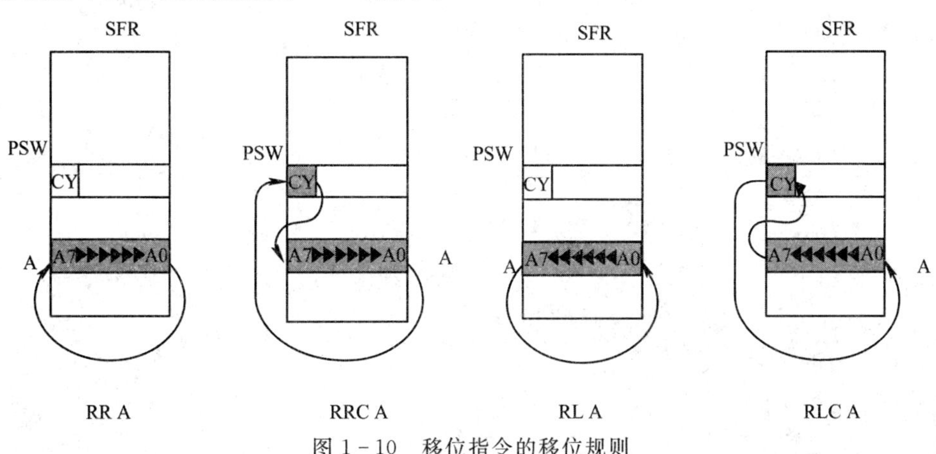

图 1-10　移位指令的移位规则

【例】 试分析下列程序执行结果：

```
MOV A,#0FFH        ;(A)=0FFH
ANL P1, #00H       ;SFR 中 P1 口清零
ORL P1, #55H       ;P1 口内容为 55H
XRL P1, A          ;P1 口内容为 0AAH
```

【例】 将累加器 A 的低 4 位传送到 P1 口的低 4 位，但 P1 口的高 4 位需保持不变。对此可由以下程序段实现：

```
MOV R0, A          ;A 内容暂存 R0
ANL A,#0FH         ;屏蔽 A 的高 4 位(低 4 位不变)
ANL P1, #0F0H      ;屏蔽 P1 口的低 4 位(高 4 位不变)
ORL P1, A          ;实现低 4 位传送
MOV A, R0          ;恢复 A 的内容
```

【例】 试用三种方法将累加器 A 中的无符号数乘以 2。

解法 1：

```
CLR  C
RLC  A
```

解法 2：

```
CLR  C
MOV  R0, A
ADD  A, R0
```

解法 3：

```
MOV  B, #2
MUL  AB
```

【例】 试用移位指令实现流水灯自右向左循环点亮。

```
        ORG 0000h
        LJMP START
        ORG 0030h
START:  MOV A,#0feh
LOOP:   MOV P1,A
        Acall Delay
        RL A
        LJMP LOOP
DELAY:  MOV R1,#200
L1:     MOV R0,#250
L0:     NOP
        NOP
        DJNZ R0, L0
        DJNZ R1, L1
        RET
```

5. 控制转移类指令

通常情况下，程序的执行是顺序进行的，但也可以根据需要改变程序的执行顺序，这种情况称做程序转移。MCS－51 单片机控制转移的指令有无条件转移指令、条件转移指令、子程序调用与返回指令、中断返回指令和空操作指令，如表 1－14 所示。

表 1－14　控制转移类指令

<table>
<tr><th>编号</th><th colspan="2">指令分类</th><th colspan="2">指令及其注释</th><th>字节数</th><th>机器周期数</th></tr>
<tr><td>78</td><td rowspan="4">无条件转移</td><td>短转</td><td>AJMP addr11</td><td>；程序转移到 addr11 指示的地址处</td><td>2</td><td>2</td></tr>
<tr><td>79</td><td>长转</td><td>LJMP addr16</td><td>；程序转移到 addr16 指示的地址处</td><td>3</td><td>2</td></tr>
<tr><td>80</td><td>相对</td><td>SJMP rel</td><td>；程序转移到 rel 相对地址处</td><td>2</td><td>2</td></tr>
<tr><td>81</td><td>散转</td><td>JMP @A＋DPTR</td><td>；程序转移到变址指出的地址处</td><td>1</td><td>2</td></tr>
<tr><td>82</td><td rowspan="8">条件转移</td><td rowspan="2">判 0</td><td>JZ rel</td><td>；A 为 0，程序转到 rel 相对地址处</td><td>2</td><td>2</td></tr>
<tr><td>83</td><td>JNZ rel</td><td>；A 不为 0，程序转到 rel 相对地址处</td><td>2</td><td>2</td></tr>
<tr><td>84</td><td rowspan="4">比较不等</td><td>CJNE A，direct，rel</td><td>；A 与 direct 内容不等转</td><td>3</td><td>2</td></tr>
<tr><td>85</td><td>CJNE A，#data，rel</td><td>；A 内容与 data 不等转</td><td>3</td><td>2</td></tr>
<tr><td>86</td><td>CJNE Rn，#data，rel</td><td>；Rn 内容与 data 不等转</td><td>3</td><td>2</td></tr>
<tr><td>87</td><td>CJNE @Ri，#data，rel</td><td>；Ri 间址内容与 data 不等转</td><td>3</td><td>2</td></tr>
<tr><td>88</td><td rowspan="2">减 1 不为 0</td><td>DJNZ Rn，rel</td><td>；Rn 内容减 1 不为 0 转</td><td>2</td><td>2</td></tr>
<tr><td>89</td><td>DJNZ direct，rel</td><td>；direct 内容减 1 不为 0 转</td><td>3</td><td>2</td></tr>
<tr><td>90</td><td rowspan="3">子程序</td><td rowspan="2">调用</td><td>ACALL addr11</td><td>；调用 addr11 处子程序</td><td>2</td><td>2</td></tr>
<tr><td>91</td><td>LCALL addr16</td><td>；调用 addr16 处子程序</td><td>3</td><td>2</td></tr>
<tr><td>92</td><td>返回</td><td>RET</td><td>；子程序返回</td><td>1</td><td>2</td></tr>
<tr><td>93</td><td colspan="2">中断返回</td><td>RETI</td><td>；中断返回</td><td>1</td><td>2</td></tr>
<tr><td>94</td><td colspan="2">空操作</td><td>NOP</td><td>；空操作</td><td>1</td><td>1</td></tr>
</table>

(1) 不规定条件的程序转移称为无条件转移。无条件转移指令需要注意：

- 长转移指令转移范围为 64 KB。
- 绝对转移指令(短转移指令)转移范围为 2 KB。
- 相对转移指令的范围为当前 PC＋127 B ～－128 B。
- 散转指令(变址寻址转移指令)多用于分支程序。

【例】 利用循环程序实现 P1 口所连接的 8 个发光二极管同时闪烁，亮一秒灭一秒，其硬件电路如图 1－11 所示，程序流程图如图 1－12 所示。

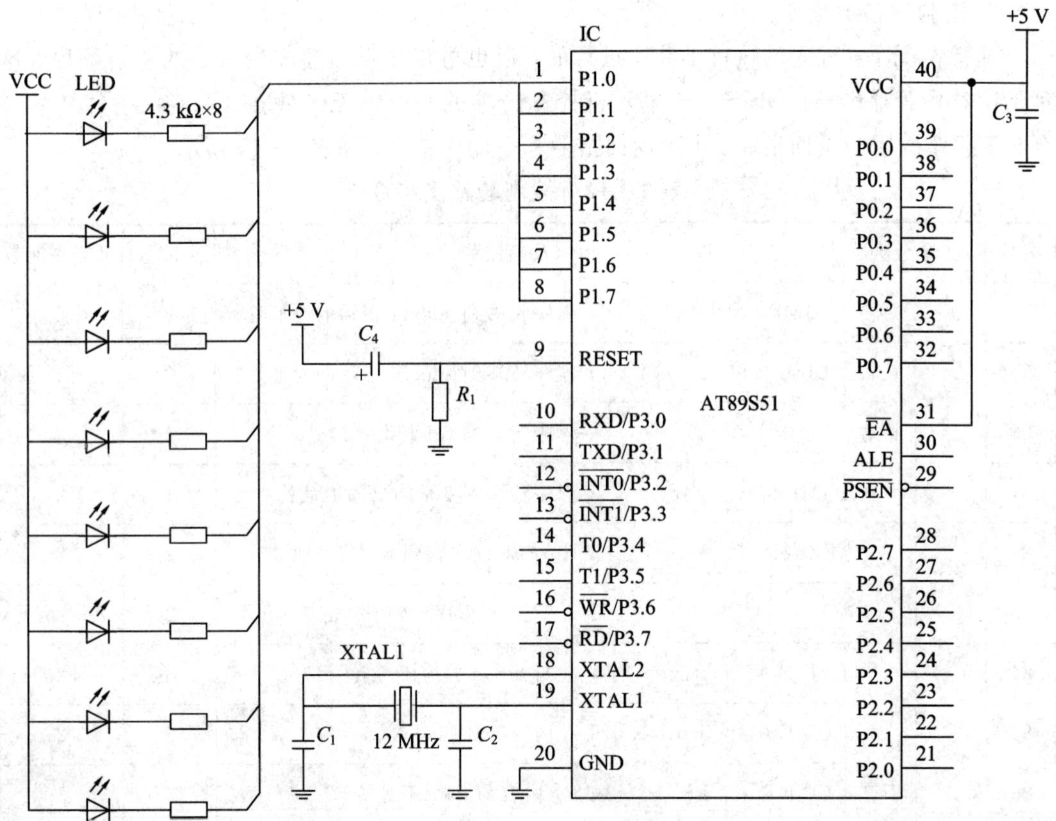

图 1-11　8 个发光二极管闪烁点亮的硬件电路

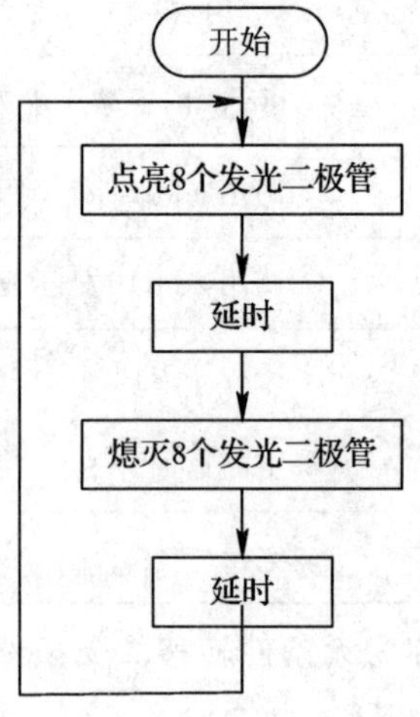

图 1-12　8 个发光二极管同时闪烁程序流程图

```
START:  MOV     P1,#00H     ;点亮所有发光二极管
        ACALL   DELAY       ;调用延时子程序
        MOV     P1,#0FFH    ;灭掉所有发光二极管
        ACALL   DELAY       ;调用延时子程序
```

```
          AJMP    START        ；重复闪动
DELAY：   MOV     R0，#10
DE2：     MOV     R1，#100
DE1：     MOV     R2，#250
DE0：     NOP
          NOP
          DJNZ    R2，DE0
          DJNZ    R1，DE1
          DJNZ    R0，DE2
          RET
```

【例】 根据图 1-11，试编写灯移位程序，即 8 个发光二极管每次点亮一个，循环左移，一个一个地点亮，循环不止。

解：

方法一(用 MOV 传送类指令，其示意图如图 1-13 所示)：

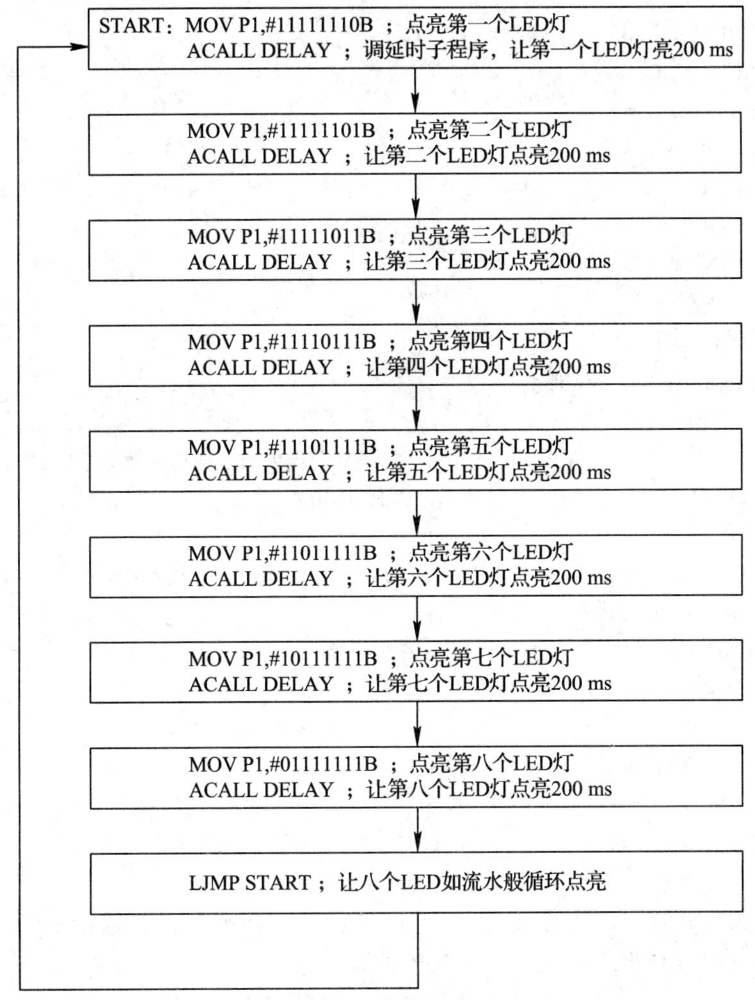

图 1-13　MOV 传送类指令示意图

；延时 200 ms 的子程序

```
DELAY：MOV R1,＃200
L1：   MOV R0,＃250
L0：   NOP
       NOP
       DJNZ R0,L0
       DJNZ R1,L1
       RET
```

方法二(利用循环移位类指令)：

```
        ORG 0000h
        LJMP START
        ORG 0030H
START： MOV A,＃0FEH
LOOP：  MOV P1,A
        ACALL DELAY
        RL   A
        LJMP LOOP
DELAY： MOV R1,＃200
L1：    MOV R0,＃250
L0：    NOP
        NOP
        DJNZ R0,L0
        DJNZ R1,L1
        RET
```

【例】 分析下面程序的功能：

```
       ORG 1000H
       MOV DPTR,＃TAB       ；将TAB所代表的地址送入数据指针DPTR
       MOV A, R1            ；从R1中取数
       MOV B,＃2
       MUL AB               ；A乘以2，AJMP语句占2个字节，且是连续存放的
       JMP@A+DPTR           ；跳转
TAB:   AJMP S0              ；跳转表格
       AJMP S1
       AJMP S2
       S0：S0子程序段
       S1：S1子程序段
       S2：S2子程序段
           END
```

(2) 所谓条件转移，就是指程序转移是有条件的。执行条件转移指令时，如指令中规定的条件满足，则进行程序转移，否则程序顺序执行。

【例】 将外部RAM的一个数据块(首址为DATA1)传送到内部RAM(首址为DATA2)，遇到传送的数据为零时停止。

```
START：MOV  R0,＃DATA2        ；置内部RAM数据指针
```

```
        MOV   DPTR，#DATA1        ；置外部 RAM 数据指针
LOOP1：MOVX   A，@DPTR            ；外部 RAM 单元内容送至 A
        JZ   LOOP2                ；判传送数据是否为零，A 为零则转移
        MOV @R0，A                ；传送数据不为零，送至内部 RAM
        INC   R0                  ；修改地址指针
        INC   DPTR
        SJMP   LOOP1              ；继续传送
LOOP2：RET                        ；结束传送，返回主程序
```

① 数值比较转移指令：把两个操作数进行比较，并将比较结果作为条件来控制程序转移的指令。数值比较转移指令共有四条：

```
CJNE A，# data，rel
CJNE A，direct，rel
CJNE Rn，# data，rel
CJNE @R，# data，rel
```

指令的转移可按以下 3 种情况说明：

· 若左操作数＝右操作数，则程序顺序执行。

· 若左操作数＞右操作数，则程序转移，进位标志位清“0”，即(CY)＝0。

· 若左操作数＜右操作数，则程序转移，进位标志位为“1”，即(CY)＝1。

② 减 1 条件转移指令：把减 1 与条件转移两种功能结合在一起的指令。减 1 条件转移指令共有两条：

· 寄存器减 1 条件转移指令：

```
DJNZ Rn，rel
```

功能：寄存器内容减 1。如所得结果为 0，则程序顺序执行；如没有减到 0，则程序转移。

· 直接寻址单元减 1 条件转移指令：

```
DJNZ direct，rel
```

功能：直接寻址单元内容减 1。如所得结果为 0，则程序顺序执行；如没有减到 0，则程序转移。

要点分析：减 1 条件转移指令主要用于控制程序循环。如预先把寄存器或内部 RAM 单元赋值循环次数，则利用减 1 条件转移指令，以减 1 后是否为 0 作为转移条件，即可实现按次数控制循环。

【例】 把 2000H 开始的外部 RAM 单元中的数据送到 3000H 开始的外部 RAM 单元中，数据个数已在内部 RAM35H 单元中。

```
       MOV DPTR，#2000H          ；源数据区首址
       PUSH DPL                  ；源首址暂存堆栈
       PUSH DPH
       MOV DPTR，#3000H          ；目的数据区首址
       MOV R2，DPL               ；目的首址暂存寄存器
       MOV R3，DPH
LOOP：POP DPH                    ；取回源地址
       POP DPL
```

```
MOVX A，@DPTR          ；取出数据
INC DPTR               ；源地址增量
PUSH DPL               ；源地址暂存堆栈
PUSH DPH
MOV DPL，R2            ；取回目的地址
MOV DPH，R3
MOVX @DPTR，A          ；数据送目的区
INC DPTR               ；目的地址增量
MOV R2，DPL            ；目的地址暂存寄存器
MOV R3，DPH
DJNZ 35H，LOOP         ；没完，继续循环
RET                    ；返回主程序
```

(3) 子程序调用与返回指令组。

子程序结构，即把重复的程序段编写为一个子程序，通过主程序调用而使用它。子程序结构的优点是：减少了编程工作量，缩短了程序的长度。

调用指令应在主程序中使用，而返回指令则应该是子程序的最后一条指令。执行完这条指令之后，程序返回主程序断点处继续执行，如图 1-14 所示。

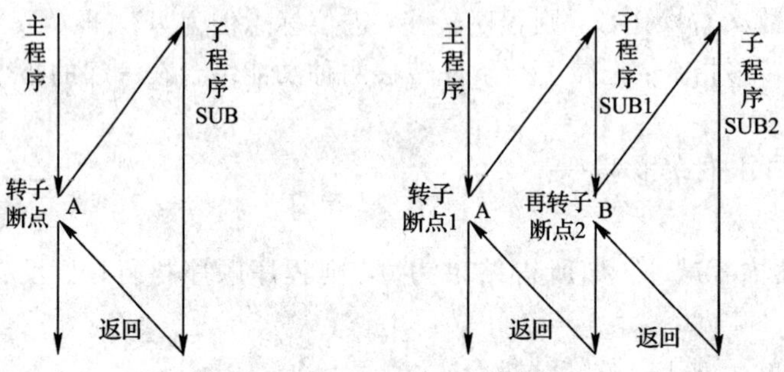

图 1-14　程序调用与返回

① 短调用指令：

ACALL　addr11

子程序调用的范围是 2 KB；短调用指令构造目的地址的方法是在 PC+2 的基础上，以指令提供的 11 位地址取代 PC 的低 11 位，而 PC 的高 5 位不变。

② 长调用指令：

LCALL　addr16

调用地址在指令中直接给出；子程序调用的范围是 64 KB。

③ 返回指令：

RET

功能：子程序返回指令执行子程序返回功能，从堆栈中自动取出断点地址送给程序计数器 PC，使程序在主程序断点处继续向下执行。

(4) 中断返回指令。

中断返回指令如下：

RETI

功能：恢复 PC 值，使程序返回断点。

(5) 空操作指令。

空操作指令如下：

```
NOP
```

空操作指令也算一条控制指令，即控制 CPU 不作任何操作，只消耗一个机器周期的时间。空操作指令是单字节指令，因此执行后 PC 加 1，时间延续一个机器周期。NOP 指令常用于程序的等待或时间的延迟。

6. 位操作类指令

位操作又称为布尔操作，它是以位为单位进行的各种操作，如表 1－15 所示。位操作指令中的位地址有 4 种表示方式：

- 直接地址方式(如，0D5H)；
- 点操作符方式(如，0D0H.5、PSW.5 等)；
- 位名称方式(如，F0)；
- 伪指令定义方式(如，MYFLAG BIT F0)。

注：以上几种方式所表示的都是 PSW 中的第 5 位。

表 1－15　位操作类指令

编号	指令分类		指令及其注释		字节数	机器周期数
95	位传送		MOV bit，C	；CY 状态送入 bit 中	2	2
96			MOV C，bit	；bit 状态送入 CY 中	2	1
97	位设置	清 0	CLR C	；CY 状态清 0	1	1
98			CLR bit	；bit 状态清 0	2	1
99		置位	SETB C	；CY 状态置 1	1	1
100			SETB bit	；bit 状态置 1	2	1
101	位逻辑	位与	ANL C，bit	；CY 状态与 bit 状态相与结果送 CY	2	2
102			ANL C，/bit	；CY 状态与 bit 取反相与结果送 CY	2	2
103		位或	ORL C，bit	；CY 状态与 bit 状态相或结果送 CY	2	2
104			ORL C，/bit	；CY 状态与 bit 取反相或结果送 CY	2	2
105		取反	CPL C	；CY 状态取反	1	1
106			CPL bit	；bit 状态取反	2	1
107	位条件转移	判 CY	JC rel	；CY 为 0 转	2	2
108			JNC rel	；CY 不为 0 转	2	2
109		判 bit	JB bit，rel	；bit 位为 1 转	3	2
110			JBC bit，rel	；bit 位为 1 转，同时把 bit 位清 0	3	2
111			JNB bit rel	；bit 位不为 1 转	3	2

【例】 设(CY)＝1，(P3)＝1100 0101B，(P1)＝0011 0101B。执行以下指令后，P1 的内容是什么？

```
MOV  P1.3, C
MOV  C, P3.3
MOV  P1.2, C
```

解：执行完指令后，结果为：(CY)＝0，P3 的内容未变，P1 的内容变为 0011 1001B。

【例】 试编程将内部数据存储器 40H 单元的第 0 位和第 7 位置“1”，其余位变反。

解：根据题意编制程序如下：

```
MOV A, 40H
CPL A
SETB ACC. 0
SETB ACC. 7
MOV 40H, A
```

【例】 请用位操作指令，求逻辑方程：P1.7＝ACC.0×(B.0＋P2.1)＋P3.2。

解：

```
MOV C, B.0
ORL C, P2.1
ANL C, ACC.0
ORL C, /P3.2
MOV P1.7, C
```

【例】 编程判断内部 RAM 30H 单元中存放的有符号数是正数还是负数。如果是正数，则程序转移到 PROP 处；如果是负数，则程序转移到 PRON 处；如果是 0，则程序转移到ZERO处。

解：根据题意编制程序如下：

```
MOV     A,30H          ;取数据
JZ      ZERO           ;如果为 0，转移至 ZERO 处
JB      ACC.7,PRON     ;ACC.7＝1，说明是负数，转移至 PRON
SJMP    PROP           ;否则是正数,转移至 PROP
```

★ 思考题：

(1) 设(R1)＝30H，(A)＝40H，(30H)＝60H，(40H)＝08H。试分析执行下列程序段后上述各单元内容的变化。

```
MOV  A, @R1
MOV  @R1, 40H
MOV  40H, A
MOV  R1, #7FH
```

(2) 设(A)＝E8H，(R0)＝40H，(R1)＝20H，(R4)＝3AH，(40H)＝2CH，(20)＝0FH，试写出下列各指令独立执行后有关寄存器和存储单元的内容。若该指令影响标志位，则试指出 CY、AC 和 OV 的值。

① MOV A, @R0

② ANL 40H, #0FH

③ ADD A, R4

④ SWAP A

⑤ DEC @R1

⑥ XCHD　A，@R1

(3) 设(50H)＝40H，试写出执行以下程序段后累加器 A、寄存器 R0 及内部 RAM 的 40H、41H、42H 单元中的内容各为多少？

```
MOV  A，50H
MOV  R0，A
MOV  A，＃00H
MOV  @R0，A
MOV  A，＃ 3BH
MOV  41H，A
MOV  42H，41H
```

二、汇编语言程序设计

计算机程序设计语言通常分为以下三类：

机器语言：能被计算机直接识别和执行，但机器语言不易为人们编写和阅读，因此，人们一般不再用它来进行程序设计。

高级语言：一种面向过程和问题并能独立于机器的通用程序设计语言，比较接近人们的自然语言和常用数字表达式。使用高级语言编程时，编程的速度快而且编程者不必熟悉机器内部的硬件结构可以把主要精力集中于掌握语言的语法规则和程序的结构设计方面，但程序执行的速度慢且占据的存储空间较大。

汇编语言：一种面向机器的语言，它的助记符指令和机器语言保持着一一对应的关系。也就是说，汇编语言实际上就是机器语言的符号表示。用汇编语言编程时，编程者可以直接操作到机器内部的寄存器和存储单元，能把处理过程描述得非常具体。因此通过优化能编制出高效率的程序，既可节省存储空间又可提高程序执行的速度，在空间和时间上都充分发挥了计算机的潜力。在实时控制的场合下，计算机的监控程序大多采用汇编语言编写。

(一) 伪指令

伪指令：不属于指令集中的指令，在汇编时不产生目标代码，不影响程序的执行，仅指明在汇编时执行一些特殊的操作。

1. 定义起始地址伪指令 ORG

格式：ORG　操作数

说明：操作数为一个 16 位的地址，它指出了下面那条指令的目标代码的第一个字节的程序存储器地址。在一个源程序中，可以多次定义 ORG 伪指令，但要求规定的地址由小到大安排，且各段地址之间不允许重复。

2. 定义赋值伪指令 EQU

格式：字符名称　EQU　操作数

说明：定义赋值伪指令是用来给字符名称赋值的。在同一个源程序中，任何一个字符名称只能赋值一次。赋值以后，其值在整个源程序中是固定的，不可改变。对所赋值的字符名称必须先定义赋值才能使用。定义赋值伪指令的操作数可以是 8 位或 16 位的二进制数，也可以是事先定义的表达式。

3. 定义数据地址赋值伪指令 DATA

格式：字符名称　DATA　操作数

说明：DATA 伪指令的功能和 EQU 伪指令相似，不同之处是 DATA 伪指令所定义的字符名称可先使用后定义，也可先定义后使用。在程序中 DATA 伪指令常用来定义数据地址。

4. 定义字节数据伪指令 DB

格式：[标号：]　DB　数据表

说明：定义字节数据伪指令可以定义若干字节数据从指定的地址单元开始存放在程序存储器中。数据表是由 8 位二进制数或由加单引号的字符组成的，中间用逗号间隔，每行的最后一个数据不用逗号。

DB 伪指令确定数据表中第一个数据的单元地址有两种方法，一种是由 ORG 伪指令规定首地址，另一种是 DB 前一条指令的首地址加上该指令的长度。

5. 定义双字节数据伪指令 DW

格式：[标号：]　DW　数据表

说明：DW 伪指令与 DB 伪指令的不同之处是，DW 伪指令定义的是双字节数据，而 DB 伪指令定义的是单字节数据(其他用法都相同)。在汇编时，每个双字节的高 8 位数据要排在低地址单元，低 8 位数据排在高地址单元。

6. 定义预留空间伪指令 DS

格式：[标号：]　DS　操作数

说明：DS 伪指令用于告诉汇编程序，从指定的地址单元开始(如由标号指定首址)，保留由操作数设定的字节数空间作为备用空间。要注意的是 DB、DW、DS 伪指令只能用于程序存储器，而不能用于数据存储器。

7. 定义位地址赋值伪指令 BIT

格式：字符名称 BIT 位地址

说明：BIT 伪指令只能用在有位地址的位(片内 RAM 和 SFR 块)中，把位地址赋予规定的字符名称，常用于位操作的程序。

8. 定义汇编结束伪指令 END

格式：[标号：]　END

说明：定义汇编结束伪指令 END 是用来告诉汇编程序，此源程序到此结束。在一个程序中，只允许出现一条 END 伪指令，而且必须安排在源程序的末尾。

(二) 汇编语言源程序汇编

用汇编语言编写的源程序称为汇编语言源程序。但是单片机不能直接识别汇编语言源程序，需要通过汇编将其转换成用二进制代码表示的机器语言程序，才能够识别和执行。汇编通常由专门的汇编程序来进行，通过编译后自动得到对应于汇编源程序的机器语言目标程序，这个过程叫做机器汇编。汇编过程是将汇编语言源程序翻译成目标程序的过程。机器汇编通常是在计算机上(与 MCS－51 单片机仿真器联机)通过编译程序实现的。

另外还可使用人工汇编。由程序员根据 MCS－51 的指令集将汇编语言源程序的指令逐条翻译成机器码的过程叫做人工汇编。

（三）汇编语言程序设计举例

1. 汇编语言程序设计通常的步骤

（1）分析问题——针对现有条件，明确在程序设计时应该“做什么”。

（2）确定算法——解决“怎样做”的问题。

（3）绘制程序流程图——用图形的方法描绘解决问题的思路。

（4）编写源程序——用指令的形式将程序流程图实现出来。

（5）编译——用开发机或仿真器将源程序转换成机器码，便于单片机识别。

（6）在线仿真调试——查错、改错，对程序进行优化。

2. 汇编语言源程序的程序结构

汇编语言源程序的程序结构一般有顺序结构、分支结构和循环结构，如图 1－15 所示。

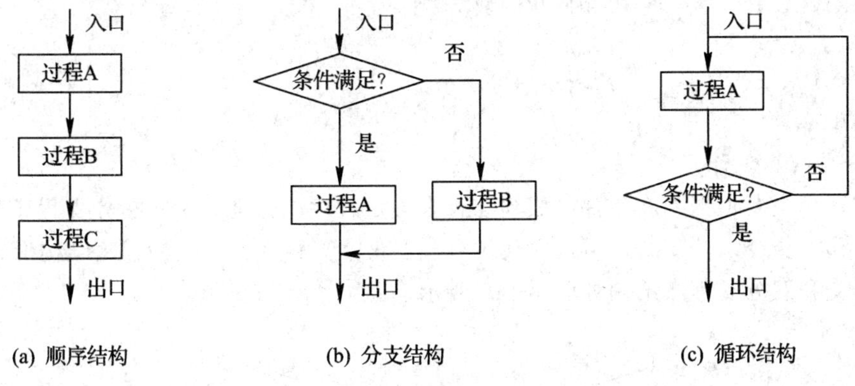

图 1－15　常见的几种程序结构

1）顺序程序设计

顺序程序：各类结构化程序块中最简单的一种。顺序程序按程序执行的顺序依次编写，在执行程序的过程中不使用转移指令，只是顺序执行。

【例】 内部 RAM 的 2AH～2EH 单元中存储的数据如图 1－16 所示。试编写程序实现图示的数据传送结果。

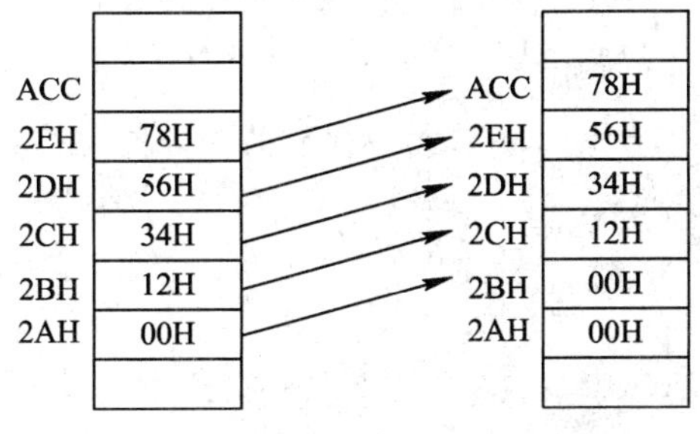

图 1－16　内部 RAM 的 2AH～2EH 地址单元数据

解：

```
MOV   A，2EH        ；2 字节，1 个机器周期
MOV   2EH，2DH      ；3 字节，2 个机器周期
```

```
MOV   2DH，2CH        ；3字节，2个机器周期
MOV   2CH，2BH        ；3字节，2个机器周期
MOV   2AH，#00H       ；3字节，2个机器周期
```

【例】 把A中的压缩BCD码转换成二进制数。

解：此程序采用将A中的高半节(十位)乘以10，再加上A的低半字节(个位)的方法。编程如下：

```
MOV R2，A          ；暂存
ANL A，#F0H        ；屏蔽低4位
SWAP A
MOV B，#10
MUL AB             ；A中高半字节乘10
MOV R3，A
MOV A，R2          ；取原BCD数
ANL A，#0FH        ；取BCD数个位
ADD A，R3          ；个位与十位数相加
RET
```

2）分支程序设计

分支程序主要根据判断条件的成立与否来确定程序的走向，因此在分支程序中需要使用控制转移类指令。分支结构可以分成单分支、双分支和多分支三种程序结构形式。

单分支和双分支程序结构如图1-17所示。

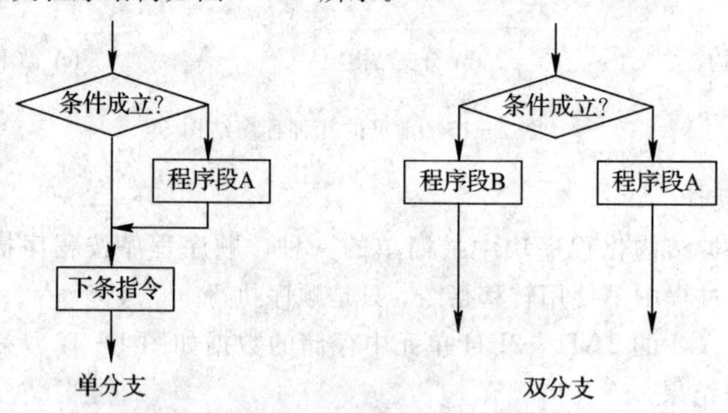

图1-17　单分支和双分支程序结构

【例】 设内部RAM 40H和41H单元中存放两个8位无符号二进制数，试编程找出其中的大数并存入30H单元中。

解：

```
        MOV A，40H
        CJNE A，41H，LOOP      ；取2个数进行比较
LOOP：  JNC LOOP1              ；根据CY值，判断单分支出口
        MOV A，41H             ；41H单元中是大数
LOOP1：MOV 30H，A              ；40H单元中是大数
```

【例】 设内部RAM20H单元和30H单元中分别存放了两个8位的无符号数X、Y，若X≥Y则让P1.0管脚连接的LED亮；若X＜Y则让P1.1管脚连接的LED亮。

解：

```
         X       DATA    20H
         Y       DATA    30H
         ORG     0000H
         MOV     A，X
         CLR     C
         SUBB    A，Y
         JC      L1
         CLR     P1.0
         SJMP    FINISH
L1：     CLR  P1.1
FINISH： SJMP    $
         END
```

多分支程序可根据变量 K 的内容，转至对应的分支程序改变程序执行流向，多分支程序结构如图 1-18 所示。

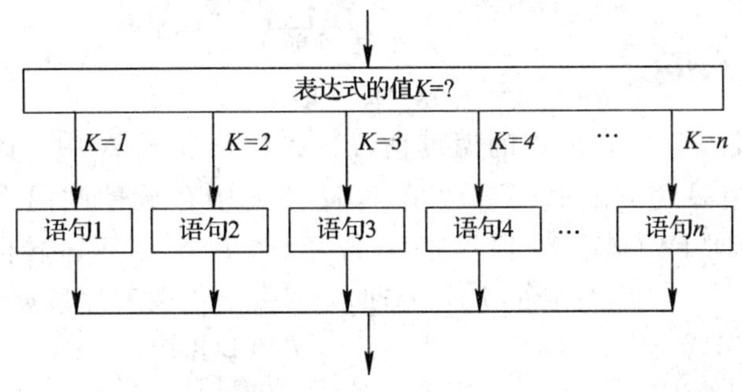

图 1-18　多分支程序结构

注：编写多分支程序主要在于要正确使用无条件散转指令 JMP　@A+DPTR。

【例】 设变量 X 的值存放在内部 RAM 的 30H 单元中，编程求解下列函数式，将求得的函数值 Y 存入 40H 单元。

$$Y=\begin{cases}X+1 & (X\geqslant 100)\\ 0 & (10\leqslant X<100)\\ X-1 & (X<10)\end{cases}$$

解： 自变量 X 的值在三个不同的区间得到的函数值 Y 不同，编程时要注意区间的划分。程序流程图如图 1-19 所示。程序如下：

```
       MOV A，30H               ；取自变量 X 值
       CJNE A，#10，LOOP        ；与 10 比较，A 中值不改变
LOOP： JC LOOP2                 ；若 X< 10，则转 LOOP2
       CJNE A，#100，LOOP1      ；与 100 比较
LOOP1：JNC LOOP3                ；若 X>100，则转 LOOP3
       MOV 40H，#00H            ；因 10≤X<100，故 Y=0
       SJMP EXIT
LOOP2：DEC A                    ；因 X<10，故 Y=X-1
       MOV 40H，A
```

```
        SJMP EXIT
LOOP3:  INC A               ；因 X＞100，故 Y＝X＋1
        MOV 40H，A
EXET:   RET
```

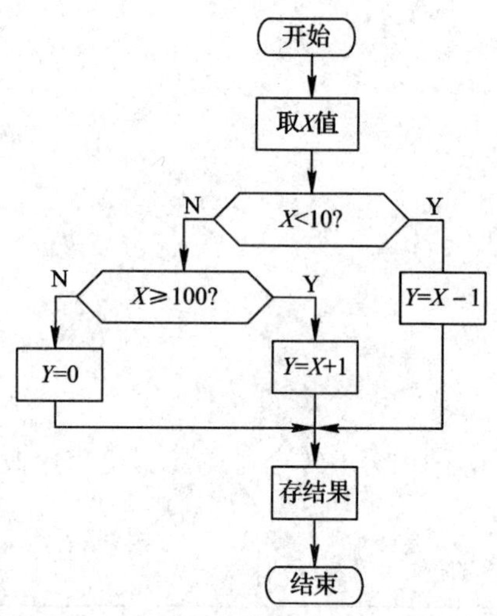

图 1-19　求函数值 Y 的程序流程图

【例】 某温度控制系统，采集的温度值 T_A 放在累加器 A 中。此外，在内部 RAM 54H 单元中存放控制温度下限值(T_{54})，在 55H 单元中存放控制温度上限值(T_{55})。若 $T_A > T_{55}$，则程序转向 JW(降温处理程序)；若 $T_A < T_{54}$，则程序转向 SW(升温处理程序)；若 $T_{55} \geqslant T_A \geqslant T_{54}$，则程序转向 FH(返回主程序)。有关程序段如下：

```
         CJNE A，55H，LOOP1    ；TA≠T55，转向 LOOP1
         AJMP FH               ；TA＝T55，返回
LOOP1:   JNC JW                ；(CY)＝0，表明 TA＞T55，转降温处理程序
         CJNE A，54H，LOOP2    ；TA≠T54，转向 LOOP2
         AJMP FH               ；TA＝T54，返回
LOOP2:   JC SW                 ；(CY)＝1，表明 TA＜T54，
                                 转升温处理程序
     FH: RET                   ；T55≥TA≥T54，返回主程序
```

3）循环程序设计

(1) 循环结构的组成。循环结构由 4 部分组成：初始化部分、循环处理部分、循环控制部分和循环结束部分。循环结构流程图如图 1-20 所示。

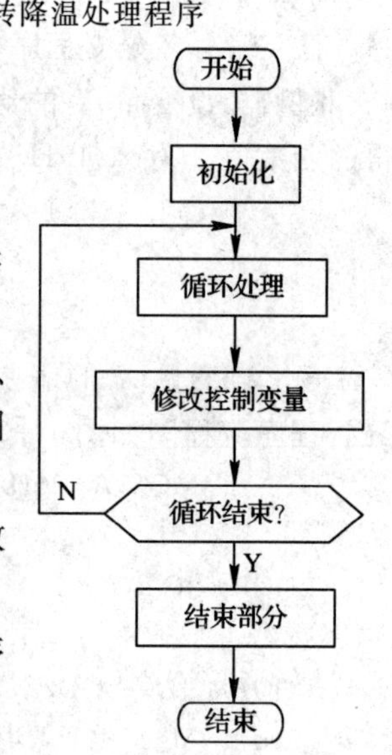

图 1-20　循环结构流程图

初始化部分用来设置循环处理之前的初始状态，如循环次数的设置、变量初值的设置、地址指针的设置等。

循环处理部分又称为循环体，是重复执行的数据处理程序段，它是循环程序的核心部分。

循环控制部分用来控制循环继续与否。

所谓循环结束部分，就是对循环程序全部执行结束后的结果进行分析、处理和保存。

注：对循环次数的控制有多种。若循环次数是已知的，则可用循环次数计数器控制循环；若循环次数是未知的，则可以按条件控制循环。

典型循环结构如图 1－21 所示，图(a)为先处理后判断的结构，图(b)为先判断后处理的结构。

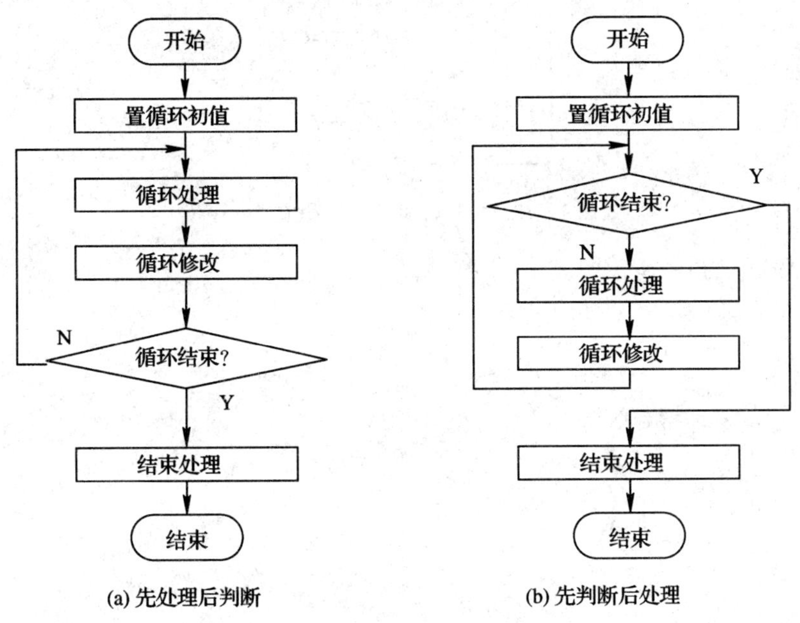

图 1－21　循环结构的两种典型形式

(2) 循环程序设计。根据循环程序的不同可将循环程序分为单重循环结构和多重循环结构。

若一个循环程序的循环体中不包含另外的循环结构，则该循环程序为单重循环结构。

【例】 设内部 RAM 存有一无符号数数据块，长度为 128 B，在以 30H 单元为首址的连续单元中。试编程找出其中最小的数，并放在 20H 单元中。

解：

```
        MOV R7，#7FH          ；设置比较次数
        MOV R0，#30H          ；设置数据块首址
        MOV A，@R0            ；取第一个数
        MOV 20H，A            ；第一个数暂存于 20H 单元，作为最小数
LOOP1： INC R0
        MOV A，@R0            ；依次取下一个数
        CJNE A，20H，LOOP
LOOP：  JNC LOOP2             ；两数比较后，其中小的数放在 20H 单元中
        MOV 20H，A
LOOP2： DJNZ R7，LOOP1        ；R7 中内容为零则比较完
        SJMP $
```

【例】 80C51 单片机的 P1 端口作检出，经驱动电路接 8 只发光二极管，如图 1－22 所

示。当输出为“0”时，发光二极管点亮；当输出为“1”时，发光二极管变暗。试分析下述程序执行过程及发光二极管点亮的工作规律。

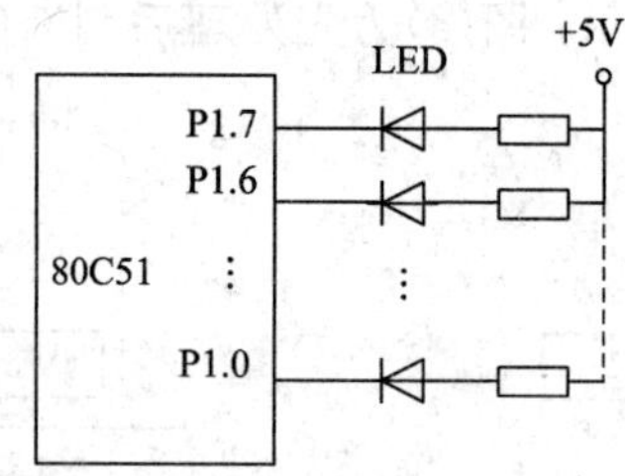

图 1-22　单片机驱动 8 只发光二极管

```
LP：MOV P1，#7EH
    LCALL DELAY
    MOV P1，#0BDH
    LCALL DELAY
    MOV P1，#0DBH
    LCALL DELAY
    MOV P1，#0E7H
    LCALL DELAY
    MOV P1，#0DBH
    LCALL DELAY
    MOV P1，#0BDH
    LCALL DELAY
    SJMP LP
```

子程序：

```
DELAY：MOV R2，#0FAH
L1：   MOV R3，# 0FAH
L2：   DJNZ R3，L2
       DJNZ R2，L1
       RET
```

分析：上述程序执行过程及发光二极管点亮的工作规律为：首先是第 1 和第 8 个灯亮；延时一段时间后，第 2 和第 7 个灯亮；再延时一段时间后，第 3 和第 6 个灯亮；继续延时一段时间后，第 4 和第 5 个灯亮；然后再延时一段时间，重复上述过程。

若系统的晶振频率为 6 MHz，则延时子程序 DELAY 的延时时间计算如下：

```
DELAY：  MOV R2，#0FAH
L1：     MOV R3，#0FAH
L2：     DJNZ R3，L2
         DJNZ R2，L1
         RET
```

因为 FAH=250，所以总时间 T 计算如下：

$$T=(250\times4+2+4)\times250+2+4=251\ 506\ \mu s$$

注：若想加长延时时间，可以增加循环次数；若想缩短延时时间，可以减少循环次数。

习题与思考题

(1) 简述 MCS-51 汇编指令格式。

(2) 何谓寻址方式？MCS-51 单片机有哪些寻址方式，是怎样操作的？

(3) 访问片内 RAM 低 128 单元应使用哪些寻址方式？访问片内 RAM 高 128 单元应使用什么寻址方式？访问 SFR 应使用什么寻址方式？

(4) 访问片外 RAM 应使用什么寻址方式？

(5) 常用的程序结构有哪几种？它们的特点分别是什么？

(6) 什么是伪指令？常用伪指令的功能是什么？

(7) 分析下面指令是否正确，并说明理由。

```
MOV     R3，R7
MOV     B，@R2
DEC     DPTR
MOV     20H.8，F0
PUSH    DPTR
CPL     36H
MOV     PC，#0800H
```

(8) 分析下面各组指令，区分它们的不同之处。

```
MOV    A，30H       与    MOV    A，#30H
MOV    A，R0        与    MOV    A，@R0
MOV    A，@R1       与    MOVX   A，@R1
MOVX   A，@R0       与    MOVX   A，@DPTR
MOVX   A，@DPTR     与    MOVC   A，@A+DPTR
```

(9) 完成某种操作可以采用几条指令构成的指令序列来实现。试写出完成以下每种操作的指令序列。

① 将 R0 的内容传送到 R1；

② 内部 RAM 单元 60H 的内容传送到寄存器 R2；

③ 外部 RAM 单元 1000H 的内容传送到内部 RAM 单元 60H；

④ 外部 RAM 单元 1000H 的内容传送到寄存器 R2；

⑤ 外部 RAM 单元 1000H 的内容传送到外部 RAM 单元 2000H。

(10) 设 80C51 的晶振频率为 6 MHz，试计算延时子程序的延时时间。

```
DELAY：MOV     R7,#0F6H
LP：   MOV     R6,#0FAH
       DJNZ    R6,$
       DJNZ    R7,LP
       RET
```

(11) 已知(A)=23H，(R1)=65H，(DPTR)=1FECH，片内 RAM(65H)=70H，

ROM(205CH)＝64H。试分析下列各条指令执行后目标操作数的内容。

```
MOV     A, @R1
MOVX    @DPTR, A
MOVC    A, @A+DPTR
XCHD    A, @R1
```

(12) 已知(A)＝76H，(R1)＝76H，(B)＝4，CY＝1，片内 RAM(76H)＝0D0H，(80H)＝6CH。试分析下列各条指令执行后目标操作数的内容和相应标志位的值。

```
ADD     A, @R1
SUBB    A, #75H
MUL     AB
DIV     AB
ANL     76H, #76H
ORL     A, #0FH
XRL     80H, A
```

(13) 编写程序，把外部 RAM 中 1000H～101FH 的内容传送到内部 RAM 的 30H～4FH 中。

(14) 试编写程序，将内部 RAM 的 20H、21H、22H 三个连续单元的内容依次存入 2FH、2EH 和 2DH 单元。

(15) 编写程序，实现双字节无符号数加法运算，要求 (R0R1)＋(R6R7)→(60H61H)。

(16) 试编写程序，完成两个 16 位数的减法：7F4DH－2B4EH，结果存入内部 RAM 的 30H 和 31H 单元，30H 单元存差的高 8 位，31H 单元存差的低 8 位。

(17) 试编写程序，将 R1 中的低 4 位数与 R2 中的高 4 位数合并成一个 8 位数，并将其存放在 R1 中。

(18) 若(CY)＝1，(P1)＝10100011B，(P3)＝01101100B。试指出执行下列程序段后，CY、P1 口及 P3 口内容的变化情况。

```
MOV     P1.3, C
MOV     P1.4, C
MOV     C, P1.6
MOV     P3.6, C
MOV     C, P1.0
MOV     P3.4, C
```

学习任务三　微控制器最小系统设计

任务描述

微控制系统能够实现多种控制功能的原因就在于它的外围电路设计和程序设计。在认识了单片机的内部结构和外部引脚等基础知识后，本任务将进行单片机最小系统的设计，从而实现一些简单的控制功能。

相关知识

一、单片机最小系统

单片机最小系统，也称为最小应用系统，是指用最少的元件所组成的可以工作的单片机系统。对 51 系列单片机来说，最小系统一般包括：单片机、时钟电路(时钟源，为单片机提供基准时钟信号，保证各指令的正常运行)、复位电路(使单片机的片内电路初始化)。

51 单片机的最小系统电路如图 1－23 所示。

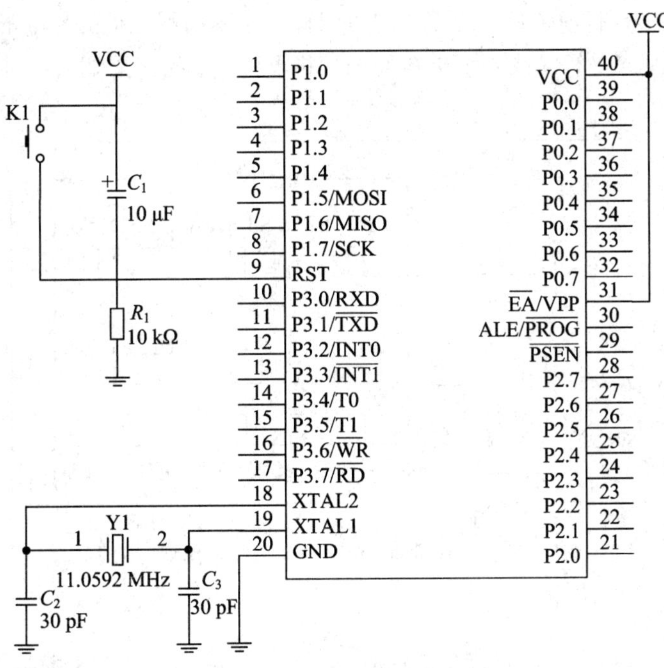

图 1－23　51 单片机的最小系统电路图

(一) 时钟电路

时钟电路用于产生单片机工作所需要的时钟信号，如图 1－24 所示。

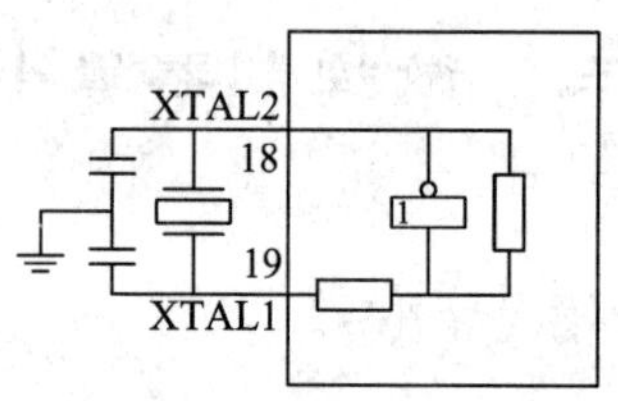

图 1-24　时钟电路

1. 时钟信号的产生

在 MCS-51 芯片内部有一个高增益反相放大器，其输入端为芯片引脚 XTAL1，输出端为引脚 XTAL2，在芯片的外部通过这两个引脚跨接晶体振荡器和微调电容，形成反馈电路，就构成了一个稳定的自激振荡器。时钟电路如图 1-24 所示。

电路中的电容一般取 30 pF 左右，而晶体的振荡频率范围通常是 1.2 MHz～12 MHz。

2. 时序定时单位

MCS-51 时序的定时单位共有 4 个，从小到大依次是：节拍、状态、机器周期和指令周期。下面分别加以说明。

(1) 振荡周期与时钟周期：振荡脉冲的周期定义为振荡周期(一个振荡周期即为一个节拍，用"P"表示)。两个振荡周期定义为一个时钟周期(即一个状态，用"S"表示)。

(2) 机器周期：6 个状态，即 12 个振荡周期为一个机器周期。

(3) 指令周期：执行一条指令所需要的时间称为指令周期。根据指令的不同，MCS-51 的指令周期可包含有 1、2、3 或 4 个机器周期。机器周期、振荡周期与时钟周期的关系如图 1-25所示。

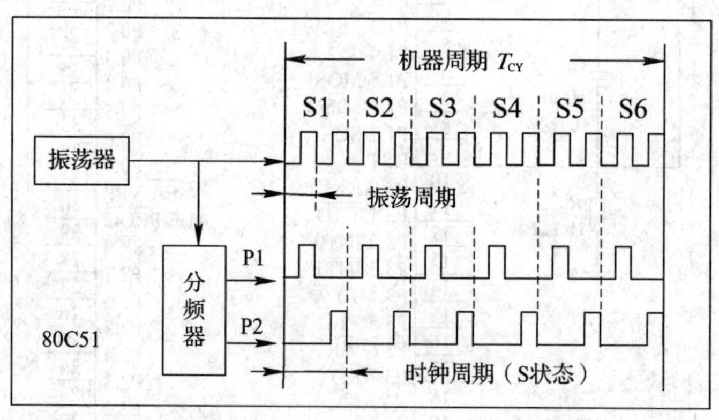

图 1-25　机器周期、振荡周期与时钟周期的关系

(二) 复位电路

复位是单片机的初始化操作，其作用是使 CPU 和系统中其他部件处于一个确定的初始状态，并从这个状态开始工作。当 51 系列单片机的复位引脚 RST 出现两个机器周期以上的高电平时，单片机执行复位操作。复位后，PC 内容为 0000H，P0 口～P3 口内容为 FFH，SP 内容为 07H，SBUF 内容不定，IP、IE 和 PCON 的有效位为 0，其余的特殊功能

寄存器的状态均为00H。例如，复位后，CPU 使用0组工作寄存器。它们的地址是00H～07H，通过程序状态字 PSW 中的 RS1、RS0 标志位改变当前工作寄存器组。根据应用的要求，复位操作通常有两种基本形式，即上电复位和按键复位，见图 1－26。

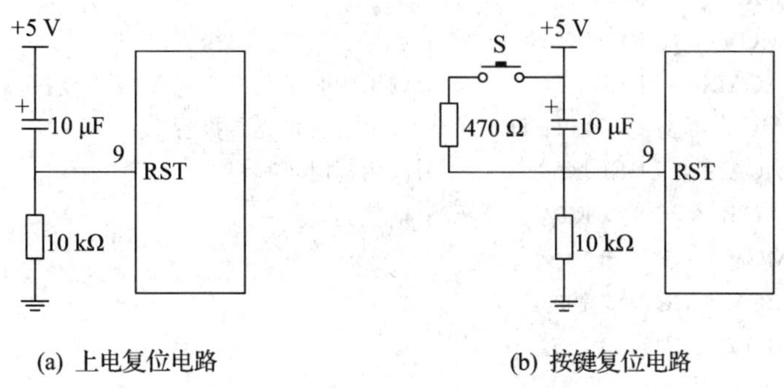

图 1－26　复位电路

二、最小系统的简单应用

(一) 发光二极管闪烁

要求单片机上电工作时，实现 P1 口 8 个发光二极管同时闪烁，亮一秒灭一秒即实现周期为 2 s 的闪烁。8 个发光二极管闪烁的硬件电路如图 1－27 所示，其程序流程图如图 1－28所示。

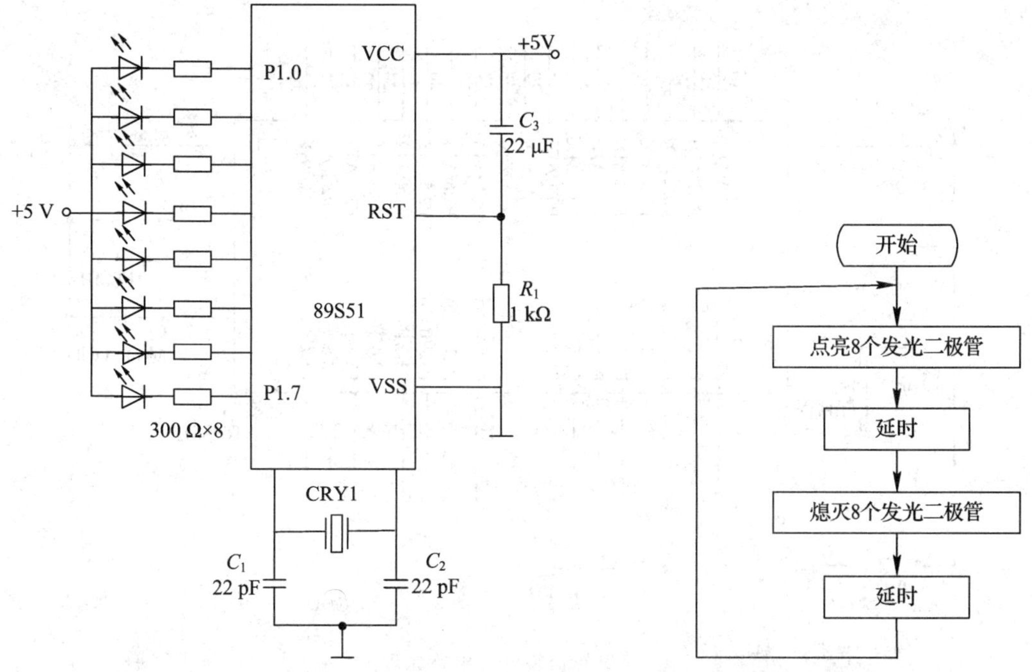

图 1－27　8 个发光二极管闪烁的硬件电路图　　　图 1－28　8 个发光二极管闪烁的程序流程图

程序清单：

```
          ORG      0000H
          LJMP     MAIN
          ORG      0100H
MAIN：    MOV      P1,#00H        ;点亮所有发光二极管
          ACALL    DELAY          ;调用延时子程序
          MOV      P1,#0FFH       ;灭掉所有发光二极管
          ACALL    DELAY          ;调用延时子程序
          AJMP     START          ;重复闪动
DELAY：   MOV      R0，#10
DE2：     MOV      R1，#100
DE1：     MOV      R2，#250
DE0：     NOP
          NOP
          DJNZ     R2，DE0
          DJNZ     R1，DE1
          DJNZ     R0，DE2
          RET
```

(二) 模拟开关灯

监视开关 S1(接在 P3.0 端口上)，用发光二极管 L1(接在单片机 P1.0 端口上)显示开关状态。如果开关闭合，则 L1 亮；如果开关断开，则 L1 熄灭。电路原理图如图 1-29 所示。

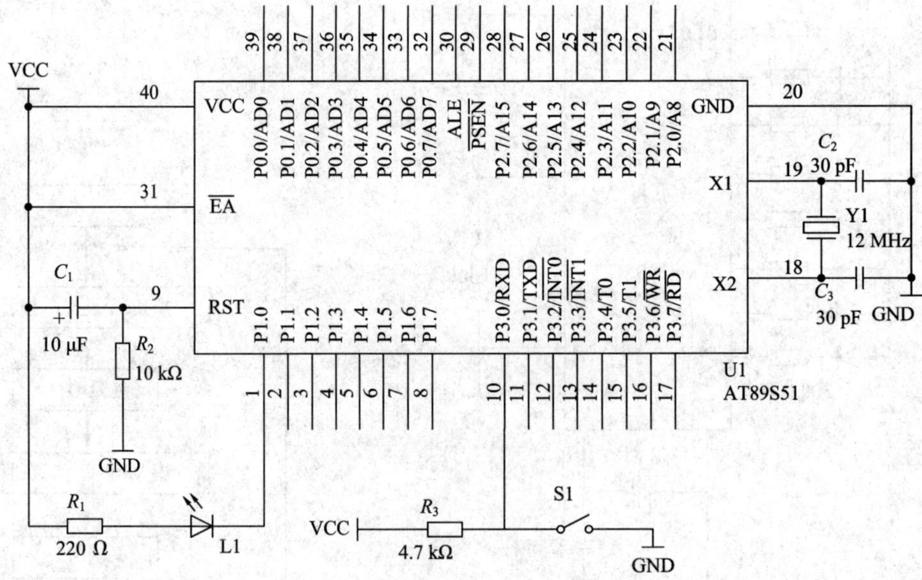

图 1-29　监视开关电路原理图

系统板上硬件连线时，把“单片机系统”区域中的 P1.0 端口用导线连接到“八路发光二极管指示模块”区域中的 L1 端口上；把“单片机系统”区域中的 P3.0 端口用导线连接到“四

路拨动开关"区域中的 S1 端口上。

程序设计内容：

(1) 开关状态的检测过程：对于单片机来说，单片机对开关状态的检测就是对单片机 P3.0 端口输入信号的检测，而输入的信号只有高电平和低电平两种。开关 S1 拨上去，即输入高电平，相当开关断开；开关 S1 拨下去，即输入低电平，相当开关闭合。单片机可以采用 JB　BIT，REL 或者是 JNB　BIT，REL 指令来完成对开关状态的检测。

(2) 输出控制：当 P1.0 端口输出高电平，即 P1.0＝1 时，根据发光二极管的单向导电性可知，这时发光二极管 L1 熄灭；当 P1.0 端口输出低电平，即 P1.0＝0 时，发光二极管 L1 亮。可以使用 SETB　P1.0 指令使 P1.0 端口输出高电平，使用 CLR　P1.0 指令使 P1.0 端口输出低电平。

程序框图：如图 1－30 所示。

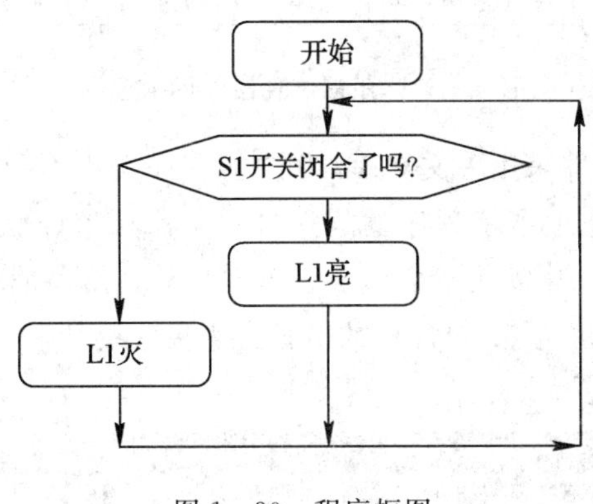

图 1－30　程序框图

汇编源程序：

```
        ORG 00H
START:  JB P3.0,LIG
        CLR P1.0
        SJMP START
LIG:    SETB P1.0
        SJMP START
        END
```

三、伟福开发环境介绍

伟福仿真器外形如图 1－31 所示，说明如下：

(1) 仿真器使用 9 针串行口，与 PC 机用两头为孔的串行电缆连接。对于一些只有 USB 口而没有串口的计算机，可以使用 USB 转串口电缆将 USB 转成串行口。

(2) 不同型号的仿真器，其逻辑测试钩插座可能只有一个。

(3) 不同型号的仿真器，可能会没有 20 芯仿真电缆插座。

(4) 电源为直流 5 V/1 A(最小)，电源插孔的极性为内"正"外"负"。

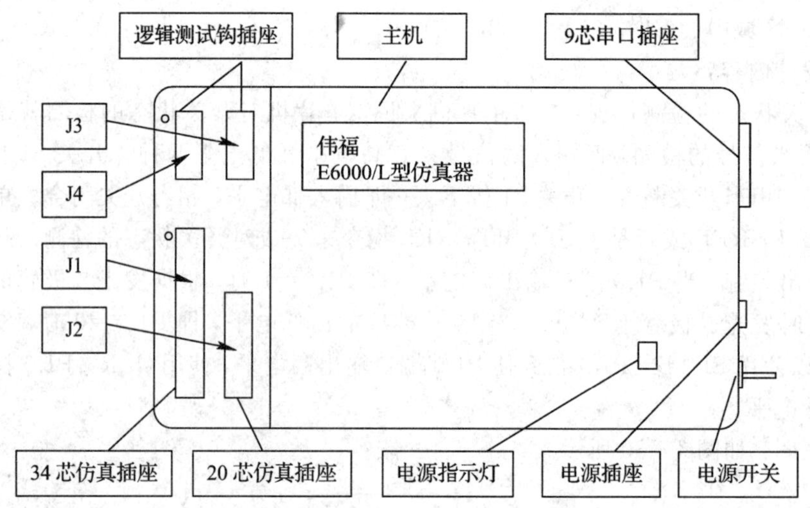

图 1-31　伟福仿真器外形示意图

伟福(WAVE)编译软件采用中文界面，用户源程序大小不受限制，它有丰富的窗口显示方式，能够多方位、动态地展示程序的执行过程。伟福编译软件的项目管理功能强大，可使单片机程序化大为小，化繁为简，便于管理。另外，伟福编译软件的书签、断点管理功能以及外设管理功能等可为51单片机的仿真带来极大的便利。例如，伟福6000编译软件的界面如图1-32所示。

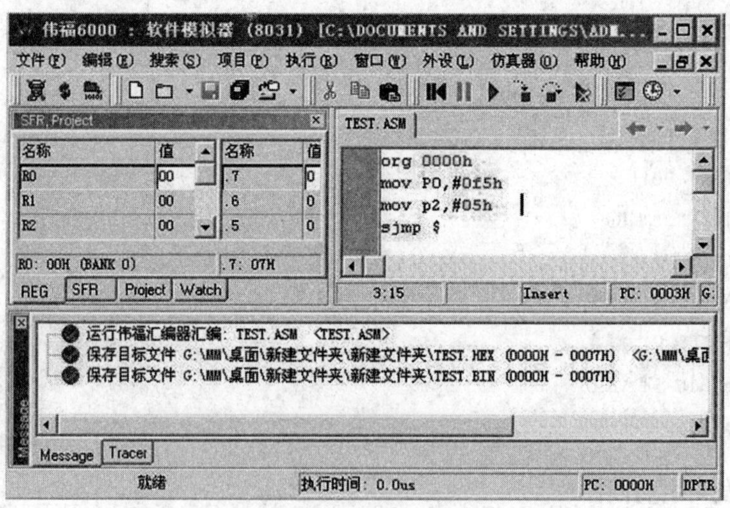

图 1-32　伟福 6000 编译软件界面示意图

(一) 启动伟福软件

可以通过两种方式启动伟福软件：

(1) 双击桌面上的伟福(WAVE)快捷方式。

(2) 双击安装目录下的伟福(WAVE)6000\BIN\伟福(WAVE).exe 进入本开发环境，其界面及主要功能如图1-33所示。

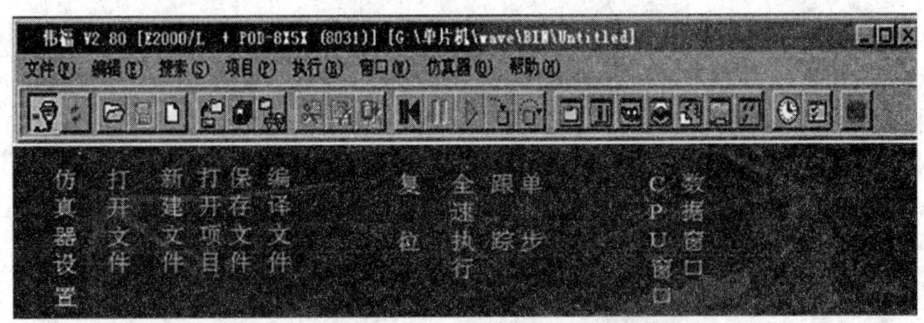

图 1-33　伟福(WAVE)界面主要功能图

(二) 调试环境的设置

在使用伟福软件调试程序之前需要对调试环境进行设置，设置好了之后如果没有什么改变以后就不要再设置了。

选择菜单仿真器(O)项下的仿真器设置，其中包括“语言”项设置、“目标文件”项设置和“仿真器”项设置。

1. 仿真器“语言”项设置

仿真器“语言”项设置如图 1-34 所示。

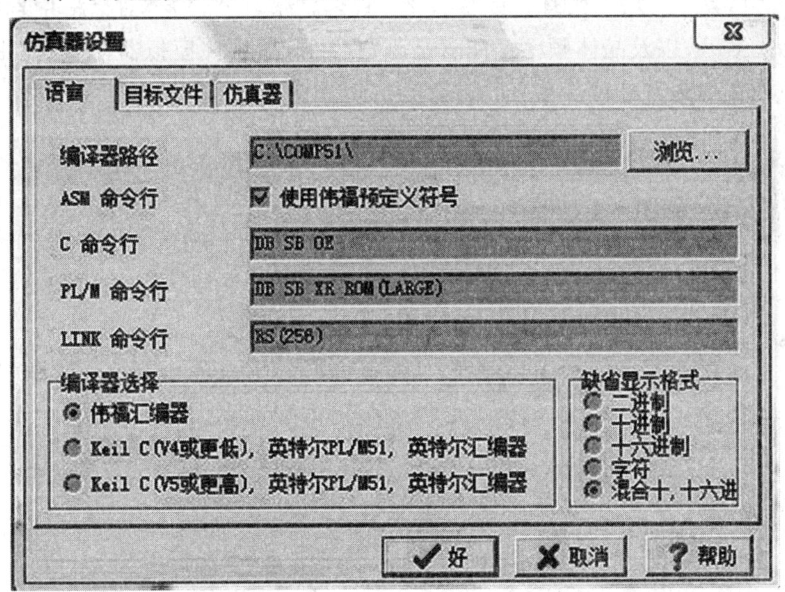

图 1-34　仿真器“语言”项设置图

如果使用汇编语言编程，只要选择伟福汇编器即可；如果选择 C 语言编程，则需要选择英特尔汇编器。

2. “目标文件”项设置

“目标文件”项设置如图 1-35 所示。

选择生成 BIN、HEX 文件，置未用程序存储器为 0FFH。

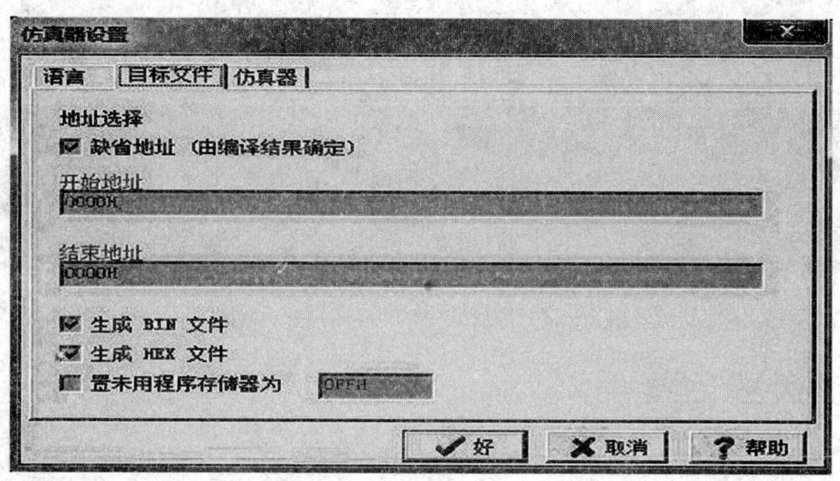

图 1-35 “目标文件”项设置图

3. “仿真器”项设置

“仿真器”项设置：在实验开始时要先根据需要设置好仿真器类型、仿真头类型以及CPU 类型。选择菜单[设置|仿真器设置]，在弹出的“仿真器设置”对话框中选择合适的仿真器、仿真头、CPU 以及晶体频率。注意是否“使用伟福软件模拟器”？若使用硬件仿真，请注意去掉“使用伟福软件模拟器”前的选择。“仿真器”项设置如图 1-36 所示。

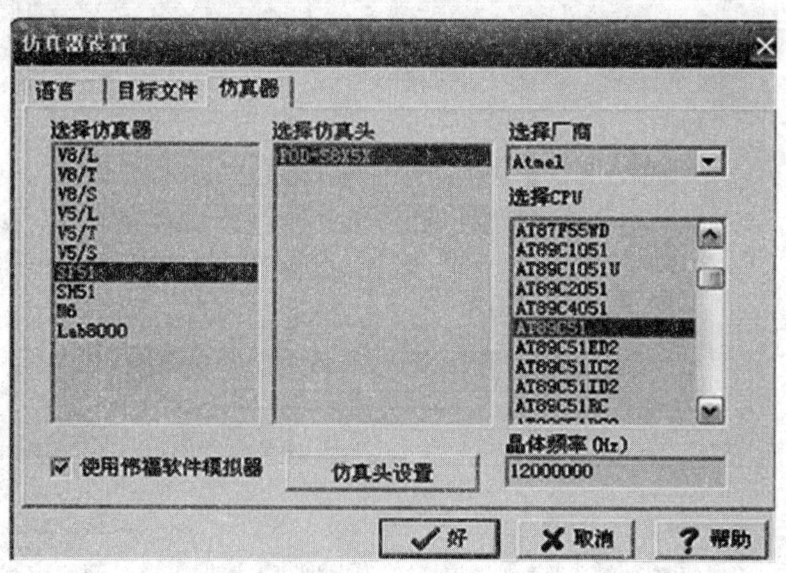

图 1-36 “仿真器”项设置图

(三) 项目文件的建立步骤

1. 新建文件

(1) 选择菜单[文件|新建文件]，如图 1-37 所示。

图 1 - 37　新建文件图

(2) 在出现的源程序窗口中输入所需编写的程序，如图 1 - 38 所示。

```
NONAME1
        ORG     0000H
        LJMP    MAIN
        ORG     0030H
MAIN:   MOV     A,#10H
        MOV     R0,#30H
        MOV     R7,#10
L1:     MOV     @R0,A
        INC     R0
        INC     A
        DJNZ    R7,L1
        SJMP    $
        END
```

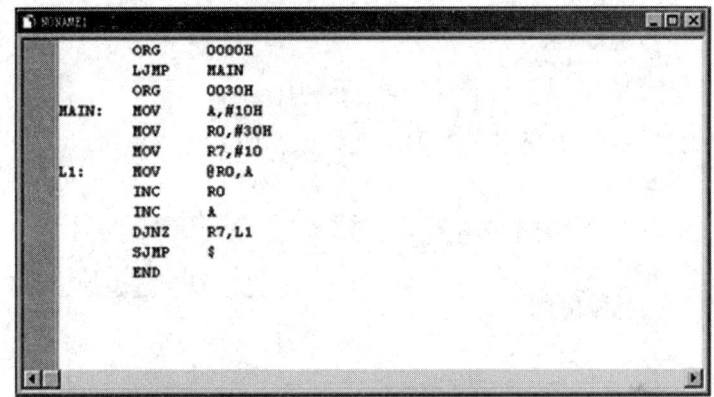

图 1 - 38　源程序窗口输入图

2. 保存程序

选择菜单[文件|保存文件]，保存时文件名称必须带上后缀名".asm"(或".ASM")，如图 1 - 39 所示。

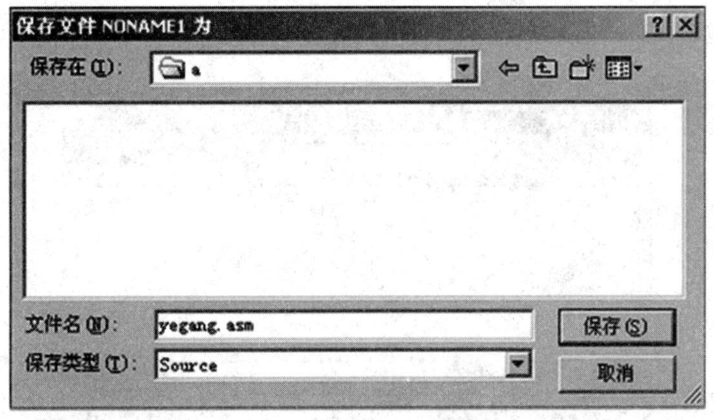

图 1 - 39　保存程序窗口图

3. 新建一个项目

新建一个项目的目的是为了对项目进行编译(对于伟福(WAVE)调试软件，如果用汇编语言编程，则可以不建立项目，直接对文件进行编译)。新建项目包括以下几个步骤：

(1) 建立新项目，选择菜单[文件|新建项目]，如图 1-40 所示。

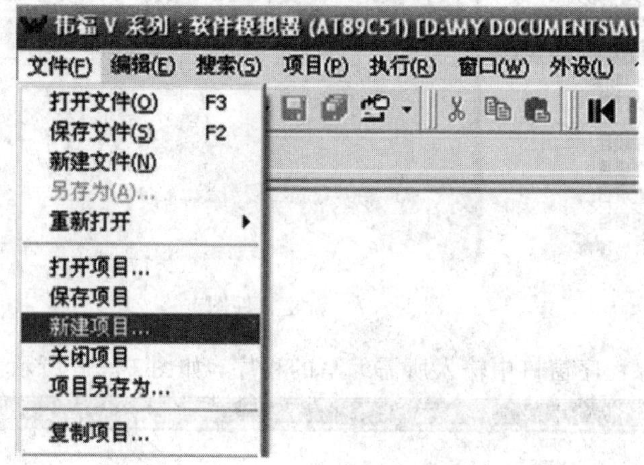

图 1-40 建立新项目窗口图

(2) 在弹出的窗口中，加入模块文件，选择保存的文件 YEGANG.ASM，如图1-41 所示。

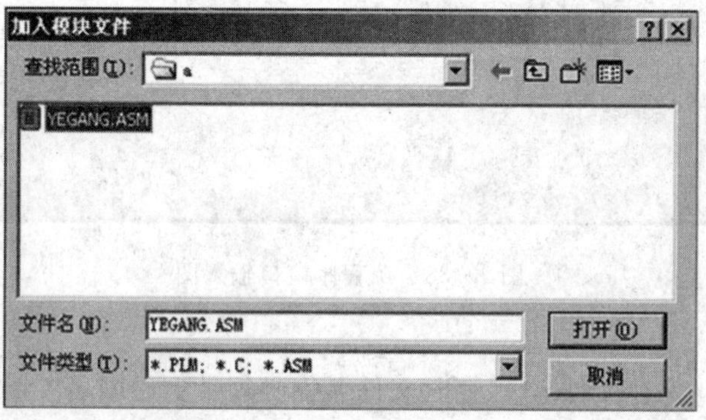

图 1-41 加入模块文件窗口图

(3) 加入包含文件，若没有包含文件，则可按取消键，此处按取消键。加入包含文件窗口如图 1-42 所示。

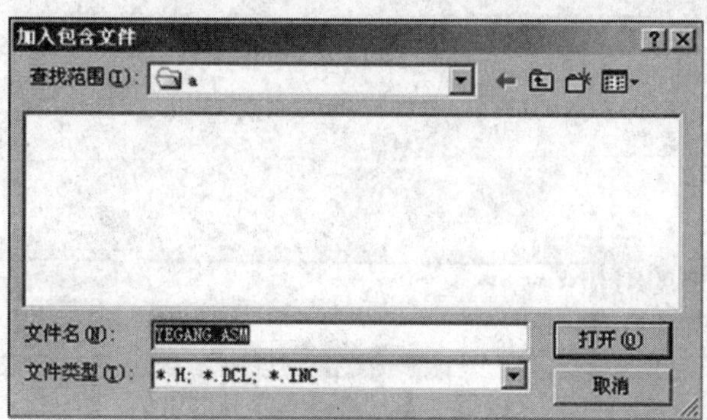

图 1-42 加入包含文件窗口图

(4) 保存项目。在保存项目对话框中输入项目名称，注意此处无需添加后缀名，软件会自动将后缀名设成".PRJ"。按保存键将项目存在与源程序相同的文件夹下。保存项目窗口如图 1-43 所示。

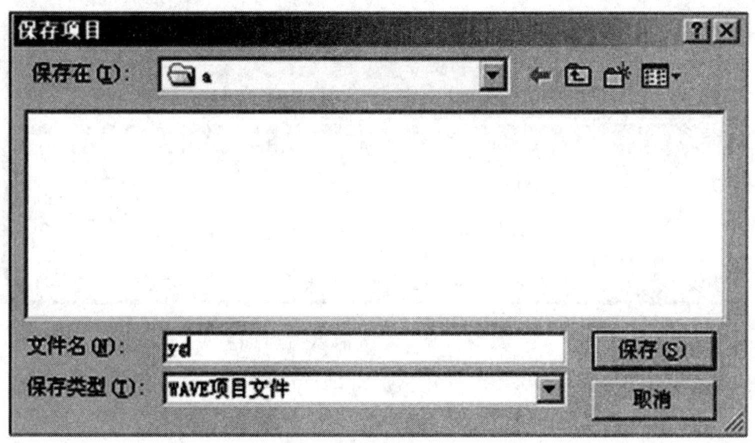

图 1-43　保存项目窗口图

(5) 项目信息显示。项目信息可以通过窗口(W)菜单下的项目窗口(P)进行查看，如图 1-44 所示。若双击模块文件，则可以打开源文件。

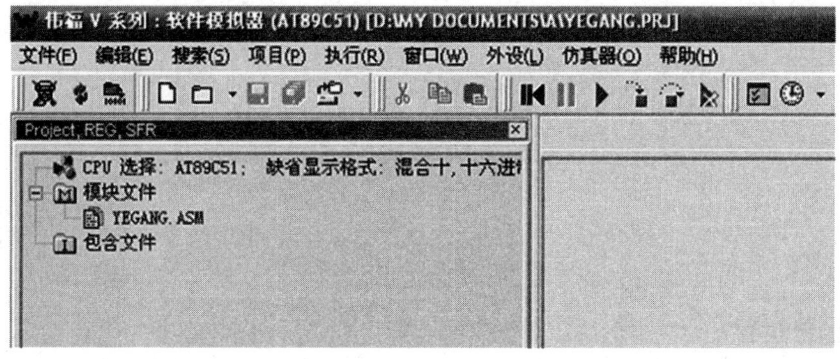

图 1-44　项目信息显示窗口图

4. 编译

编译的目的是检查源程序的语法错误，如果没错误则产生机器文件并存放在 ROM 中；如果有错误则给出错误信息。编译有以下两种方式。

(1) 使用项目(P)菜单下的编译(M)项。

(2) 使用快捷按钮，如图 1-45 所示。

图 1-45　编译快捷按钮窗口图

编译信息可以通过菜单窗口(W)下的信息窗口(M)进行查看。如果无错误，则信息窗口中会给出目标文件的名字，如图 1-46 所示。

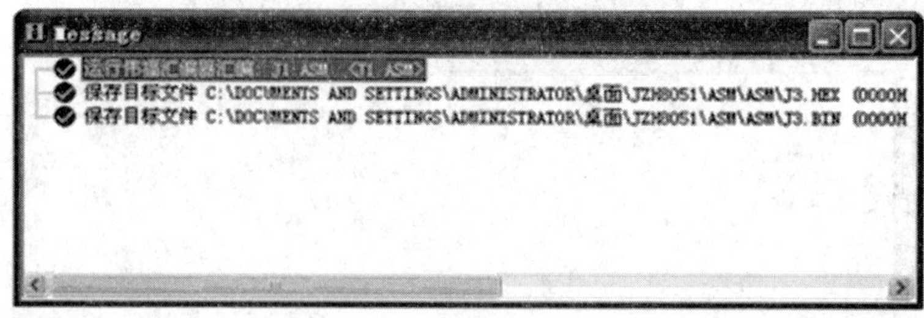

图 1-46　无错信息窗口图

如果有错误，则信息窗口中会给出错误的地方(哪一行)、错误的类型，如图 1-47 所示。

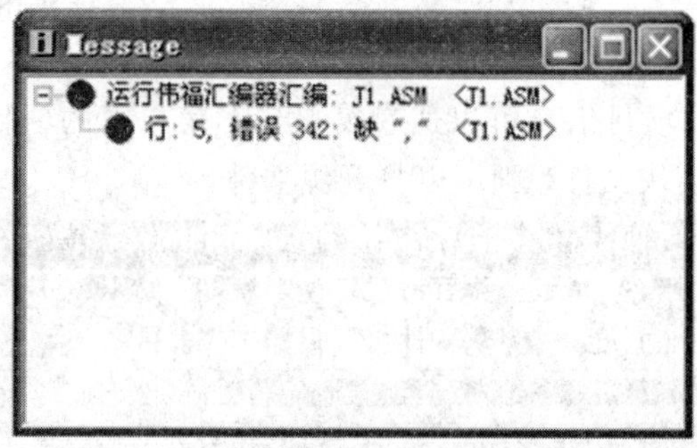

图 1-47　有错信息窗口图

5. 执行

执行的目的是为了得到结果。如果编译通过，则可开始执行。

执行的操作有几种基本形式：全速执行、执行到断点处和单步执行。其中，每种形式有两种启动选择。

全速执行可以通过执行(R)菜单下的全速执行(R)选项来启动，也可以通过快捷按钮来启动，其快捷按钮如图 1-48 所示。

图 1-48　执行按钮图

全速执行需要停止才能查看结果，查看的是整个程序的结果；单步执行每步都可以查看结果，查看的是每步执行的结果；执行到断点处可以在断点处查看结果，查看的是断点之上程序的结果。

全速执行如图 1-49 所示，下面有“正在执行”和“执行时间”的提示。

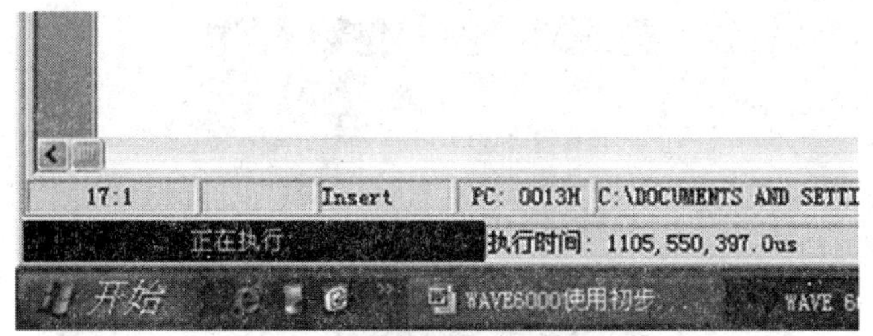

图 1-49　全速执行图

单步执行可按 F8，单步执行如图 1-50 所示。

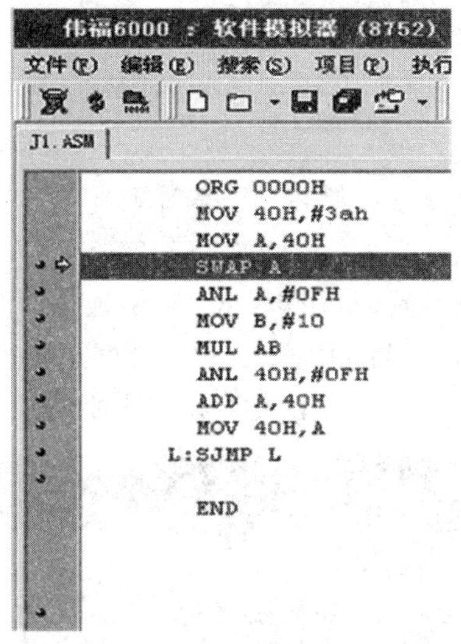

图 1-50　单步执行图

图 1-50 中的色条部分表示下面将要执行的指令。

6. 查看结果

结果是存放在寄存器和某个地址中的。

可以通过窗口(W)菜单中的 CPU 项，查看某个寄存器中的值，如图 1-51 所示。

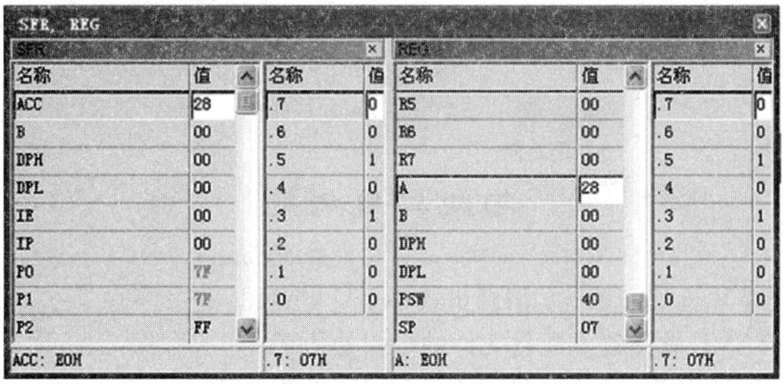

SFR, REG

SFR

名称	值	名称	值
ACC	28	.7	0
B	00	.6	0
DPH	00	.5	1
DPL	00	.4	0
IE	00	.3	1
IP	00	.2	0
P0	7F	.1	0
P1	7F	.0	0
P2	FF		
ACC: E0H		.7: 07H	

REG

名称	值	名称	值
R5	00	.7	0
R6	00	.6	0
R7	00	.5	1
A	28	.4	0
B	00	.3	1
DPH	00	.2	0
DPL	00	.1	0
PSW	40	.0	0
SP	07		
A: E0H		.7: 07H	

图 1-51　寄存器查看图

地址包括片内 RAM、片外 RAM 及 I/O 口、位地址、ROM 地址，可以通过窗口(W)菜单下的数据窗口(D)来选择。数据窗口如图 1-52 所示。

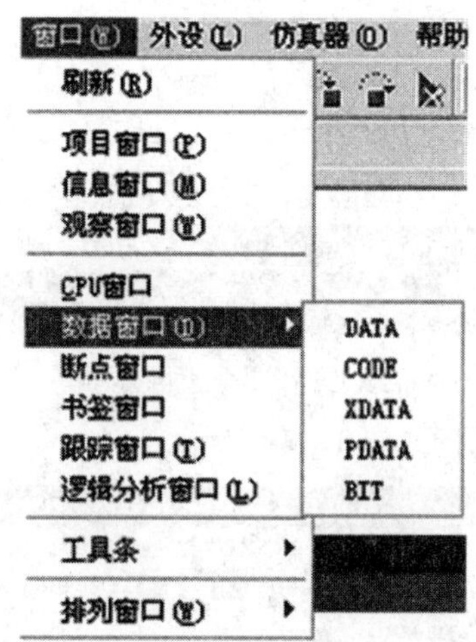

图 1-52　数据窗口

数据窗口(D)下有五个地址选项：DATA、CODE、XDATA、PDATA、BIT。

DATA：片内 RAM 地址空间；CODE：ROM 地址空间；XDATA：片外 RAM 及 I/O 地址空间；PDATA：间接地址空间；BIT：位地址空间。

其中，DATA 地址空间如图 1-53 所示，其他地址类似。

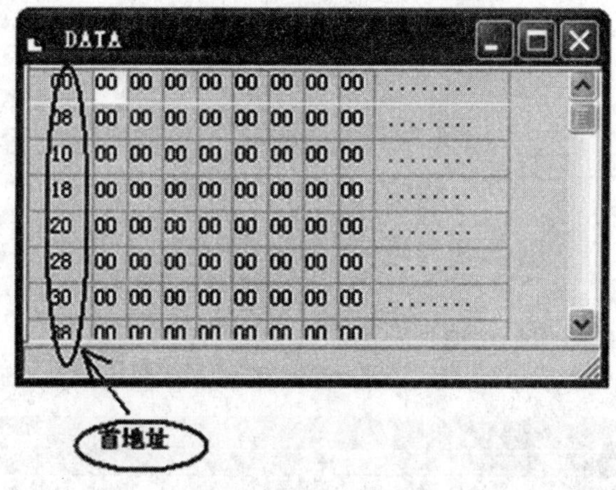

图 1-53　DATA 地址空间

习题与思考题

(1) 什么是单片机最小系统？请画出最小系统电路图。

(2) 利用 WAVE 软件建立项目文件的步骤是什么？

(3) 什么叫时钟周期？什么叫机器周期？什么叫指令周期？时钟周期、机器周期与振荡周期之间有什么关系？

(4) MCS-51 单片机常用的复位电路有哪些？复位后机器的初始状态如何？

拓展链接　电子产品电路板的设计与制作

一、电子产品生产的主要工艺流程

电子产品生产的主要工艺流程图如图 1－54 所示。

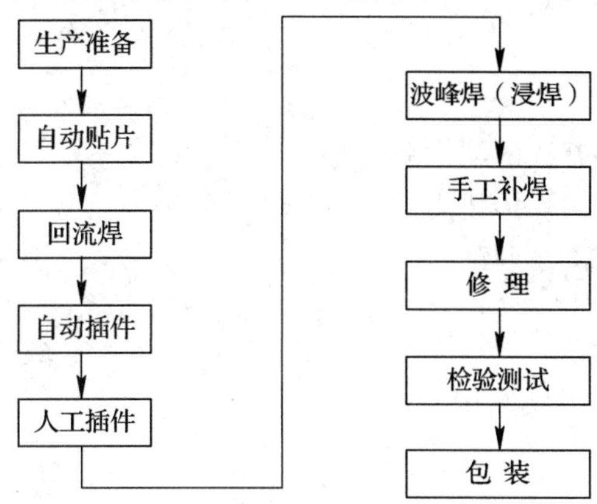

图 1－54　电子产品生产的主要工艺流程图

二、电路板的制作

电路板是实现电路设计功能的核心，初学者可以通过万能孔板或者面包插线板来实现简单的电子设计。为了提高产品的可靠性，实际生产中常使用的是印刷电路板。无论何种电路，都需要将电子元器件按照电路设计装接到绝缘基板上，通过导线连接来实现电路功能。以下介绍几个常用概念。

1. 常用工具

钳子：钳子包括老虎钳、尖嘴钳、斜口钳、剥线钳，其主要作用是弯铰钳夹不同粗细的导线、元件。

电烙铁：电烙铁分为内热式和外热式两种，根据功率和头部形状可划分为很多品种。

焊料：手工焊接最常使用的是焊锡丝，因为中心包着松香，所以也称为松脂芯焊丝。

助焊剂：使金属表面无氧化物和杂质，焊件间焊接牢固。考虑到成本及可焊性，一般采用松香树脂系列助焊剂，也可根据焊接对象、焊接方式和清洗方法采用不同的助焊剂。

2. 导线的处理

根据工艺要求选择导线的颜色、截面积和材质，并对整机导线进行预先加工处理。预先加工处理包括剪裁、剥头、清洁、捻头(对多股芯线)、浸锡等。

3. 元件的插装

元件的插装方法分为卧式和立式两种，因卧式不利于散热，故实际生产中多采用立式插装。插装原则为先插装元件不能妨碍后插装元件，要先低后高、先里后外、先小后大、先轻后重，注意整体布局，每个焊盘只能插接一个元件引线，元件独立、整齐易于识别检查，上端引线宜短不宜长。

4. 焊接注意事项

焊接时注意安全第一，尤其要注意电烙铁的电源，不用时务必记得断电；焊接步骤一般为：准备 ⟶ 加热焊件 ⟶ 送入焊丝 ⟶ 撤离烙铁，要注意把握温度、时间、焊料量；注意静电防护。

实验 1－1　单片机最小系统的焊接

一、实验目的

(1) 掌握单片机最小系统的结构和原理。

(2) 熟练掌握电路板的焊接技能。

(3) 学会电路板的检测与调试。

二、实验说明

1. 实验任务

(1) 掌握单片机最小系统的原理。

(2) 绘制最小系统电路板原理图。

(3) 按照最小系统原理图进行最小系统实物焊接。

(4) 调试焊接好的电路板。

2. 实验器材

实验器材见表 1－16。

表 1－16　实验器材

名　称	数　量	名　称	数　量
最小系统套件	一套	万用表	一个
电烙铁、焊锡等	一套	导线	若干
剥线钳	一个		

3. 实验原理

1) 单片机最小系统

单片机最小系统也称为最小应用系统，是指用最少的元件组成可以工作的单片机系统。对 51 系列单片机来说，最小系统一般包括：单片机、晶振电路(时钟源，为单片机提供基准时钟信号，保证各指令的正常运行)、复位电路(使单片机的片内电路初始化)。

最小系统套件的元件清单如下：

单片机与底座：STC89C51 (或者 AT89S51)1 个，40 管脚 DIP 封装的 IC 座 1 个(用紧锁座更方便插拔)。

晶振部分：晶振 11.0592 MHz(或 12 MHz) 1 个；瓷片电容 30 pF 两个。

复位电路：电解电容 10 μF 1 个；电阻 10 kΩ 1 个；复位按键 1 个。

底板：万用板 1 个，铜柱 ＋螺帽 4 对；排针数目不限 (用于拓展引脚)。

电源：5 V 电源和电源插座各 1 个。

额外：330 Ω 电阻、发光 LED 各 1 个。

工具：USB 转串口下载线一条(配 STC 单片机)，或 AT 下载线一条(配 AT 单片机)。

此外，实验中还需要万用表、电烙铁、松香、焊锡等器材。最小系统套件如图 1－55 所示。

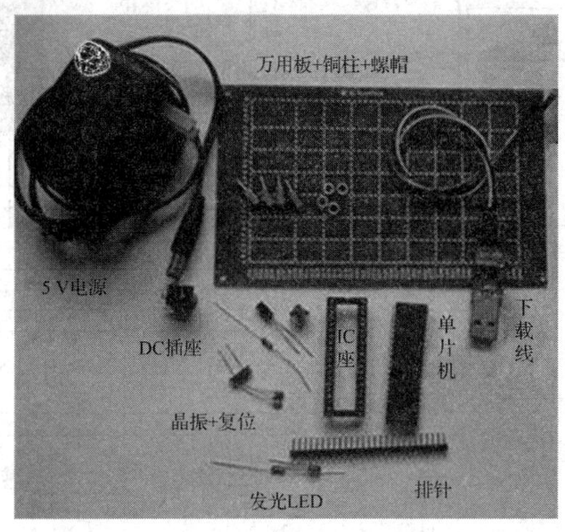

图 1－55　最小系统套件

51 单片机的最小系统原理如图 1－56 所示。

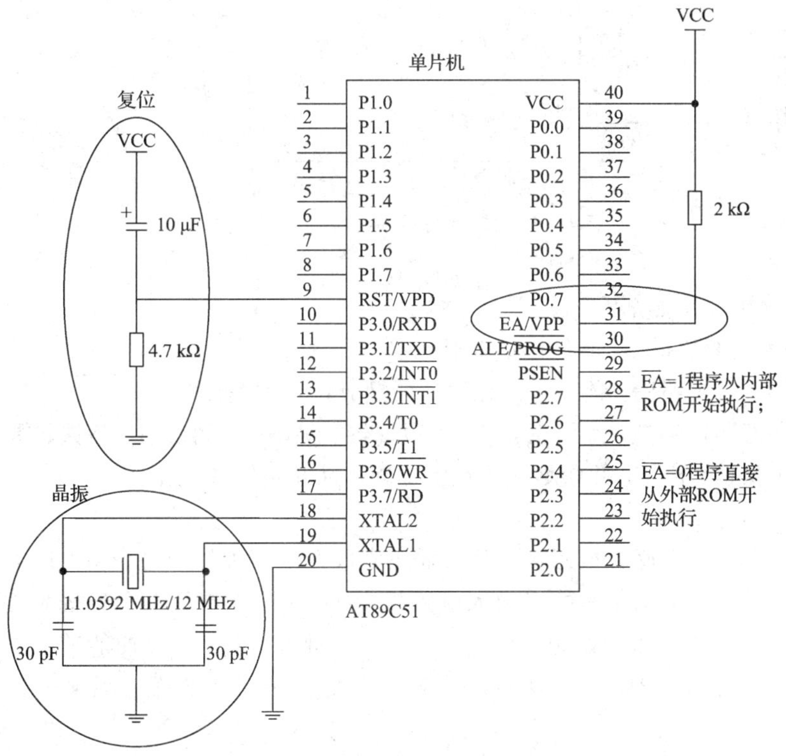

图 1－56　51 单片机的最小系统电路图

2）单片机最小系统的应用电路板

单片机最小系统电路板主要包括电源部分、晶振电路、复位电路、流水灯显示电路、数码管显示电路、扬声器发声电路，如图 1－57 所示。

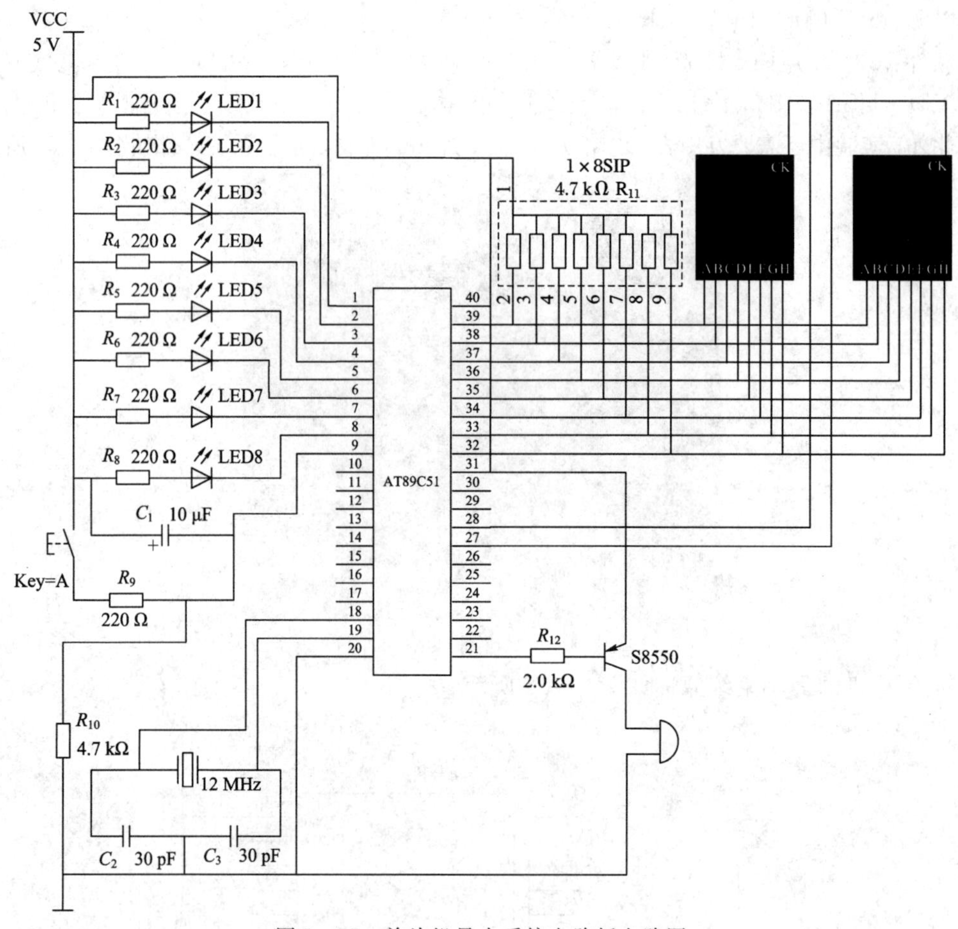

图 1-57　单片机最小系统电路板电路图

3）焊接技术

焊前需做好如下准备：

(1) 按照电路图和元件清单仔细查对元器件。

(2) 仔细分析电路图，预设各个元器件的摆放位置和焊接顺序。

(3) 准备好制作工具，万用表、镊子、吸锡器、斜口钳、剥线钳、烙铁、焊锡等。

(4) 插上烙铁，预热，并将烙铁头镀上焊锡以防止烙铁头氧化。

焊接步骤如下：

(1) 固定单片机插座。最好将单片机插座安放在电路板的中心位置，以方便其他外围器件的安装。焊接时，把插座稳定插入电路板中，贴紧，先焊两对角以固定插座，然后把其他针脚依次焊接好。事先设想好应如何在插座上插放单片机，以便能够分清插座各脚序号。单片机各脚序号如图 1-57 所示，针脚放在桌上，从半圆凹槽左端第一脚逆时针分别是 1～40 号脚。

(2) 焊接插针。插针的焊接并未在电路图中表示出来，在这里安装插针是为了方便扩展单片机的外围器件。若要添加功能模块，只需在其他电路板上焊好模块，把需要连接到单片机上的端口用导线引出，然后插在插针上即可，这样就大大提高了单片机的使用率。

在插座旁并排焊接三排插针。第 9 脚(即安放单片机时对应的第 9 脚)不接插针，此脚是做复位开关用的。除此之外，第 18、19、20 脚也不用焊接插针，第 18、19 脚是接晶振用的，第 20 脚是接电源负极(接地)的。还有，在第 40 脚旁焊接一根插针(第 40 脚旁还有一根引脚)，第 40 脚接电源正极，40 脚上方的引脚接负极，此种焊接有利于给其他功能模块供电。

焊盘面与单片机的引脚如图 1-58 所示，焊接时用焊锡接上即可。其所以要这样接，还是为了方便扩展功能，用插针帽的方法可以选择片上和片外的功能模块。

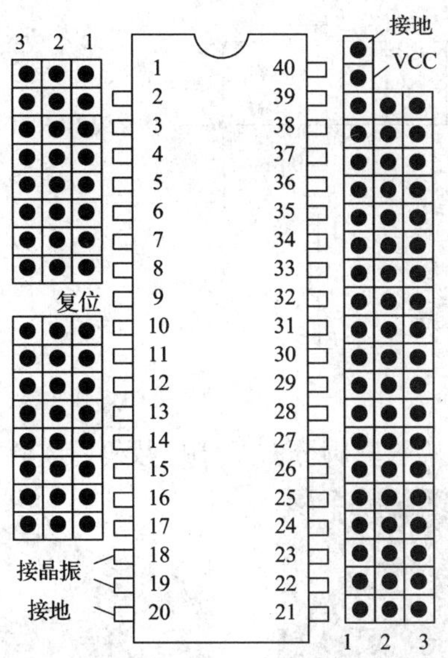

图 1-58　焊盘面与单片机的引脚示意图

(3) 接晶振。晶振在强力碰撞时容易损坏，所以焊接时要注意。晶振不分级，把晶振两脚直接和 19、20 脚连接。再把两个瓷片电容按电路图接好。注意：与两电容相接的脚要接地。此时还没有焊电源模块，所以暂时将其搁置。

(4) 焊接流水灯。流水灯按电路图 1-59 焊接(注意要分清二极管的极性)。通常电阻有两种安装方式，如图 1-60 所示，视情况选择。二极管的阴极接在单片机插座 1 到 8 脚的第三排插针上。

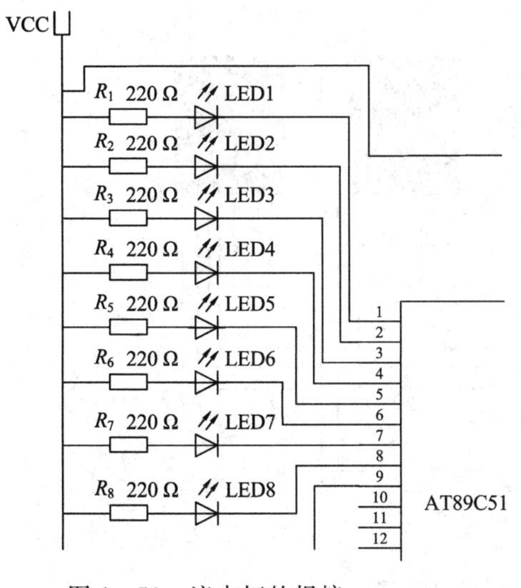

图 1-59　流水灯的焊接

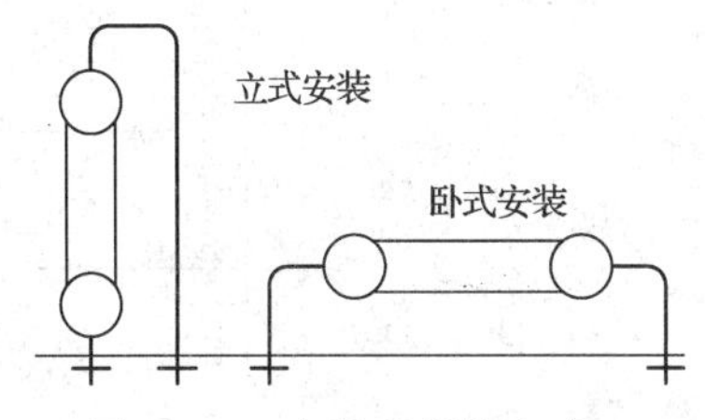

图 1-60　电阻的焊接方式

(5) 焊接复位开关。当单片机运行，第 9 脚 RST 接收到高电位时，单片机就会无条件复位。其原理是，单片机通电瞬间，电流升高，电容导通，第 9 脚(RST)输入高电位，单片机复位。即在给单片机上电时，单片机复位，这叫做上电复位。在焊接复位开关电路时要注意电容极性。复位开关的焊接如图 1-61 所示。

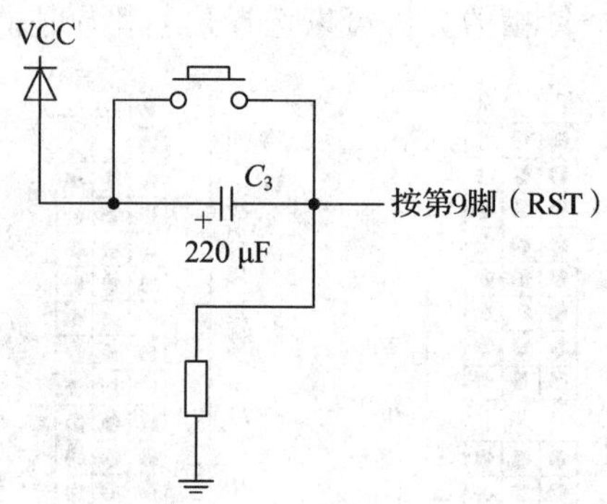

图 1-61 复位开关的焊接

(6) 焊接数码管。1 位数码管管脚分布及 2 位数码管实物，如图 1-62 所示。

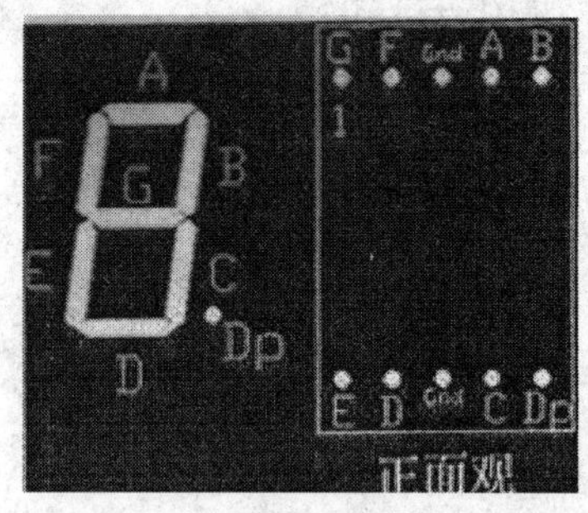

图 1-62 数码管

单片机 32～39 脚右侧连接的器件是 4.7 kΩ×8 的排阻，如图 1-63 所示。排阻上标有白点端的引脚与 VCC 相连，它与另外任一引脚间的阻值均为 4.7 kΩ。

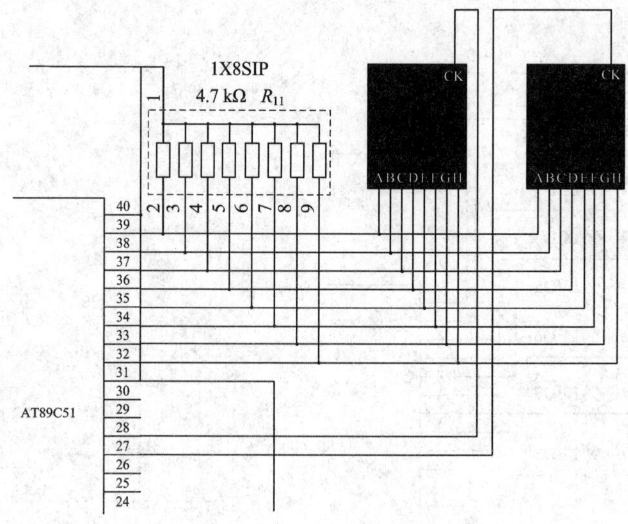

图 1-63 数码管硬件接线

(7) 其他元器件的焊接。除数码管外，还有蜂鸣器、按键等器件需要焊接，焊接时请注意以下几点：

① 51 系列单片机第 31 脚($\overline{EA}$)要接 VCC，它是单片机片内程序存储器选择信号端；

② 在焊接蜂鸣器时，要区分蜂鸣器的正负极；

③ 在焊接按键时，一定要把按键的四个管脚分清楚。提示：可以用万用表直接测出内部短接的两组按键。

实验 1-2　最小系统应用——流水灯的控制

一、实验目的

(1) 熟悉流水灯点亮原理。

(2) 熟练掌握单片机对流水灯的控制方法。

(3) 掌握程序调试方法。

二、实验说明

1. 实验任务

(1) 掌握单片机对流水灯的控制原理。

(2) 学习 51 系列单片机 P1 口作输出端口对对象的控制。

(3) 学习延时程序的设计方法，利用每组制作的最小系统进行硬件仿真。

(4) 将调试好的流水灯控制程序烧入芯片，进行硬件联调。

2. 实验器材

实验器材见表 1-17。

表 1-17　实验器材

名　称	数　量
单片机最小系统电路板	一台
单片机芯片	一个
仿真器	一个
程序烧录器	若干
连接线	一根

3. 实验原理

(1) 流水灯的实验原理图如图 1-64 所示。

(2) P1 口作输出时：P1 口置为低电平(0)，LED 灯亮；P1 口置高电平(1)，LDE 灯灭。

(3) 延时子程序的延时计算问题：

延时长度＝机器周期(12 MHz/12)×指令周期数×循环次数

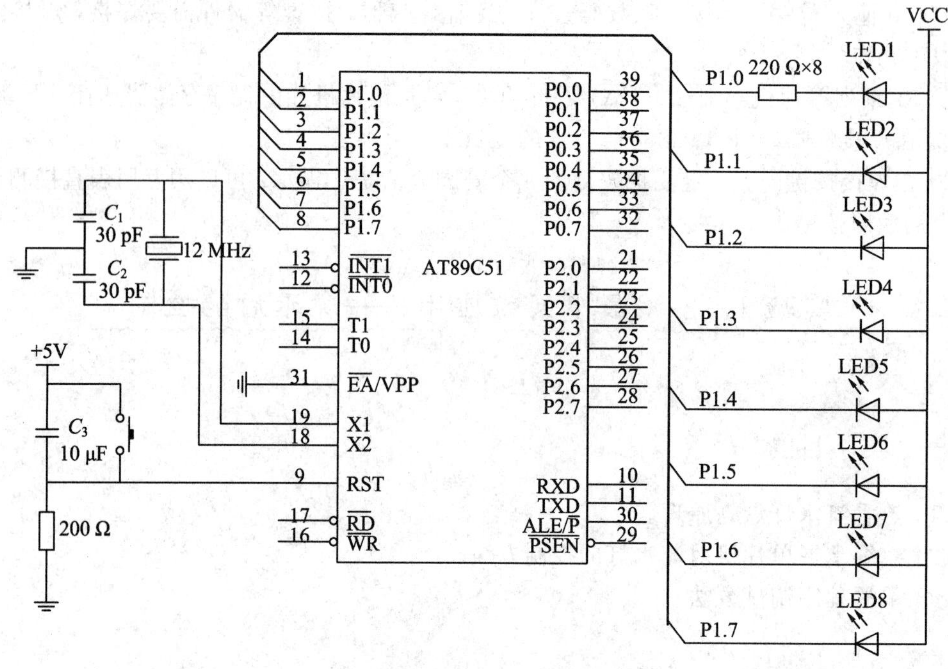

图 1-64　流水灯实验原理图

三、实验内容及步骤

(1) 实验内容：P1 口作输出口，接八位逻辑电平显示，编写程序，使发光二极管循环点亮。

(2) 实验步骤：根据实验内容编写程序。打开电源开关，观察现象是否与所编程序一致，反复调试修改程序直至符合实验要求。

四、参考程序

参考程序 1：

```
        ORG 0000H                   ；程序从 000H 地址开始运行
        AJMP MAIN                   ；跳转到 MAIN 程序
        ORG 0030H                   ；MAIN 程序从 0030H 开始运行
MAIN：  MOV P1，     #0FEH
        ACALL DEL                   ；调用延时子程序
        MOV P1，     #0FCH
        ACALL DEL                   ；调用延时子程序
        MOV P1，     #0F8H
        ACALL DEL
        MOV P2，     #0F0H
        ACALL DEL
        MOV P1，     #0E0H
        ACALL DEL
```

```
        MOV P1,         #0C0H
        ACALL DEL
        MOV P1,         #080H
        ACALL DEL
        MOV P1,         #000H
        ACALL DEL
        MOV P1,         #0FFH
        AJMP MAIN                       ;跳转到 MAIN 程序
;延时 200 ms 子程序
DEL:    MOV   R6, #200
DEL1:   MOV   R7, #250
DEL2:   NOP
        NOP
        DJNZ R7, DEL2
        DJNZ R6, DEL1
        RET
        END
```

参考程序 2:

```
        ORG 0000H                       ;程序从 000H 地址开始运行
        AJMP MAIN                       ;跳转到 MAIN 程序
        ORG 0030H                       ;MAIN 程序从 0030H 开始运行
MAIN:   MOV A, #0FEH
LOOP:   MOV P1, A
        ACALL DEL
        RL A
        AJMP LOOP
;延时 200 ms 子程序
DEL:    MOV   R6, #200
DEL1:   MOV   R7, #250
DEL2:   NOP
        NOP
        DJNZ R7, DEL2
        DJNZ R6, DEL1
        RET
        END
```

五、思考题

(1) 试分析比较参考程序 1 和参考程序 2 的控制效果和程序设计。
(2) 参考程序中延时子程序的延时时间是多少？应如何改变延时长度？
(3) 试修改程序，改变 LED 灯的流向。

实验 1-3　最小系统应用——音频控制实验

一、实验目的

(1) 学习输入/输出端口的控制方法。

(2) 了解音频发声原理。

二、实验说明

本实验利用 AT89C51 端口输出方波；方波经放大滤波后，驱动扬声器发声；声音的频率高低由延时快慢控制。本实验只给出发出单频率的声音的程序，请读者思考如何修改程序，可以让扬声器发出不同频率、不同长短的声音。音频控制硬件电路如图 1-65 所示。

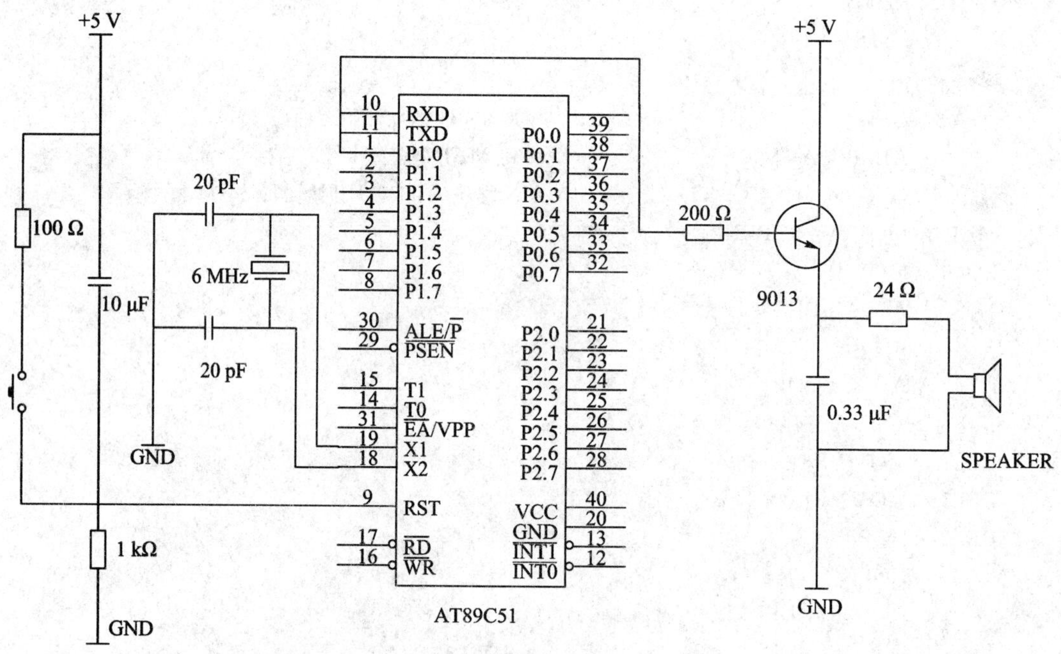

图 1-65　音频控制硬件电路图

三、实验内容及步骤

P1.0 输出的音频信号接音频驱动电路，使扬声器周期性发声。

(1) 在 TKMCU-1 实验台上选择单片机最小应用系统 1 模块，用导线将 P1.0 接到音频驱动电路输入端。

(2) 安装好仿真器，用串行数据通信线连接计算机与仿真器，把仿真头插到模块的单片机插座中，打开模块电源及仿真器电源。

(3) 启动计算机，打开伟福仿真软件，进入仿真环境。选择仿真器型号、仿真头型号、CPU 类型；选择通信端口，测试串行口。

(4) 打开音频.ASM 源程序，编译无误后，全速运行程序。扬声器周期性地发出单频声音。

(5) 把源程序编译成可执行文件，烧录到 AT89C51 芯片中。

四、流程图及源程序

1. 流程图

程序流程图如图 1－66 所示。

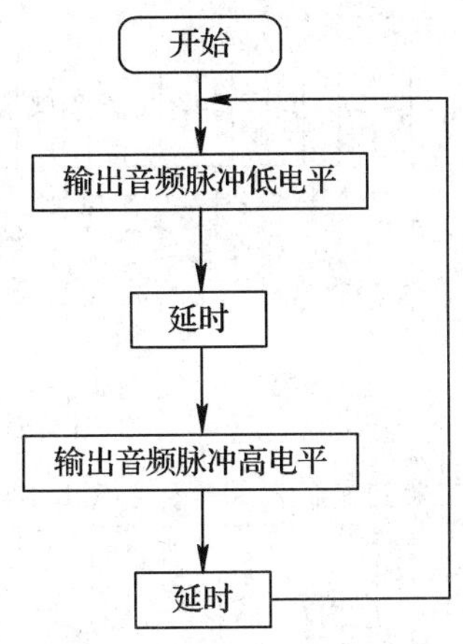

图 1－66　程序流程图

2. 源程序

```
          ORG 0000H                    ；程序从 000H 地址开始运行
          AJMP LOOP                    ；跳转到 LOOP 程序
          ORG 0030H                    ；MAIN 程序从 0030H 开始运行
LOOP：    SETB  P1.0
          ACALL  DELAY
          CLR  P1.0
          ACALL  DELAY
          AJMP  LOOP
DELAY：   MOV     R5，#4          ；延时子程序
    A1：  MOV     R6，#0FFH
    A2：  MOV     R7，#0FFH
DLOOP：   DJNZ    R7，DLOOP
          DJNZ    R6，A2
          DJNZ    R5，A1
          RET
          END
```

实验1-4　最小系统应用——多路开关状态指示

一、实验任务

AT89S51单片机的P1.0～P1.3接四个发光二极管L1～L4，P1.4～P1.7接四个开关S1～S4，编程将开关的状态反映到发光二极管上。即开关闭合，对应的灯亮；开关断开，对应的灯灭。

二、电路原理图

多路开关硬件电路如图1-67所示。

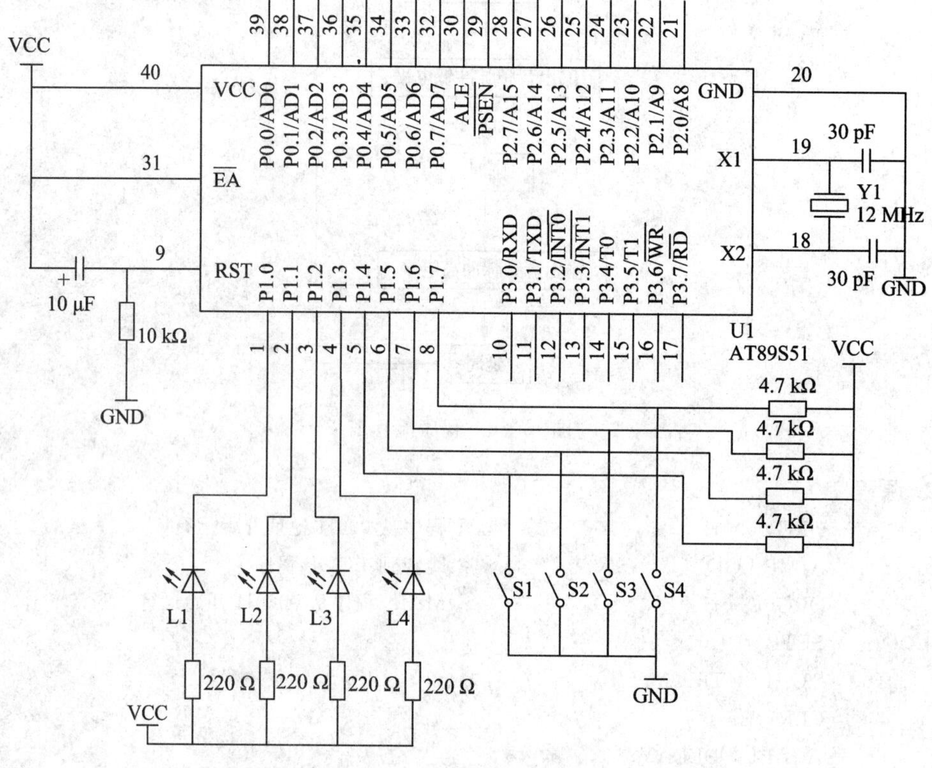

图1-67　多路开关硬件电路图

系统板上硬件连线如下：

(1) 把“单片机系统”区域中的P1.0～P1.3用导线连接到“八路发光二极管指示模块”区域中的L1～L4端口上。

(2) 把“单片机系统”区域中的P1.4～P1.7用导线连接到“四路拨动开关”区域中的S1～S4端口上。

三、程序设计内容

(1) 开关状态检测。开关状态检测对于单片机来说就是一种输入关系。轮流检测每个开关的状态，并根据每个开关的状态让相应的发光二极管指示显示。在编写程序时，可以采用JB　P1.X，REL或JNB　P1.X，REL指令来完成；也可以一次性检测四路开关状态，然后让发光二极管指示显示，采用MOV　A，P1指令一次把P1端口的状态全部读入，然后取高4位的状态来指示。

(2) 输出控制。根据开关的状态，由发光二极管L1～L4来指示，可以使用SETB　P1.X和CLR　P1.X指令来完成，也可以采用MOV　P1，#1111XXXXB方法一次指示。

(3) 程序框图及源程序。多路开关程序流程图如图1-68所示。

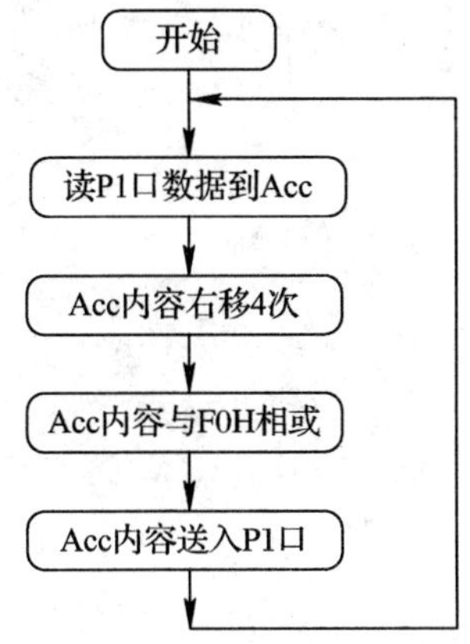

图1-68　多路开关程序流程图

汇编程序(方法一)：

```
        ORG 0000H
START:  MOV A, P1
        ANL A, #0F0H
        RR A
        RR A
        RR A
        RR A
        XOR A,#0F0H
        MOV P1,A
        SJMP START
        END
```

汇编程序(方法二)：

```
        ORG 0000H
START:  JB P1.4, NEXT1
        CLR P1.0
        SJMP NEX1
NEXT1:  SETB P1.0
NEX1:   JB P1.5, NEXT2
        CLR P1.1
        SJMP NEX2
NEXT2:  SETB P1.1
```

```
NEX2:    JB P1.6, NEXT3
         CLR P1.2
         SJMP NEX3
NEXT3:   SETB P1.2
NEX3:    JB P1.7, NEXT4
         CLR P1.3
         SJMP NEX4
NEXT4:   SETB P1.3
NEX4:    SJMP START
         END
```

项目二　声光报警器的设计

（应用案例模块）

能力目标

- ◆ 能通过微控制器指令系统实现一般的数据类型转换；
- ◆ 能利用微控制器定时计数器、中断模块实现声光报警器的有关设计要求；
- ◆ 能进行键盘、LED数码管显示等基本外围设备接口的设计。

知识要点

- ◆ 定时计数器模块内部结构和功能；
- ◆ 中断系统的概念和中断的处理方法，中断子程序的使用；
- ◆ LED数码管的动态及静态显示原理；
- ◆ 键盘接口技术。

本项目属于应用案例模块，是单片机实际设计的基础环节。声光报警器是通过声音和灯光来向人们发出示警信号的一种报警装置，可用于工业、民生等多种场所。当满足报警设定条件时，声光报警器利用微控制器的定时及中断系统触发输出设备，使数码管显示参数，灯光示警，同时扬声器报警发声，从而达到声光报警的目的。通过本设计环节，可以使学生更好地掌握单片机实际设计的知识要点。

学习任务一　微控制器对时间和外部触发的响应

任务描述

顺序逻辑控制的核心就是对时间及外部触发条件的响应，即时间到了，或者满足一定的触发条件，无论指令执行到哪里，都要转而去执行触发条件满足后的程序段，等响应过程完成后再回到主程序段来接着执行离开以前的任务程序。当一个资源(CPU)面对多项任务时，由于资源是有限的，所以就可能出现资源竞争的局面，即几项任务来争夺一个CPU。而中断技术就是解决资源竞争的有效方法，它可以使多项任务共享一个资源，所以中断技术实质上就是一种资源共享技术。

单片机中断系统的目的是为了让CPU对内部或外部的突发事件及时地作出响应并执行相应的程序，在单片机的开发中有着十分重要的作用。51系列单片机中共有5个中断源，其中包括两个定时器/计数器中断，两个外部中断和一个串行口中断。利用单片机的定时计数器可以实现硬件定时，从而更加准确且较少地占用系统资源，同时可作为中断源直接触发中断。

根据中断源的不同，将单片机可以响应的中断事件分为三类：引脚信号跳变、定时/计数器溢出、串口缓冲器溢出，其报警条件可以是阈值满足、时间计数满足或是一个串行通信帧的传递完毕，当满足报警设定条件时，就会触发中断，使数码管显示参数，LED灯显示(或闪烁)，同时扬声器报警发声。其中，LED灯显示时间的长短(或者是否闪烁)，都是由单片机来完成的，这就用到了单片机的一个很重要的硬件部分——定时中断系统。

相关知识

一、MCS-51单片机定时器/计数器

(一) 定时计数的概念

1. 定时方法

在单片机的控制应用中，可供选择的定时方法有下述三种：

(1) 软件定时：靠执行一个循环程序以进行时间延迟。其特点是时间精确，且不需外加硬件电路。但要占用CPU，因此定时不宜太长。

(2) 硬件定时：使用硬件电路完成时间较长的定时。其特点是定时功能全部由硬件电路完成，不占用CPU时间。但需通过改变电路中的元件参数来调节定时时间，在使用上不够灵活方便。

(3) 可编程定时器定时：通过对系统时钟脉冲的计数来实现定时。其特点是计数值通过程序设定，改变计数值，也就改变了定时时间，使用起来灵活、方便。

MCS-51单片机采用的是可编程定时器定时方法。

2. MCS－51 定时器/计数器功能

(1) 计数功能。所谓计数，是指利用外部脉冲进行计数。外部脉冲通过 T0(P3.4)、T1(P3.5)两个信号引脚输入。输入的脉冲在负跳变时有效，进行计数器加 1(加法计数)。计数脉冲的频率不能高于晶振频率的 1/24。

(2) 定时功能。定时功能也是通过计数器的计数来实现的，不过此时的计数脉冲来自单片机的内部，即每个机器周期产生一个计数脉冲，也就是每个机器周期计数器加 1。

3. 定时器/计数器的组成结构

89C51 单片机的定时器/计数器结构如图 2－1 所示。定时器/计数器 T0 由特殊功能寄存器 TH0、TL0(字节地址分别为 8CH 和 8AH)构成，定时器/计数器 T1 由特殊功能寄存器 TH1、TL1(字节地址分别为 8DH 和 8BH)构成。另外内部还有一个 8 位的定时器工作方式寄存器 TMOD 和一个 8 位的定时器控制寄存器 TCON。TMOD 用于设定两个定时器的工作方式，TCON 主要是用于控制两个定时器的启动和停止。这些寄存器之间是通过内部总线和控制逻辑电路连接起来的。

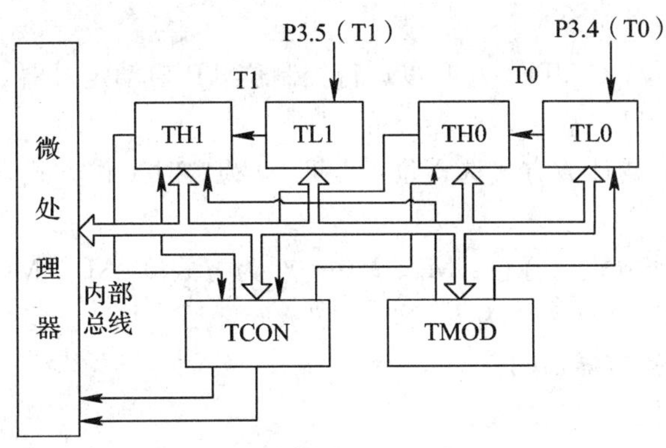

图 2－1　定时器/计数器结构图

89C51 单片机内部的两个定时器/计数器都有定时和计数功能。当作定时器使用时，计数脉冲是由晶体振荡器的输出经 12 分频后得到的机器周期脉冲，所以定时器也可看做是对单片机机器周期个数的计数器，当晶振周期确定后，机器周期就确定了，机器周期与所计机器周期数值乘积就是定时时间。定时器/计数器当作计数器使用时，计数脉冲分别由引脚 T0(P3.4)或 T1(P3.5)输入外部事件脉冲。此时若检测到输入引脚上的电平由高跳变到低，则计数器加 1。由于确认一次负跳变要花两个机器周期，即 24 个振荡周期，因此外部输入的计数脉冲的最高频率为系统振荡频率的 1/24，这就要求输入信号的电平应在跳变后至少一个机器周期内保持不变，以保证在给定的电平再次变化前至少被采样一次。

(二) 定时器/计数器的控制寄存器

1. 定时器控制寄存器(TCON)

定时器控制寄存器的位地址及位符号如表 2－1 所示。

表 2－1　定时器/控制寄存器的位地址及位符号

位地址	8FH	8EH	8DH	8CH	8BH	8AH	89H	88H
位符号	TF1	TR1	TF0	TR0	IE1	IT1	IE0	IT0

(1) TF0(TF1)计数溢出标志位：当计数器计数溢出(计满)时，该位置"1"。查询方式时，此位作状态位供查询使用，软件清"0"。中断方式时，此位作中断标志位，硬件自动清"0"。

(2) TR0(TR1) 定时器运行控制位：TR0(TR1)＝0 时停止定时器/计数器工作，TR0(TR1)＝1 时启动定时器/计数器工作。使用软件方法置"1"或清"0"。

2. 工作方式控制寄存器(TMOD)

工作方式控制寄存器的位序和位符号如表 2-2 所示。

表 2-2　工作方式控制寄存器的位序和位符号

位　序	B7	B6	B5	B4	B3	B2	B1	B0
位符号	GATE	$C/\overline{T}$	M1	M0	GATE	$C/\overline{T}$	M1	M0
	定时器/计数器 1				定时器/计数器 0			

各位定义如下：

(1) GATE 门控位：GATE＝0 时以运行控制位 TR 启动定时器，GATE＝1 时以外中断请求信号($\overline{INT0}$或$\overline{INT1}$)启动定时器。

(2) $C/\overline{T}$定时方式或计数方式选择位：$C/\overline{T}$＝0 为定时工作方式，$C/\overline{T}$＝1 为计数工作方式。

(3) M1、M0 工作方式选择位：M1、M0＝00 为方式 0，M1、M0＝01 为方式 1，M1、M0＝10 为方式 2，M1、M0＝11 为方式 3。

3. 中断允许控制寄存器(IE)

(1) EA 为中断允许总控制位。

(2) ET0 和 ET1 为定时/计数中断允许控制位，其中，ET0(ET1)＝0 时禁止定时/计数中断，ET0(ET1)＝1 时允许定时/计数中断。

(三) 定时器/计数器的工作方式

1. 方式 0

方式 0 是 13 位计数结构的工作方式，其计数器由 TH0 的全部 8 位和 TL0 的低 5 位构成。TH0 的高 3 位弃之不用。

图 2-2 是定时器/计数器 0 工作方式 0 的逻辑结构(定时器/计数器 1 与此完全相同)。

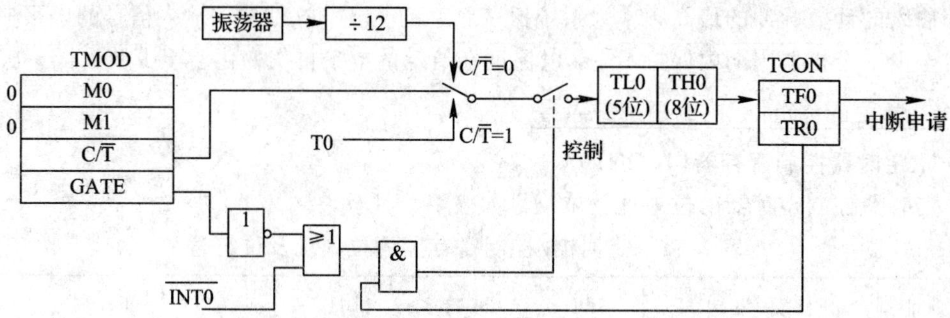

图 2-2　定时器/计数器 0 工作方式 0 的逻辑结构

在方式 0 下，当为计数工作方式时，计数值的范围是 1～8192(2^{13})；当为定时工作方式时，定时计算公式为

$$定时时间=(2^{13}-计数初值)\times晶振周期\times12$$

或

$$定时时间=(2^{13}-计数初值)\times机器周期$$

2. 方式 1

方式 1 是 16 位计数结构的工作方式，其计数器由 TH0 的全部 8 位和 TL0 的全部 8 位构成。其逻辑电路和工作情况与方式 0 完全相同。

在方式 1 下，当为计数工作方式时，计数值的范围是 1～65536(2^{16})；当为定时工作方式时，定时计算公式为

$$定时时间=(2^{16}-计数初值)\times晶振周期\times12$$

或

$$定时时间=(2^{16}-计数初值)\times机器周期$$

3. 方式 2

初始化时，8 位计数初值同时装入 TL0 和 TH0 中。当 TL0 计数溢出时，置位 TF0，同时把保存在预置寄存器 TH0 中的计数初值自动加载到 TL0，使 TL0 在该初值的基础上开始新一轮定时计数。定时器/计数器 0 工作方式 2 的逻辑结构如图 2-3 所示。

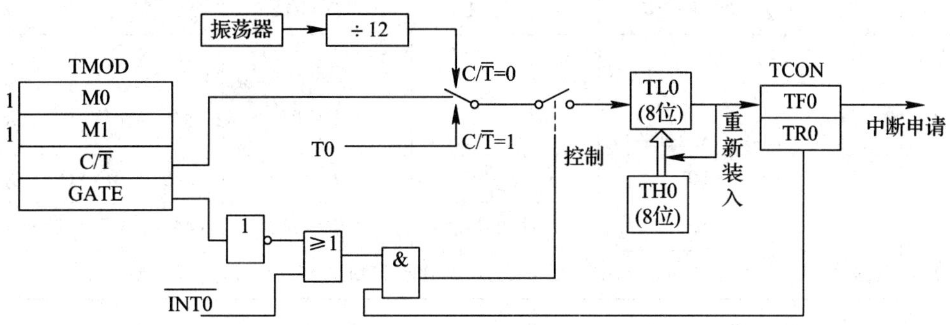

图 2-3　定时器/计数器 0 工作方式 2 的逻辑结构

4. 方式 3

1）工作方式 3 下的定时器/计数器 0

在工作方式 3 下，定时器/计数器 0 被拆成两个独立的 8 位计数器 TL0 和 TH0。其中 TL0 既可以作为计数器，又可以作为定时器，定时器/计数器 0 的各控制位和引脚信号全归 TL0 使用。而 TH0 只能作为简单的定时器使用。定时器/计数器 0 工作方式 3 的逻辑结构如图 2-4 所示。

2）工作方式 3 下的定时器/计数器 1

如果定时器/计数器 0 已工作在工作方式 3 下，则定时器/计数器 1 只能工作在方式 0、方式 1 或方式 2 下，因为它的运行控制位 TR1 及计数溢出标志位 TF1 已被定时器/计数器 0借用，如图 2-4 所示。在这种情况下，定时器/计数器 1 通常是被作为串行口的波特率发生器使用的，以确定串行通信的速率。

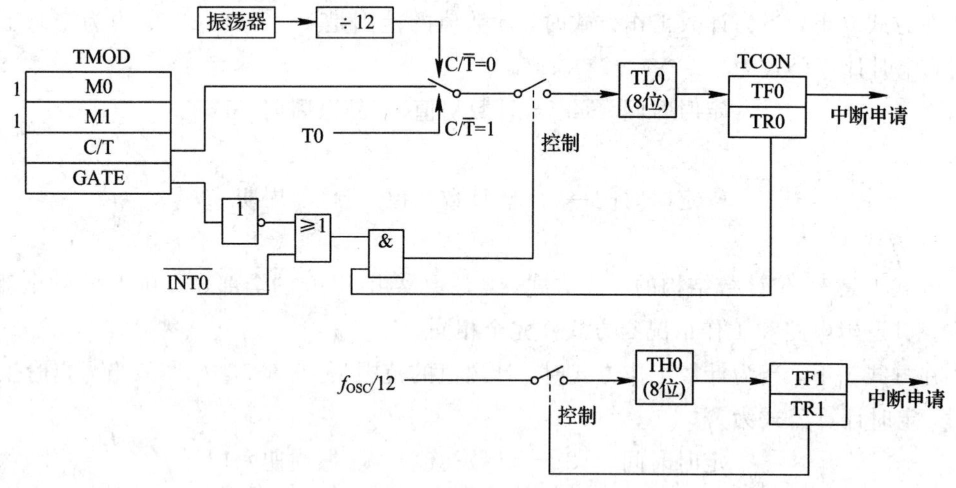

图 2-4　定时器/计数器 0 工作方式 3 的逻辑结构

四种定时计数工作方式的比较如表 2-3 所示。

表 2-3　四种定时计数工作方式的比较

工作方式	计数位/bit	寄存器配置	最大计数 M	最长定时时间/ms (12 MHz 晶振)	定时时间/ms (12 MHz 晶振)
方式 0	13	TH8 位 TL 低 5 位	$2^{13}=8129$	$2^{13}T=8129$	$(M-X)T=(2^{13}-X)\times 1$
方式 1	16	TH8 位 TL8 位	$2^{16}=65\ 536$	$2^{16}T=65\ 536$	$(M-X)T=(2^{16}-X)\times 1$
方式 2	8(重载)	TL8 位计数 TH 预置初值同 TL	$2^{8}=256$	$2^{8}T=256$	$(M-X)T=(2^{8}-X)\times 1$
方式 3	8	TH0	$2^{8}=256$	$2^{8}T=256$	$(M-X)T=(2^{8}-X)\times 1$
	8	TL0	无计数功能	$2^{8}T=256$	$(M-X)T=(2^{8}-X)\times 1$
	仅适用于 T0，T1 可工作于方式 0/1/2，常作串行口波特率发生器				

(四) 定时器/计数器的编程应用举例

定时器/计数器初始化的步骤如下：

(1) 设置工作方式：对 TMOD 寄存器赋值。

(2) 置初值：对 TH0、TL0 或 TH1、TL1 寄存器赋值。

(3) 启动定时器(SETB　TR0 或者 SETB　TR1)。

(4) 查询指令：

```
LOOP: JBC   TF0, NEXT        ;查询定时时间到否?
      AJMP  LOOP
```

【例】 设单片机晶振频率为 6 MHz，请利用查询方式，使用 T1、定时器工作方式 0 在 P1.0 端产生周期为 500 μs 的等宽正方波信号。

解：

(1) TMOD：

M1M0＝00　C/T＝0　GATE＝0　TMOD＝00H

(2) 计算计数初值：欲产生 500 μs 的等宽正方波脉冲，只需在 P1.0 端每隔 250 μs 交替输出高低电平即可，为此，定时时间应为 250 μs。使用 6 MHz 晶振，则一个机器周期为 2 μs。方式 0 为 13 位计数结构。设待求的计数初值为 X，则

$$X=2^{13}-\frac{定时时间}{机器周期}=8192-\frac{250\ \mu s}{2\ \mu s}=8067$$

求解得 $X=8067$。二进制数表示为 1111110000011B。十六进制表示为 0FC03H。

(3) 由定时器控制寄存器 TCON 中的 TR1 位控制定时的启动和停止。

定时器的启动：

```
    SETB   TR1
```

(4) 查询指令：

```
LOOP：JBC    TF0，   NEXT；查询定时时间到否？
      AJMP   LOOP
```

程序代码如下：

```
        MOV TMOD，#00H
        MOV TH1，#0FCH
        MOV TL1，#03H
        MOV IE，#00H            ；禁止中断
LOOP：SETB TR1                 ；启动定时
        JBC TF1，LOOP1         ；查询计数溢出
        AJMP LOOP
LOOP1：MOV TH1，#0FCH         ；重新设置计数初值
        MOV TL1，#03H
        CLR TF1                ；计数溢出标志位清“0”
        CPL P1.0
        AJMP   LOOP            ；重复循环
```

【例】 设单片机晶振频率为 6 MHz，请利用中断方式，使用 T0、定时器工作方式 1 在 P1.0 端产生周期为 500 μs 的等宽正方波信号。

解：

(1) TMOD 寄存器初始化：

TMOD=01H

(2) 计算计数初值：

TH0=0FFH　TL0=83H

(3) 由定时器控制寄存器 TCON 中的 TR0 位控制定时的启动和停止。

```
    SETB   TR0
```

(4) 查询指令：

```
LOOP：JBC    TF0，   NEXT         ；查询定时时间到否？
      AJMP   LOOP
```

程序代码如下：

```
        MOV   TMOD，#01H          ；定时器 0 工作方式 1
```

```
        MOV   TH0，#0FFH          ；设置定时初值
        MOV   TL0，#83H
        SETB EA                   ；开中断
        SETB ET0                  ；定时器 0 允许中断
        SETB TR0                  ；定时开始
HERE：  SJMP $                    ；等待中断
        MOV   TH0，#0FFH          ；中断服务子程序代码，重新设置定时初值
        MOV   TL0，#83H
        CPL   P1.0                ；输出取反
        RETI                      ；中断返回
```

【例】 使用定时器 T0 定时，每隔 10 s 与 P1.0 口连接的发光二极管闪烁 10 次。设 P1.0 为高电平灯亮，反之灯灭，其程序框图如图 2-5 所示。

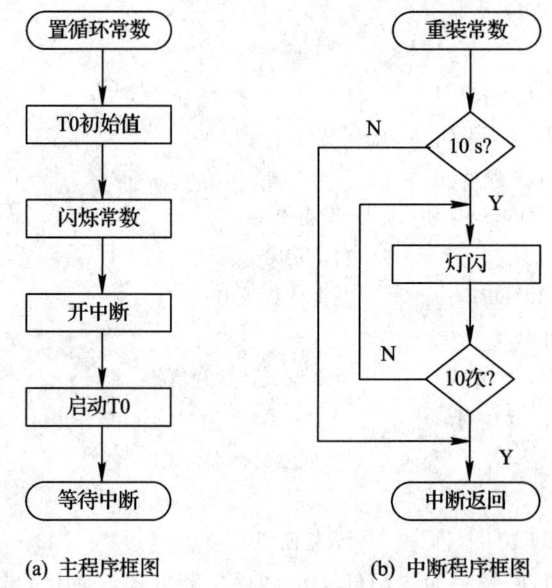

图 2-5　指示灯定时闪烁程序框图

解：程序如下：

```
      ORG   0000H                ；程序起始地址
      LJMP  MAIN
      ORG   000BH                ；T0 中断入口地址
      LJMP  INT                  ；中断入口地址
      ORG   0100H
MAIN：MOV R0，#200               ；10 s 循环次数
      MOV TMOD，#01H             ；T0 定时方式 1
      MOV TH0，#3CH              ；50 ms 初值高位
      MOV TL0，#0B0H             ；50 ms 初值低位
      MOV R1，#10                ；闪烁次数
      SETB EA                    ；开总中断
      SETB ET0                   ；开 T0 中断
```

```
        SETB TR0              ；启动
LP：    SJMP LP               ；循环等待中断
INT：   MOV TH0，#3CH
        MOV TL0，#0B0H
        DJNZ R0，DE           ；R0≠0，不到 10 s，灯不闪，直接返回
DE0：   SETB P1.0             ；R0＝0，10 s 到，灯闪烁
        LCALL DELAY
        CLR Pl.0
        LCALL DELAY
        DJNZ R1，DE0
DE：    RETI
DELAY:MOV R6，#0FFH
DL0：   MOV R7，#0FFH
DL1：   NOP
        DJNZ R7，DL1
        DJNZ R6，DL0
        RET
```

【例】 利用 T0 门控位测试$\overline{\text{INT0}}$引脚上出现的正脉冲宽度，如图 2－6 所示。已知晶振频率为 12 MHz，将测得值的高位存入片内 71H，低位存入片内 70H。

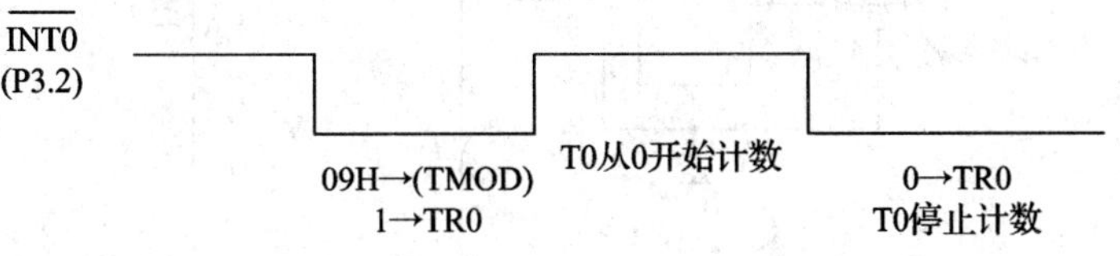

图 2－6　脉冲宽度图

解：程序如下：

```
MOV TMOD，#09H         ；设 T0 为方式 1，GATE ＝1
MOV TL0，#00H
MOV TH0，#00H
MOV R0，#70H
JB P3.2，$             ；等待 P3.2 变低
SETB TR0               ；启动 T0 准备工作
JNB P3. 2，$           ；等待 P3. 2 变高
JB P3. 2，$            ；等待 P3. 2 再次变低
CLR TR0                ；停止计数
MOV@R0，TL0            ；存放计数的低字节
INC R0
MOV@R0，TH0            ；存放计数的高字节
SJMP $
```

【例】 让蜂鸣器发出声音。设计一个简易发声器，能够发出低音 LA 的声音，音调音阶如表 2-4 所示。

表 2-4 音调音阶表

音调音阶	频率/Hz	音调音阶	频率/Hz	音调音阶	频率/Hz
低 1DO	262	中 1DO	523	高 1DO	1047
低 2RE	294	中 2RE	587	高 2RE	1175
低 3MI	330	中 3MI	659	高 3MI	1318
低 4FA	349	中 4FA	698	高 4FA	1397
低 5SO	392	中 5SO	784	高 5SO	1568
低 6LA	440	中 6LA	880	高 6LA	1760
低 7SI	494	中 7SI	988	高 7SI	1967

分析：简易发声器的硬件电路如图 2-7 所示。

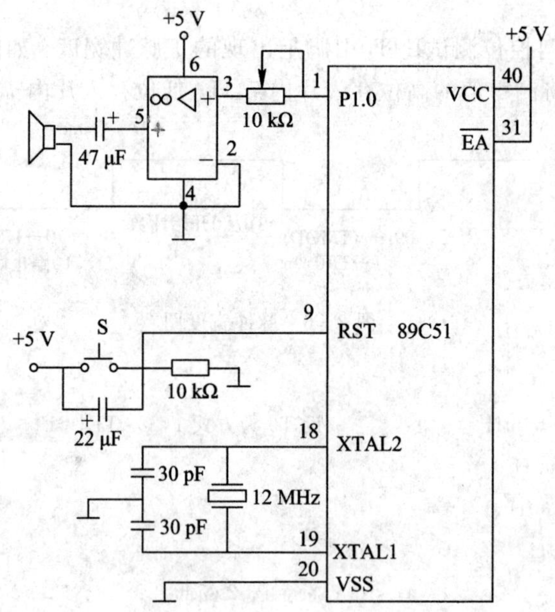

图 2-7 简易发声器的硬件电路

程序设计如下：

```
;**************单片机发低音 LA 程序***************
;程序名：单片机发低音 LA 程序 EX3_1.asm
;程序功能：控制单片机 P1.0 端口产生 1.14 ms 宽的高/低电(频率 440 Hz 方波)发低音 LA
    ORG   0000H
    AJMP MAIN
```

```
        ORG 0200H
MAIN:   MOV    TMOD，#10H          ；设定时器 1 采用工作方式 1
        MOV    TH1，#0FBH          ；设定定时器初值
        MOV    TL1，#8CH
        SETB   TR1                 ；启动 T1
LP1:    JBC    TF1，LP2            ；查询计数溢出
        SJMP   LP1                 ；未到 1.14 ms 继续计数
LP2:    MOV    TH1，#0FBH          ；重置定时器初值
        MOV    TL1，#8CH
        CPL P1.0                   ；输出取反
        AJMP LP1
        END
```

【例】 设计一个节日彩灯循环闪烁的应用系统，如图 2-8 所示。

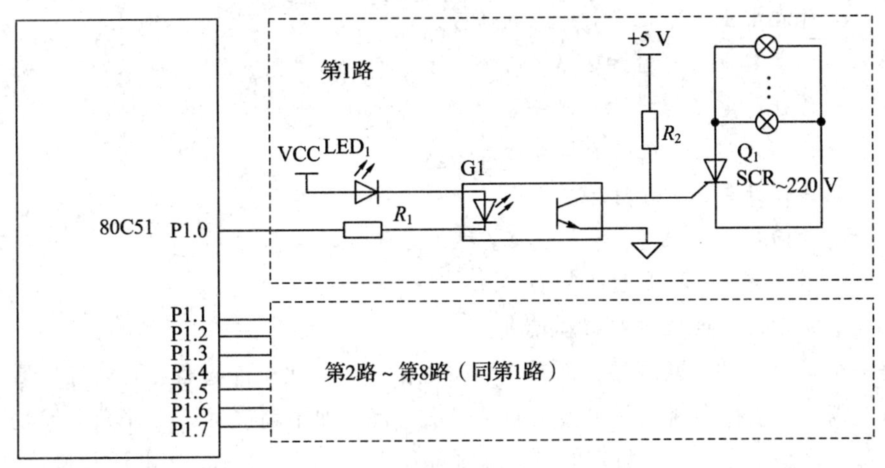

图 2-8　节日彩灯循环闪烁硬件电路

分析：本题可以有多种循环方式，延时时间及左右移动不同会有不同的循环效果，此处只给出一种形式的编程。电路见图 2-8，由 P1 口的 8 位控制 8 路电灯电路，在每一路中都通过一个可控硅 SCR 控制 N 路并联电灯的开关。单片机工作频率为 12 MHz，该程序延时选为 200 ms，用定时器 T0 作为定时器，初值为 50 ms。编程如下：

```
START:      MOV P1，#0FEH           ；初始化为第 0 位的一组灯亮
L1:         ACALL DELAY             ；调延时子程序
            MOV A，P1
            RL A                    ；顺序左移一位
            MOV P1，A
            AJMP L1
DELAY:      MOV TMOD，#01H
            MOV R1，#04H
DELAY-1:    MOV TH0，#3CH
            MOV TL0，#0B0H
```

```
SETB TR0
JNB TF0, $
CLR TF0
DJNZ R1, DELAY_1
RET
```

二、MCS－51 单片机中断系统

（一）中断的概念

中断是一项重要的计算机技术，这一技术在单片机中得到了充分继承。其实，中断现象不仅在计算机中存在，日常生活中它也同样存在，请看下面的例子：

你在看书。

电话铃响了。

你在书上做个记号，走到电话旁。

你拿起电话与对方通话。门铃响了。

你让打电话的对方稍等一下。

你去开门，并在门旁与来访者交谈。

谈话结束，关好门。

你回到电话机旁，拿起电话，继续通话。

通话完毕，挂上电话。

从做记号的地方起继续读书。

这是一个很典型的中断现象。从看书到接电话，是一次中断过程，而从打电话到与门外来访者交谈，则是在中断过程中发生的又一次中断，即中断嵌套。为什么会发生上述的中断现象呢？这是因为在某一特定时刻，你面对着三项任务：看书、接电话和接待来访者。但一个人又不可能同时完成三项任务，因此只好采用中断方法穿插着去做。类似的情况在计算机中也同样存在，因为通常计算机中只有一个 CPU，但在运行程序的过程中可能出现诸如数据输入、输出或特殊情况处理等其他的事情要 CPU 去处理，对此，CPU 也只能采用停下一个任务去处理另一个任务的中断解决方案。

将中断现象及其处理方法上升到计算机理论，就是一个资源（CPU）面对多项任务，由于资源有限，因此可能会出现资源竞争的局面，即出现几项任务来争夺一个 CPU 的现象，而中断技术就是解决资源竞争的有效方法。采用中断技术可以使多项任务共享一个资源，所以中断技术实质上就是一种资源共享技术。

任何一种单片机的内部资源都是十分有限的。当出现资源竞争时，几乎没有哪一个单片机系统不是采用中断这一解决方案的。所以，中断技术对单片机的重要程度是不言而喻的。

（二）中断的功能

上面从资源共享的意义上引出了中断的概念。正是基于资源共享的特点，才使得中断技术在计算机中能够实现更多功能。

1. 实现 CPU 与外设的速度配合

许多外部设备速度较慢，无法与 CPU 进行直接的同步数据交换，为此可通过中断方法来实现 CPU 与外设的协调工作。例如，在 CPU 执行程序过程中，需进行数据输入、输出，可以先启动外设，然后 CPU 继续执行程序；与此同时，外设在为数据输入、输出传送作准备；当准备完成后，外设发出中断请求，请求 CPU 暂停正在执行的程序，转去完成数据的输入、输出传送。传送结束后，CPU 再返回继续执行原程序，而外设则为下次数据传送作准备。这种以中断方法完成的数据输入、输出操作，在宏观上看来似乎就是 CPU 与外设在同步工作。

2. 实现实时控制

实时处理是自动控制系统对计算机提出的要求。所谓实时处理，就是计算机能及时完成被控制对象随机提出的分析和计算任务，以便使被控制对象能保持在最佳工作状态，达到预定的控制要求。在自动控制系统中，各控制参量可能会随机在任何时刻向计算机发出请求，要求进行某种处理。对此，CPU 必须作出快速响应和及时处理。这种实时处理功能只有靠中断技术才能实现。

3. 实现故障的及时发现

计算机在运行过程中，常会突然发生一些事先无法预料的故障。例如，硬件故障、运算错误及程序故障等。有了中断技术，计算机就能及时发现这些故障并进行自行处理。

4. 实现人机联系

人要想对运行的计算机进行干预，必须先通过键盘发出中断请求，在获得了机器准许后，方可进行。中断技术使得人们可以随时进行人机联系，而不用先停机处理，然后再重新开机。随着计算机软硬件技术的发展，中断技术也在不断发展，其功能更加丰富。在现代计算机的发展中，中断已成为评价计算机整体性能的一项重要指标。

通过介绍可以给中断下一个定义：中断是指计算机暂时停止执行原程序转而为外部设备服务（即执行中断服务程序），并在服务完成后自动返回原程序执行的过程。

（三）中断源

向 CPU 发出中断请求的来源称为中断源。MCS－51 是一个多中断源的单片机，以 80C51 为例，共 5 个中断源，分别是外部中断 2 个、定时中断 2 个、串行中断 1 个。

1. 外部中断

外部中断是由外部信号引起的，共有 2 个中断源，即外部中断 0 和外部中断 1。中断请求信号分别由引脚 $\overline{\text{INT0}}$(P3.2)、$\overline{\text{INT1}}$(P3.3)引入。

外部中断请求有两种信号方式，即电平方式和脉冲方式，可通过设置有关控制位进行定义。

电平方式的中断请求是低电平有效。只要单片机在中断请求引入端上采样到有效的低电平，就会激活外部中断。

脉冲方式的中断请求则是脉冲的后沿负跳有效。CPU 在两个相随机器周期中对中断请求引入端进行采样，如前一次为高电平，后一次为低电平，则为有效中断请求。

2. 定时中断

定时中断是为满足定时或计数的需要而设置的。当计数结构发生计数溢出时，即表明定时时间已到或计数值已满，请求是在单片机芯片内部发生的，无需在芯片上设置引入端。

3. 串行中断

串行中断是为串行数据传送的需要而设置的。每当串行口接收或发送完一组串行数据时，就产生一个中断请求。请求是在单片机芯片内部自动发生的，无需在芯片上设置引入端。

(四) 中断控制寄存器

1. 定时器控制寄存器(TCON)

定时器控制寄存器用于保存外部中断请求以及定时器的计数溢出，其内容及位地址表示如表 2-5 所示。

表 2-5　定时器控制寄存器的内容及位地址表示

TCON	D7	D6	D5	D4	D3	D2	D1	D0
位	TF1	TR1	TF0	TR0	IE1	IT1	IE0	IT0

(1) IE0 和 IE1 是外部中断请求标志位。当 CPU 采样到$\overline{INT0}$($\overline{INT1}$)端出现有效中断请求时，IE0(IE1)位由硬件置“1”。在中断响应完成后转向中断服务时，IE0(IE1)位由硬件自动清“0”。

(2) IT0 和 IT1 是外部中断请求触发方式控制位。IT0(IT1)=1 为脉冲触发方式，后沿负跳有效；IT0(IT1)=0 为电平触发方式，低电平有效。IT0(IT1)位由软件置“1”或清“0”。

(3) TF0 和 TF1 计数溢出标志位。当计数器产生计数溢出时，相应的溢出标志位由硬件置“1”；当转向中断服务时，再由硬件自动清“0”。计数溢出标志位的使用有两种情况：

· 采用中断方式时，作中断请求标志位来使用；

· 采用查询方式时，作查询状态位来使用。

2. 串行口控制寄存器(SCON)

串行口控制寄存器的内容及位地址表示如表 2-6 所示。

表 2-6　串行口控制寄存器的内容及位地址表示

SCON	D7	D6	D5	D4	D3	D2	D1	D0
位	SM0	SM1	SM2	REN	TB8	RB8	TI	RI

(1) TI：串行口发送中断请求标志位。当发送完一帧串行数据后，由硬件置“1”；在转向中断服务程序后，用软件清“0”。

(2) RI：串行口接收中断请求标志位。当接收完一帧串行数据后，由硬件置“1”；在转向中断服务程序后，用软件清“0”。

串行中断请求由 TI 和 RI 的逻辑或得到，也就是说，无论是发送标志还是接收标志，都会产生串行中断请求。

3. 中断允许控制寄存器(IE)

中断允许控制寄存器的地址为 0A8H，位地址为 0AFH～0A8H，其内容及位地址表示如表 2－7 所示。

表 2－7　中断允许控制寄存器的内容及位地址表示

IE	D7	D6	D5	D4	D3	D2	D1	D0
位	EA	—	—	ES	ET1	EX1	ET0	EX0

(1) EA 中断允许总控制位：EA＝0 为中断总禁止，即禁止所有中断；EA＝1 为中断总允许，总允许后，中断的禁止或允许将由各中断源的中断允许控制位进行设置。

(2) EX0(EX1)外部中断允许控制位：EX0(EX1)＝0 为禁止外部中断；EX0(EX1)＝1 为允许外部中断。

(3) ET1 和 ET2 定时/计数中断允许控制位：ET0(ET1)＝0 为禁止定时(或计数)中断；ET0(ET1)＝1 为允许定时(或计数)中断。

(4) ES 串行中断允许控制位：ES＝0 为禁止串行中断；ES＝1 为允许串行中断。

4. 中断优先级控制寄存器(IP)

中断优先级控制寄存器的地址为 0B8H，位地址为 0BFH～0B8H，其内容及位地址表示如表 2－8 所示。

表 2－8　IP 的内容及位地址表示

IP	D7	D6	D5	D4	D3	D2	D1	D0
位	—	—	—	PS	PT1	PX1	PT0	PX0

- PX0 为外部中断 0 优先级设定位。
- PT0 为定时中断 0 优先级设定位。
- PX1 为外部中断 1 优先级设定位。
- PT1 为定时中断 1 优先级设定位。
- PS 为串行中断优先级设定位。

注：为“0”的位优先级为低；为“1”的位优先级为高。

(五) 中断优先级控制原则

MCS－51 具有两级优先级，同时具备两级中断服务嵌套的功能，其中断优先级的控制原则如下：

(1) 低优先级中断请求不能打断高优先级的中断服务，但高优先级中断请求可以打断低优先级的中断服务，从而实现中断嵌套。

(2) 如果一个中断请求已被响应，则同级或低级的其他中断服务将被禁止，即同级不能嵌套。

(3) 如果同级的多个中断请求同时出现，则按 CPU 查询次序来确定哪个中断请求被响应。查询次序为：外部中断 0 ⟶ 定时中断 0 ⟶ 外部中断 1 ⟶ 定时中断 1 ⟶ 串行中断。

(六) 中断系统的结构

1. MCS－51 中断系统的结构

MCS－51 单片机中断系统 5 个中断源的符号、名称及产生的条件如下：

- $\overline{\text{INT0}}$：外部中断 0，由 P3.2 端口线引入，低电平或下跳沿引起。
- $\overline{\text{INT1}}$：外部中断 1，由 P3.3 端口线引入，低电平或下跳沿引起。
- T0：定时器/计数器 0 中断，由 T0 计满回零引起。
- T1：定时器/计数器 1 中断，由 T1 计满回零引起。
- TI/RI：串行 I/O 中断，由串行端口完成一帧字符发送/接收后引起。

完整的中断系统结构如图 2－9 所示。

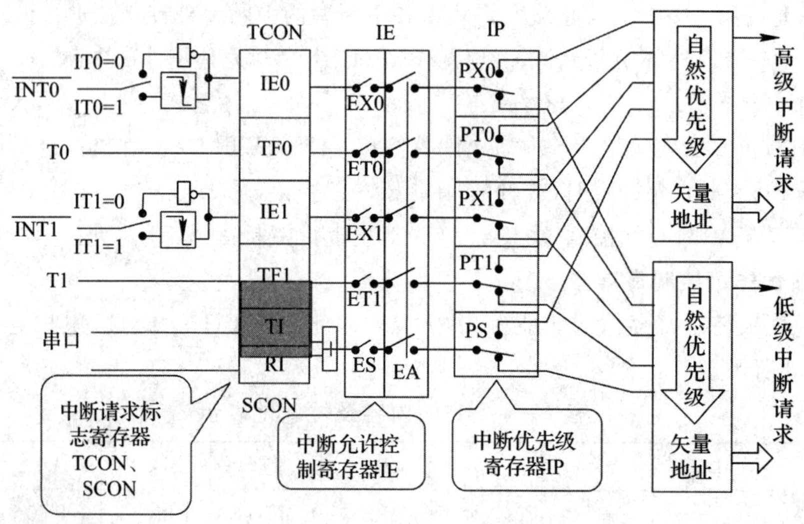

图 2－9　中断系统结构图

2. MCS－51 中断系统的响应过程

中断过程的“三部曲”：响应中断请求、执行中断服务程序及中断返回。其中，中断及中断嵌套的流程图如图 2－10、图 2－11 所示。

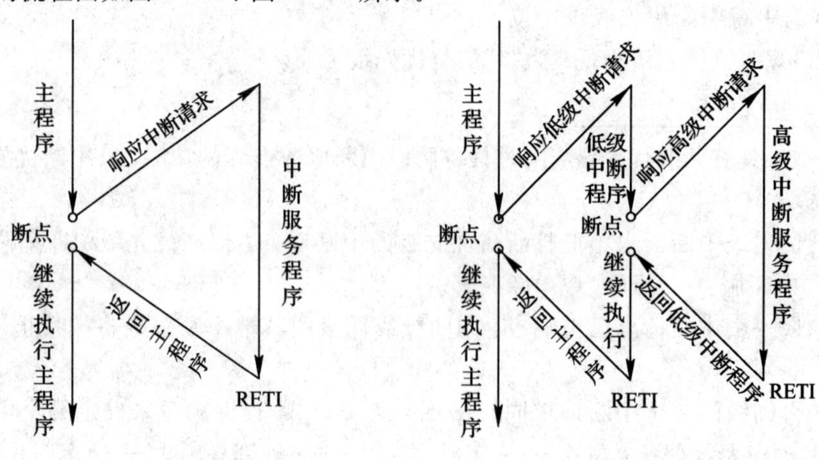

图 2－10　中断流程图　　　　图 2－11　中断嵌套流程图

1）响应中断请求

中断响应的基本条件如下：

(1) 有中断源提出中断请求；

(2) 中断总允许位 EA=1，即 CPU 开放中断；

(3) 申请中断的中断源的中断允许位为 1，即没有被屏蔽。

也许你依然对计算机如何响应中断感到神奇，我们人能响应外界的事件是因为我们有多种“传感器”——眼、耳能接受不一样的信息，但计算机是如何做到这点的呢？其实一点都不稀奇，MCS-51 系列单片机工作时，在每个机器周期中都会去查询一下各个中断标记，看这些标记是否是“1”，如果是 1，就说明有中断请求了。换成人来说，这就相当于你在看书的时候，每一秒钟都会抬起头来看一看，查问一下，是不是有人按门铃、是否有电话……了解了上述中断过程后，就不难理解中断响应的条件了。

存在下列三种情况之一时，CPU 将封锁对中断的响应：

(1) CPU 正在处理同级或高级优先级的中断。

(2) 现行的机器周期不是所执行指令的最后一个机器周期。

我们知道，单片机有单周期、双周期、三周期指令，若当前执行指令是单字节的则无影响，如果是双字节或四字节的，就要等整条指令都执行完了，才能响应中断。

(3) 正在执行的指令是 RETI 或访问 IE、IP 指令。CPU 在执行 RETI 或访问 IE、IP 指令后，至少需要再执行一条其他指令后才会响应中断请求。

如果正访问 IP、IE 则可能会开、关中断或改变中断的优先级，而中断返回指令则说明本次中断还没有处理完，所以要等本指令处理结束再执行一条指令后，才能响应中断。

2) 中断服务程序

在中断响应后，计算机调用的子程序称为中断服务程序。中断服务程序是专门为外部设备或其他内部部件中断源服务的程序段，其结尾必须是中断返回指令 RETI。

3) 中断返回

计算机在中断响应中执行到 RETI 指令时，应立即结束中断并从堆栈中自动取出在中断响应时压入的 PC 当前值，从而使 CPU 返回原程序中断点并继续进行下去。

MCS-51 系列中断系统在中断响应时的技术措施如下：

(1) 将当前 PC 值送入堆栈，也就是将 CPU 本来要取用的指令地址暂存到堆栈中保存起来，以便中断结束时，CPU 能找到原来程序的断点并继续执行下去。这一措施是由中断系统自动保存完成的。

(2) 保护现场时关闭中断，以防其他中断信号干扰。此时，中断系统关闭该中断源接收电路，其他中断请求均被禁止。这一措施需用指令完成。

(3) 按中断源入口地址进入中断服务程序。

3. MCS-51 中断系统的中断响应时间

定义：从检测到中断申请到转去执行中断服务程序所需的时间。

一般情况下中断响应时间在 3～8 个机器周期之间。

4. 中断标志的清除方式

中断标志清除方式有三种情况：

(1) 定时器 T0、T1 及边沿触发方式的外部中断标志，TF0、TF1、IE0、IE1 在中断响应后由硬件自动清除，无需采取其他措施。

(2) 电平触发方式的外部中断标志 IE1、IE0 不能自动清除，必须撤除$\overline{INT0}$或$\overline{INT1}$的电平信号。

(3) 串行口中断标志 TI、RI 不能由硬件清除，需用指令清除。

(七) 中断系统的应用举例

【例】 在图 2－12 中有开关 S，每扳动一次开关，就产生一个外部中断请求。经 P1.3～P1.0读入开关 S0～S3 的状态，取反后再由 P1.7～P1.4 输出，驱动相应的发光二极管。中断方式的简单 I/O 应用电路连接如图 2－12 所示，主程序流程如图 2－13 所示。

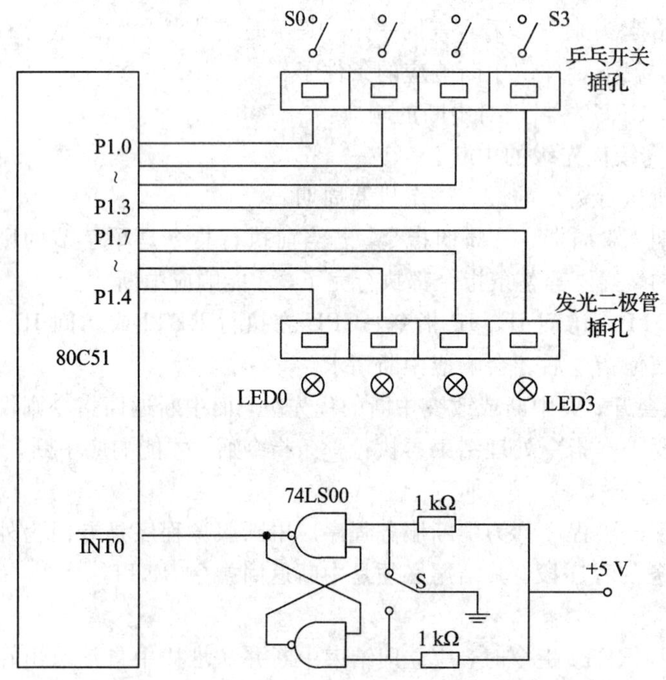

图 2－12　中断方式的简单 I/O 应用电路连接

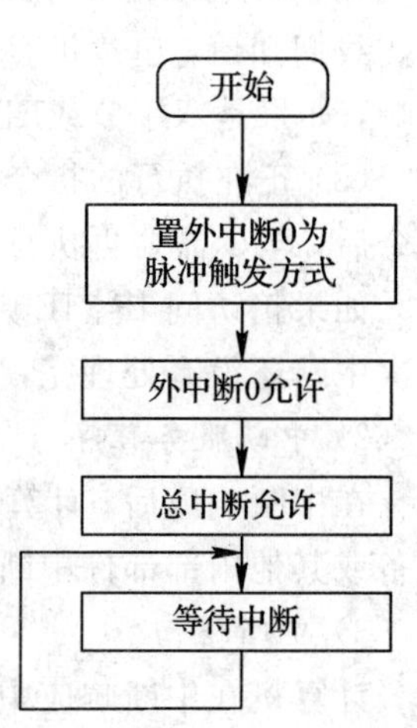

图 2－13　主程序流程图

解： 程序清单如下：

```
ORG   1000H
STAR：AJMP MAIN
      ORG   1003H
      AJMP EXTR
      ORG   1030H
MAIN：SETB IT0              ；脉冲边沿触发
      SETB EX0              ；外部中断 0 允许
      SETB EA               ；总中断允许
HERE：AJMP HERE             ；等待中断
      ORG   1200H
      P1 EQU 90H
EXTR：MOV A，#0FH           ；中断服务程序
      MOV P1，A             ；熄灭发光二极管
      MOV A，P1             ；输入开关状态
      CPL A                 ；状态取反
```

```
ANL A，#0FH        ；屏蔽 A 的高半字节
SWAP A             ；A 高低半字节交换
MOV P1，A          ；开关状态输出
RETI               ；中断返回
```

【例】 实现交通指示灯模拟控制。交通指示灯硬件电路如图 2 - 14 所示，交通指示灯硬件焊接如图 2 - 15 所示。

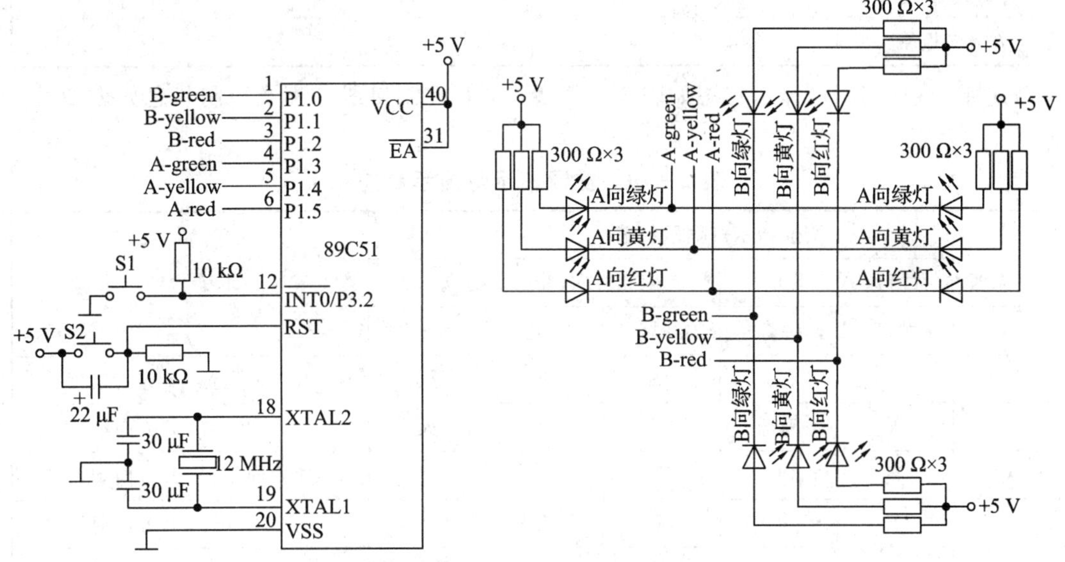

图 2 - 14　交通指示灯硬件电路

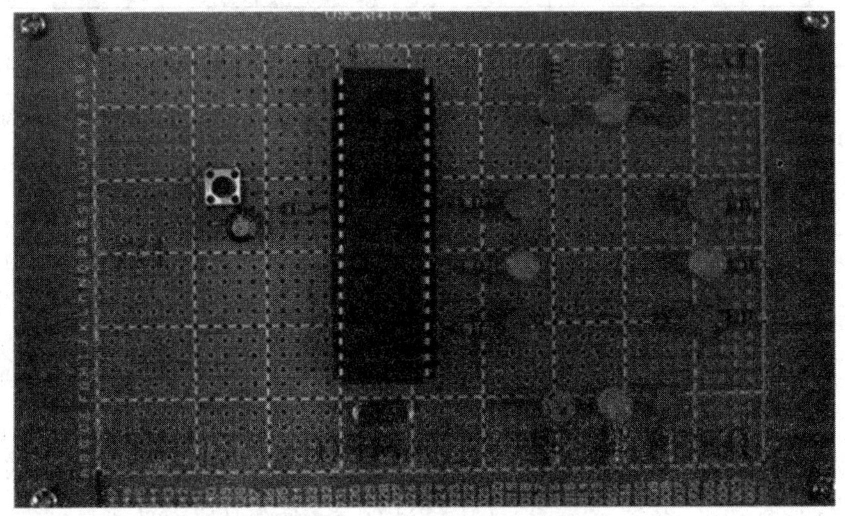

图 2 - 15　交通指示灯硬件焊接图

交通指示灯模拟控制电路元器件清单如表 2 - 9 所示。

表 2-9　交通指示灯模拟控制电路元器件清单

元器件名称	参　数	数　量	元器件名称	参　数	数　量
IC 插座	DIP40	1	电阻	10 kΩ	2
单片机	89C51	1	电解电容	22 μF	1
晶体振荡器	12 MHz	1	按钮开关		2
瓷片电容	22 pF	2	电阻	300 Ω	12
发光二极管		12			

分析：交通指示灯显示状态如表 2-10 所示，其控制口线分配及控制状态如表 2-11 所示。

表 2-10　交通指示灯显示状态

交通指示灯显示状态						状态说明
东西方向(简称 A 方向)			南北方向(简称 B 方向)			
红灯	黄灯	绿灯	红灯	黄灯	绿灯	
灭	灭	亮	亮	灭	灭	A 方向通行，B 方向禁行
灭	灭	闪烁	亮	灭	灭	A 方向警告，B 方向禁行
灭	亮	灭	亮	灭	灭	A 方向警告，B 方向禁行
亮	灭	灭	灭	灭	亮	A 方向禁行，B 方向通行
亮	灭	灭	灭	灭	闪烁	A 方向禁行，B 方向警告
亮	灭	灭	灭	亮	灭	A 方向禁行，B 方向警告
高	灭	灭	亮	灭	灭	紧急情况

表 2-11　交通指示灯控制口线分配及控制状态表

P1.5	P1.4	P1.3	P1.2	P1.1	P1.0	P1 端口数据	状态说明	持续时间
A 红灯	A 黄灯	A 绿灯	B 红灯	B 黄灯	B 绿灯			
1	1	0	0	1	1	F3H	状态 1：A 通行，B 禁行	55 s
1	1	0、1 交替变换	0	1	1	P1.3 取反	状态 2：A 绿灯闪，B 禁行	闪烁 3 次，共 3 s
1	0	1	0	1	1	EBH	状态 3：A 警告，B 禁行	2 s
0	1	1	1	1	0	DEH	状态 4：A 禁行，B 通行	25 s
0	1	1	1	1	0、1 交替变换	P1.0 取反	状态 5：A 禁行，B 绿灯闪	闪烁 3 次，共 3 s
0	1	1	1	0	1	DDH	状态 6：A 禁行，B 警告	2 s
0	1	1	0	1	1	DBH	状态 7：紧急情况 A/B 禁行	1 s

交通指示灯模拟控制的程序设计流程如图 2-16 所示。

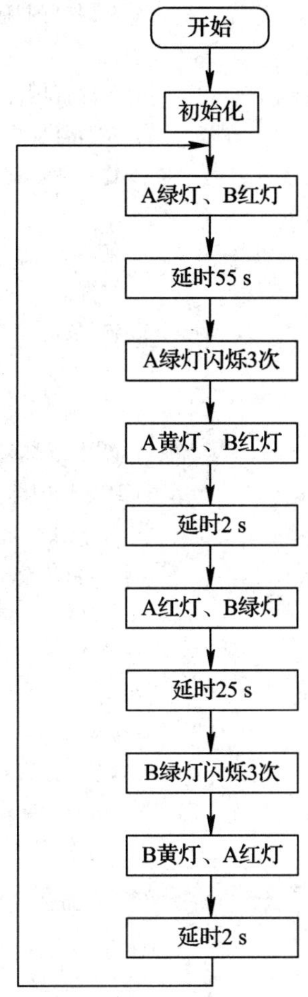

图 2-16　程序设计流程图

程序设计如下：

```
;************* 交通指示灯模拟控制程序  **********
;程序名：交通指示灯模拟控制程序 PM3_2.asm
;程序功能：交通指示灯模拟显示(含紧急情况禁行处理)
        ORG     0000H
        AJMP    MAIN
        ORG     0003H                   ;外部中断 0 入口地址
        AJMP    EMER                    ;指向中断子程序
        ORG     0100H
MAIN:   MOV     TCON，#00H              ;置外部中断 0 为电平触发
        MOV     IE，#81H                ;开 CPU 中断，开外中断 0
        MOV     P1，#0F3H               ;A 绿灯放行，B 红灯禁止
        MOV     R2，#6EH                ;置 0.5 s 循环次数 110 次
DISP1:  ACALL DELAY_500ms               ;调用 0.5 s 延时子程序
        DJNZ    R2，DISP1               ;55 s 延时
```

```
        MOV   R2，#06                    ；置 A 绿灯闪烁循环次数
WARN1： CPL P1.3                          ；A 绿灯闪烁
        ACALL DELAY_500ms
        DJNZ      R2，WARN1               ；A 绿灯闪烁 3 次
        MOV       P1，#0EBH               ；A 黄灯警告，B 红灯禁止
        MOV       R2，#04H                ；置 0.5 s 循环次数
YEL1：  ACALL DELAY_500ms
        DJNZ      R2，YEL1                ；延时 2 s
        MOV       P1，#0DEH               ；A 红灯，B 绿灯
        MOV       R2，#32H                ；置 0.5 s 循环次数
DISP2： ACALL DELAY_500ms
        DJNZ      R2，DISP2               ；延时 25 s
        MOV       R2，#06H                ；置 A 绿灯闪烁循环次数
WARN2： CPL P1.0                          ；B 绿灯闪烁
        ACALL DELAY_500ms
        DJNZ  R2，WARN2                   ；B 绿灯闪烁 3 次
        MOV       P1，#0DDH               ；A 红灯，B 黄灯
        MOV       R2，#04H                ；置 0.5 s 循环次数
YEL2：  ACALLDELAY_500ms
        DJNZ      R2，YEL2                ；延时 2 s
        AJMP      MAIN                    ；交通指示灯循环显示
  ；*********** 延时子程序 DELAY_500ms ************
  ；子程序名：延时子程序 DELAY_500ms
  ；子程序功能：定时器 T1，方式 1，当时钟频率为 12 MHz 时，延时 0.5 s
DELAY_500ms：MOVR3，#0AH
        MOV       TMOD，#10H
        MOV       TH1，#3CH
        MOV       TL1，#0B0H
        SETB      TR1
LP1：   JBC       TF1，LP2
        SJMP      LP1
LP2：   MOV       TH1，#3CH
        MOV       TL1，#0B0H
        DJNZ      R3，LP1
        RET
  ；************** 中断服务子程序 EMER **************
  ；中断服务子程序名：EMER
  ；程序功能：使 A、B 方向交通指示灯均变为红灯
EMER：  PUSH      P1                      ；P1 口数据压栈保护
        PUSH      03H                     ；入栈保护寄存器 R3 的内容
        PUSH      TH1                     ；TH1 压栈保护
        PUSH      TL1                     ；TL1 压栈保护
        MOV       P1，#0DBH               ；A、B 道均为红灯 1 s
```

```
ACALL    DELAY_500ms
ACALL    DELAY_500ms
POP      TL1                  ；弹栈恢复现场
POP      TH1
POP      03H
POP      P1
RETI                          ；返回主程序
    END
```

习题与思考题

(1) 定时器/计数器工作于定时和计数方式时有何异同？

(2) 定时器/计数器的 4 种工作方式各有什么特点？

(3) 当定时器/计数器的加 1 计数器计满溢出时，溢出标志位 TF1 由硬件自动置 1，简述对该标志位的两种处理方法。

(4) 设 MCS－51 单片机 f_{OSC}＝12 MHz，要求 T0 定时 150 μs，分别计算采用定时方式 0、方式 1 和方式 2 时的定时初值。

(5) 设 MCS－51 单片机 f_{OSC}＝6 MHz，问单片机处于不同的工作方式时，最大定时范围是多少？

(6) 当定时器/计数器 T0 用作方式 3 时，定时器/计数器 T1 可以工作在何种方式下？如何控制 T1 的开启和关闭？

(7) 什么是中断和中断系统？计算机采用中断系统带来了哪些优越性？

(8) MCS－51 共有几个中断源？各中断标志是如何产生的，又是如何清零的？CPU 响应中断时，中断入口地址各是多少？

(9) 什么是中断优先级？什么是中断嵌套？处理中断优先级的原则是什么？

(10) MCS－51 单片机在什么情况下可以响应中断？中断响应的过程是什么？

(11) 外部中断触发方式有几种？它们的特点是什么？

(12) 中断服务程序与普通子程序有什么根本的区别？

(13) 为什么要用 RETI 指令结束中断服务程序？RETI 指令的功能是什么？为什么不用 RET 指令作为中断服务程序的返回指令？

(14) 利用定时器/计数器 T0 从 P1.0 输出周期为 1 s、脉宽为 20 ms 的正脉冲信号，其晶振频率为 12 MHz。试设计程序。

(15) 要求从 P1.1 引脚输出 1000 Hz 方波，晶振频率为 12 MHz。试设计程序。

(16) 试用定时器/计数器 T1 对外部事件计数。要求每计数 100，就将 T1 改成定时方式，控制 P1.7 输出一个脉宽为 10 ms 的正脉冲，然后再转为计数方式，如此反复循环。设晶振频率为 12 MHz。

(17) 利用定时器/计数器 T0 产生定时时钟，由 P1 口控制 8 个指示灯。编一个程序，使 8 个指示灯依次闪动，闪动频率为 1 次/秒(即灯亮 1 秒后熄灭并点亮下一个指示灯，以此类推)。

学习任务二　简易声光报警器的设计

任务描述

以监控系统的越限断电声光报警显示为任务，通过键盘更改设定数值(两位)，并实时显示。模拟触发条件选用外部单次脉冲，条件具备则同时发出声光报警。

声光报警器数据的输入、输出需要在理解端口内部结构和工作原理的基础上进行接口设计，并连接外设；键盘信号采集涉及查询和中断多种方式；简单的数显根据接口原理可分为动态和静态显示两种；声音信号的大小、音调高低和电流及频率有关。音频报警器设计任务的实现可以帮助我们理解这些概念。

相关知识

一、显示及显示接口

(一) 人机交互通道概述

单片机应用系统的类型多种多样，如智能仪表、控制单元、数据采集系统、分布式检测系统。对于各种类型的单片机应用系统，其人机通道配置的集合如图 2－17 所示。

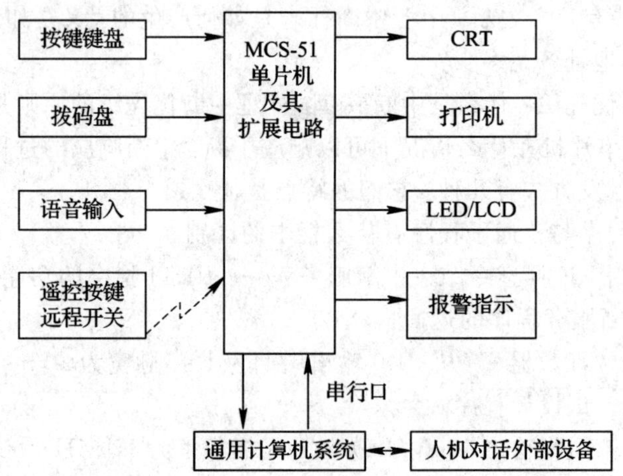

图 2－17　人机通道配置

(二) 输出通道中发光二极管(LED)的实现

在单片机系统中，常用的显示器有：发光二极管(Light Emitting Diode)显示器；液晶(Liquid Crystal Display)显示器；荧光管显示器。三种显示器中，以荧光管显示器亮度最高，发光二极管次之，而液晶显示器最弱，为被动显示器，必须有外光源。

1. 发光二极管显示器

发光二极管内部是由半导体发光材料做成的PN结，只要在发光二极管两端通过正向电流5～20 mA就能达到正常发光。LED的发光颜色通常有红、绿、黄、白，其外形和电气图形符号如图2-18所示。单个LED通常是通过亮、灭来指示系统运行状态，用快速闪烁来报警的。

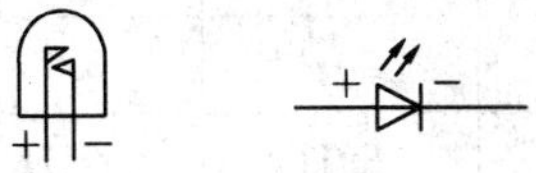

(a) 外形　　(b) 图形符号

图2-18　LED外形及符号

通常所说的LED显示器由7个发光二极管组成，因此也称为七段LED显示器，7个发光二极管排列形状如图2-19所示。显示器中还有一个圆点发光二极管(在图中以dp表示)，用于显示小数点。七个发光二极管亮暗的不同组合，可以显示多种数字、字母以及其他符号。

发光二极管的两种连接方法如图2-19所示。

(1) 共阳极接法。把发光二极管的阳极连在一起构成公共阳极。使用时公共阳极接+5 V。阴极端输入低电平的段发光二极管导通点亮，输入高电平的则不点亮。

(2) 共阴极接法。把发光二极管的阴极连在一起构成公共阴极。使用时公共阴极接地，阳极端输入高电平的段发光二极管导通点亮，输入低电平的则不点亮。

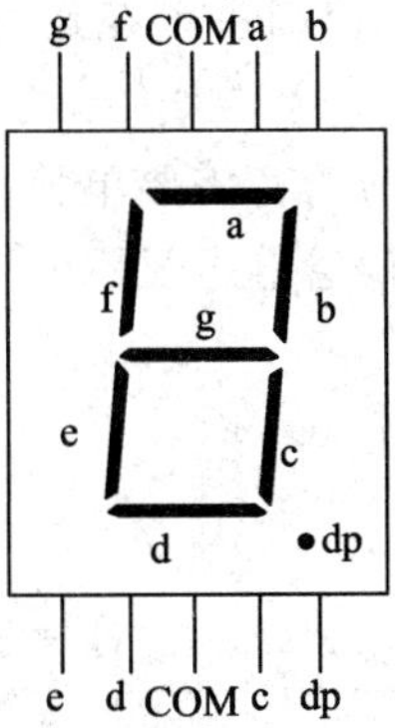

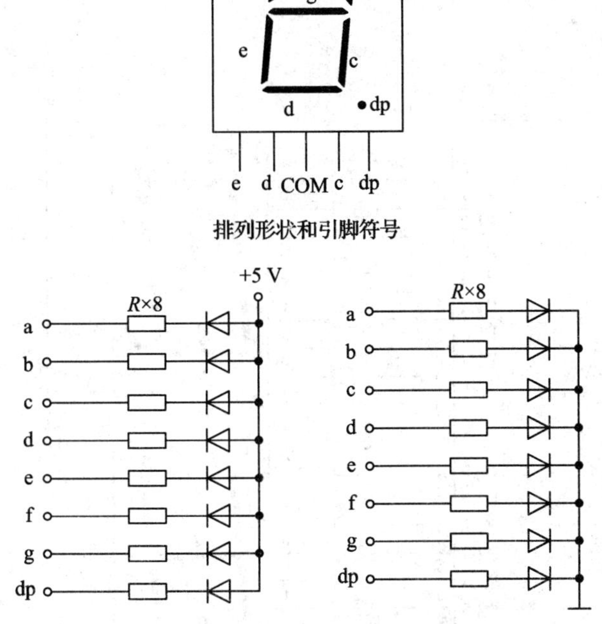

图2-19　发光二极管的排列形状及两种连接方法

用LED显示器显示十六进制数的字形代码如表2-12所示。

表 2-12　十六进制数的字形代码

字形	共阳极代码	共阴极代码	字形	共阳极代码	共阴极代码	字形	共阳极代码	共阴极代码
0	C0H	3FH	6	82H	7DH	C	C6H	39H
1	F9H	06H	7	F8H	07H	d	A1H	5EH
2	A4H	5BH	8	80H	7FH	E	86H	79H
3	B0H	4FH	9	90H	6FH	F	8EH	71H
4	99H	66H	A	88H	77H	灭	FFH	00H
5	92H	6DH	b	83H	7CH			

2. 七段 LED 显示器的工作原理

七段 LED 显示器需要由驱动电路驱动。在七段 LED 显示器中，共阳极显示器用低电平驱动；共阴极显示器用高电平驱动。点亮显示器有静态和动态两种方式。

(1) 静态显示。所谓静态显示，就是当显示器显示某一字符时，相应段的发光二极管恒定地导通或截止。这种显示的接口电路采用一个并行口接一个数码管，数码管的公共端按共阴极或共阳极分别接地或接 VCC。静态显示的优点是显示稳定，在发光二极管导通电流一定的情况下显示器的亮度高，控制系统在运行过程中，仅仅在需要更新显示内容时，CPU 才执行一次显示更新子程序，这样大大节省了 CPU 的时间，提高了 CPU 的工作效率；其缺点是位数较多时，每个数码管都需要单独占用一个并行 I/O 口，占用的 I/O 口过多，硬件开销太大。例如，两位数码管静态显示的接口电路如图 2-20 所示。

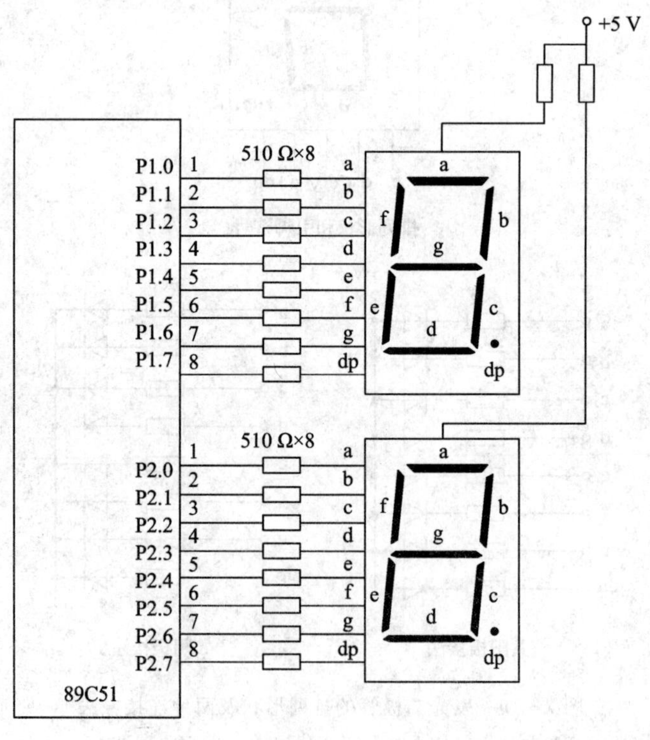

图 2-20　两位数码管静态显示的接口电路

【例】 图 2－21 所示为单片机的 P1 端口驱动一位数码管静态显示的电路图，请设计一段程序使电路中的数码管闪烁显示字母 P。

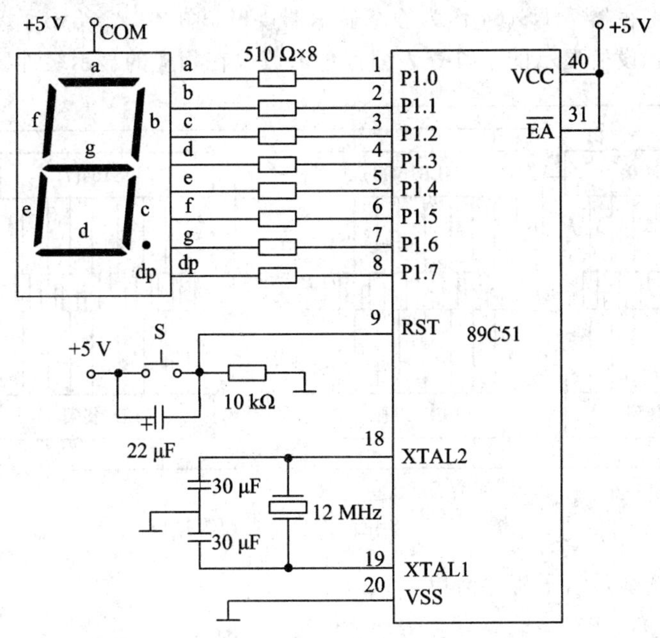

图 2－21　一位数码管静态显示的电路图

分析： 在数码管上显示字母 P，只需按照 P 的形状点亮相应的段就可以了；要想达到闪烁的效果，利用前面介绍的亮灭闪烁原理即可。

程序设计如下：

```
;＊＊＊＊＊＊＊＊＊＊一位数码管闪烁显示程序＊＊＊＊＊＊＊＊＊＊＊＊＊＊
;程序名：一位数码管闪烁显示程序 EX5_1.asm
;程序功能：数码管闪烁显示字母 P
          ORG     0000H           ;将程序从地址 0000H 开始存放在存储器中
START：   MOV     P1,＃8CH        ;点亮字母 P
          ACALL   DELAY           ;调用延时子程序
          MOV     P1,＃0FFH       ;熄灭数码管
          ACALL   DELAY           ;调用延时子程序
          AJMP    START           ;返回，重复闪烁过程
;＊＊＊＊＊＊＊＊＊＊＊＊延时子程序＊＊＊＊＊＊＊＊＊＊＊＊＊＊＊＊＊＊＊
;程序名：延时子程序 DELAY
;程序功能：延时一段时间，延时时间长短主要由 R3、R4 的次数决定
DELAY：   MOV     R3,＃0FFH       ;延时子程序
DEL2：    MOV     R4,＃0FFH
DEL1：    NOP
          DJNZ  R4,DEL1
          DJNZ    R3,DEL2
          RET                     ;子程序返回
          END
```

多位静态显示接口：

【例】 作为 MCS－51 串行口方式 0 输出的应用，可以在串行口上扩展多片串行输入、并行输出的移位寄存器 74LS164 作为静态显示器接口，图 2－22 给出了 8 位共阳极静态显示器的逻辑接口。设所显示的字符查表编程量参数放在相应的显示缓冲区单元中。

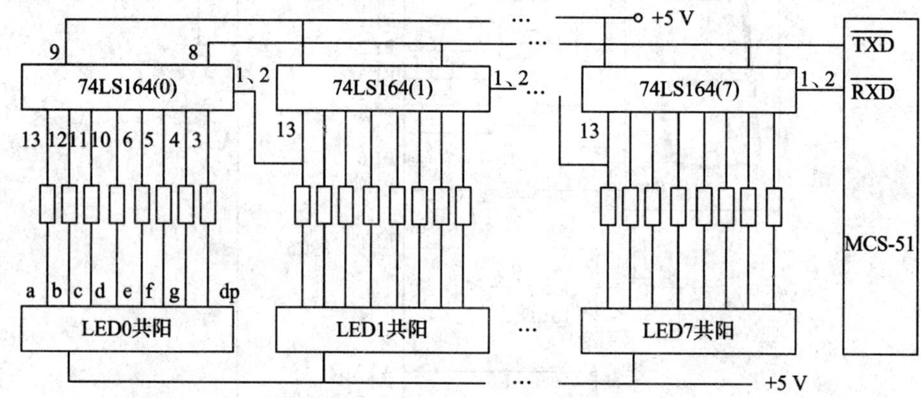

图 2－22　8 位静态显示器逻辑接口

下面列出更新显示器子程序清单：

```
DISPLAY：MOV   R7，#8              ；8 位显示计数器
         MOV   R0，#78H            ；78H～7FH 为显示器缓冲区
         MOV   DPTR，#TABLE        ；显示字形码表首地址
LOOP1：  MOV   A，@R0              ；取出要显示的编程量参数
         INC   R0                  ；指向缓冲区下一地址
         MOVC  A，@A＋DPTR         ；取出显示字形码
         MOV   SBUF，A             ；送出该 LED 上的字形码
LOOP2：  JNB   TI，LOOP2           ；输出完否？
         CLR   TI                  ；若输出完成，则将发送中断标志清 0
         DJNZ  R7，LOOP1           ；8 位显示未完，跳转至 LOOP1 处
         RET
TABLE：  DB    0C0H，0F9H，0A4H，0BH，99H，92H，82H，0FBH
                                   ；0，1，2，3，4，5，6，7 的字形码
         DB    80H，90H，88H，83H，0C6H，0A1H，86H
                                   ；8，9，A，B，C，D，E，F 的字形码
```

(2) 动态显示。所谓动态显示，就是用一个接口电路把所有数码管的 8 个笔划段 a～g 和 dp 同名端连在一起，而每一个数码管的 COM 端都独立地受一条 I/O 线控制。其中显示器是一位一位地轮流点亮的，且每隔一段时间点亮一次。即同一时刻只有一位显示器在工作(点亮)，但因人眼的视觉暂留效应和发光二极管熄灭时的余辉效应，看到的却是多个字符“同时”显示。

显示器亮度既与点亮时的导通电流有关，也与点亮时间和间隔时间的比例有关。调整电流和时间参数，可实现亮度较高较稳定的显示。

动态显示器的优点是节省硬件资源，成本较低。但在控制系统运行过程中，要保证显

示器正常显示，CPU 必需每隔一段时间执行一次显示子程序，这占用了 CPU 大量的时间，降低了 CPU 的工作效率，同时显示亮度也比静态显示器低。

若显示器的位数不大于 8 位，则控制显示器公共极电位只需一个 8 位 I/O 口(称为扫描口或字位口)，控制各位 LED 显示器所显示的字形也需要一个 8 位口(称为数据口或字形口)。

【例】 将 0～9 这十个数循环送 P1 口七段数码管上显示，其硬件电路如图 2-23 所示。

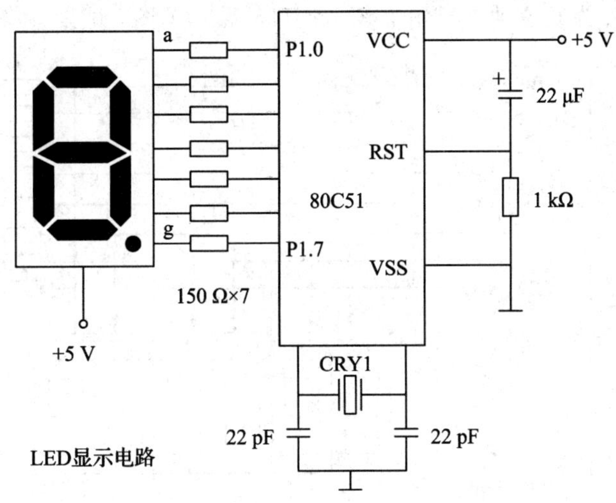

图 2-23　P1 口连接七段数码管显示的硬件电路

程序设计如下：

```
START：ORG     0100H
MAIN： MOV     R0，#00H
       MOV     DPTR，#TABLE
DISP： MOV     A，R0
       MOVC    A，@A+ADPTR
       MOV     P1，A
       ACALL   DELAY
       INC     R0
       CJNE    R0，#0AH，DISP
       AJMP    MAIN
DELAY：MOV     R1，#0FFH
LOOP0：MOV     R2，#0FFH
LOOP1：DJNZ    R2，LOOP1
       DJNZ    R1，LOOP0
       RET
TABLE：DB      0C0H，0F9H，
       DB      0A4H，0B0H
       DB      99H，   92H
       DB      82H，   0F8H
```

```
        DB        80H，  90H
        END
```

【例】 对于6位LED显示器，在单片机内部RAM中设置6个显示缓冲单元78H～7DH，存放6位欲显示的字符数据；8155的端口A扫描输出总是只有一位为高电平，即6位显示器中仅有一位公共阴极为低电平(只选中一位)，其他位为高电平；8155B口输出相应位的显示字符的段数据使该位显示出相应字符，其他位为暗。依次改变端口A输出为高电平的位及端口B输出的对应段数据，6位LED显示器就显示出缓冲器中字符数据所确定的字符。图2-24为6位动态显示器逻辑接口电路示意图，试设计符合题意的程序。

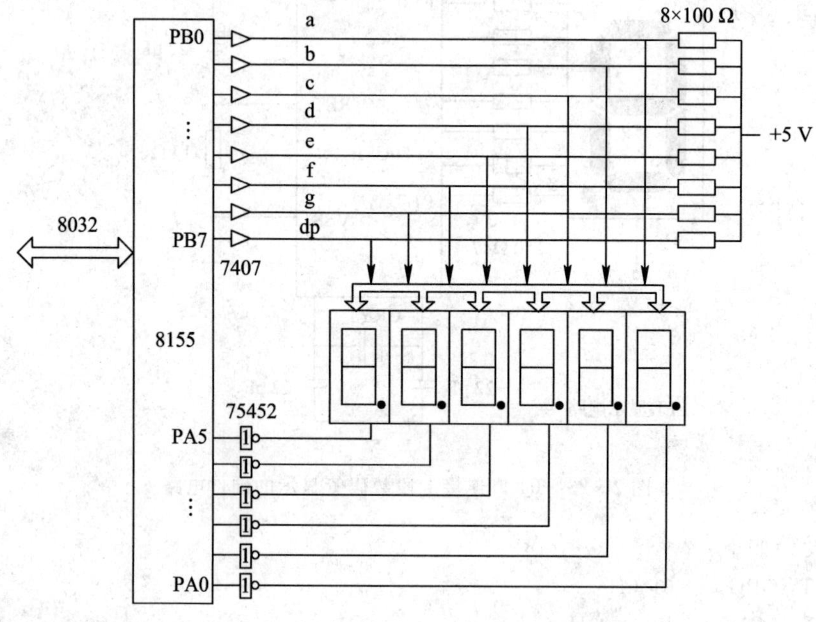

图2-24　6位动态显示器逻辑接口

程序设计如下：

```
KDIZHI  DATA  7F00H           ；8155命令口地址(假定)
ADIZHI  DATA  7F01H           ；8155A口地址(假定)
BDIZHI  DATA  7F02H           ；8155B口地址(假定)
DSP：   MOV   R0，＃78H       ；显示数据缓冲区首地址送R0
        MOV   A，＃03H
        MOV   DPTR，＃KDIZHI
        MOV   X@DPTR，A       ；8155初始化，A口为扫描输出口，B口为显示输出口
        MOV   R3，＃00100000B ；使显示器最左边位亮
LP1：   MOV   DPTR，＃ADIZHI  ；数据指针指向A口
        MOV   A，R3
        MOV   X@DPTR，A       ；送扫描值
        INC   DPTR            ；数据指针指向B口
        MOV   A，@R0          ；取欲显示数据的字形码表位序
        ADD   A，＃0DH        ；加上查表指令地址偏移量
        MOV   C A，@A+PC      ；取出字形码
```

```
        MOV    X@DPTR, A              ；送出显示
        ACALL  DELAY                  ；调用延时子程序
        INC    R0                     ；指向下一个显示缓冲区地址
        MOV    A, R3
        JB     ACC.0, LP2             ；扫描到第六个显示器否?
        RR     A                      ；未到，扫描码右移1位
        MOV    R3, A
        AJMP   LPl
LP2:    RET
TAB:    DB     3FH, 06H, 5BH, 4FH, 66H, 6DH      ；0, 1, 2, 3, 4, 5
        DB     7DH, 07H, 7FH, 67H, 77H, 7CH      ；6, 7, 8, 9, a, b
        DB     39H, 5EH, 79H, 71H: c, d, e, f
DELAY:  MOV    R7, ＃02H              ；延时子程序
DL1:    MOV    R6, ＃0FFH
DL2:    DJNZ   R6, DL2
        DJNZ   R7, DLl
        RET
```

说明：若某些字符的显示需要小数点(dp)以及需要数据的某些位闪烁(亮一段时间，熄一段时间)，则可建立小数点位置及数据闪烁位置标志单元，指出小数点显示位置或闪烁位置。当显示扫描到相应位时(字位选择字与小数点位置字或闪烁位置字重合)，在该位字形码中加入小数点(点亮 dp 段)或控制该位闪烁(定时给该位送字形码或熄灭码)，完成带小数点或闪烁字符显示。

二、键盘接口技术

键盘是由若干个按键组成的开关矩阵，它是最简单的单片机输入设备，操作员可以通过键盘输入数据或命令，实现简单的人机通信。键盘结构如图 2-25 所示。若键盘闭合键的识别是由专用硬件实现的，则称为编码键盘；若用软件实现闭合键识别，则称为非编码键盘。非编码键盘又分为独立式和行列式两种。本节主要讨论非编码键盘的工作原理、接口技术和程序设计。

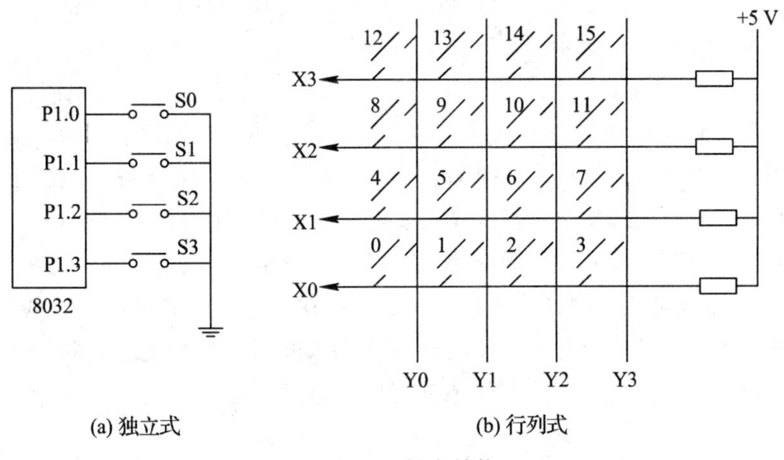

图 2-25　键盘结构

键盘的按键特点如图 2-26 所示。

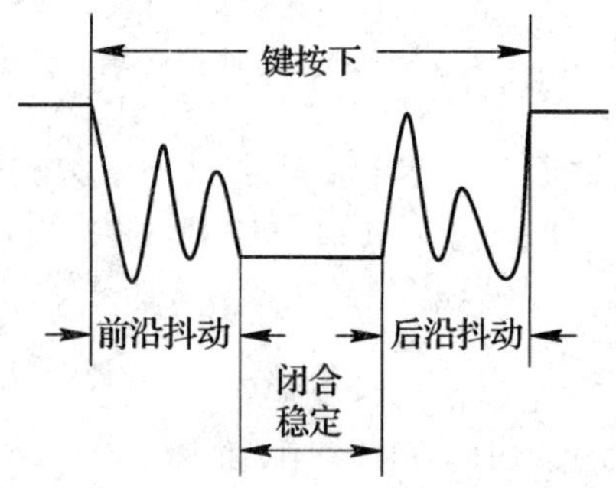

图 2-26　键盘的按键特点

键盘接口应有以下功能：

(1) 键扫描功能，即检测是否有键闭合；

(2) 键识别功能，即确定被闭合键所在的行列位置；

(3) 产生相应键代码(键值)的功能；

(4) 消除按键抖动及多键串按(复按)的功能。

(一) 键盘工作原理

1. 独立式键盘

独立式键盘上的按键是相互独立的，这些按键可直接与单片机的 I/O 口连接，即每个按键独占一条口线，接口简单。独立式键盘因占用单片机的硬件资源较多，只适合按键较少的场合。例如，一个具有 4 个按键的独立式键盘，每一个按键的一端都接地，另一端接 8032 的 I/O 口。独立式键盘每一按键都需要一根 I/O 线，占用 8032 的硬件资源较多。

2. 矩阵式键盘

矩阵式键盘也称为行列式键盘，因为键的数目较多，所以键按行列组成矩阵。

这时键盘接口应进行如下处理。

(1) 键扫描：矩阵式键盘上的键按行列组成矩阵，在行列的交点上都对应有一个键。为判定有无键被按下(闭合键)以及被按键的位置，可使用两种方法：扫描法和翻转法。以下以扫描法为例，说明查找闭合键的方法。

首先是判定有没有键被按下。如图 2-27 所示，键盘的行线一端经电阻接+5 V 电源，另一端接单片机的输入口线。各列线的一端接单片机的输出口线，另一端悬空。为判定有没有键被按下，可先经输出口向所有列线输出低电平，然后再输入各行线状态。若行线状态皆为高电平，则表明无键按下；若行线状态中有低电平，则表明有键被按下。

然后再判定被按键的位置。判定键位置的扫描是这样进行的：先使输出口输出 0FEH，然后输入行线状态，测试行线状态中是否存在低电平。如果没有低电平，则使输出口输出 0FDH，再测试行线状态。到输出口输出 0FBH 时，若行线中有状态为低电平，则闭合键找到，通过扫描的列线值和行线值就可以知道闭合键的位置。

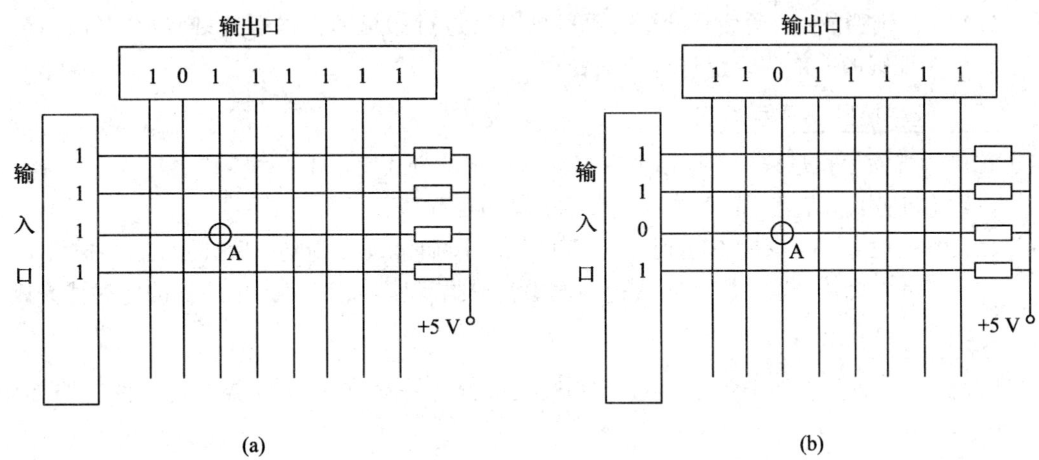

图 2-27　键盘扫描方式

常用键盘的键是一个机械开关结构，被按下时，由于机械触点的弹性及电压突跳等原因，在触点闭合或断开的瞬间会出现电压抖动，如图 2-28 示。抖动时间长短与键的机械特性有关，一般为 5～10 ms。而键的闭合时间和操作者的按键动作有关，大约为十分之几秒到几秒不等。

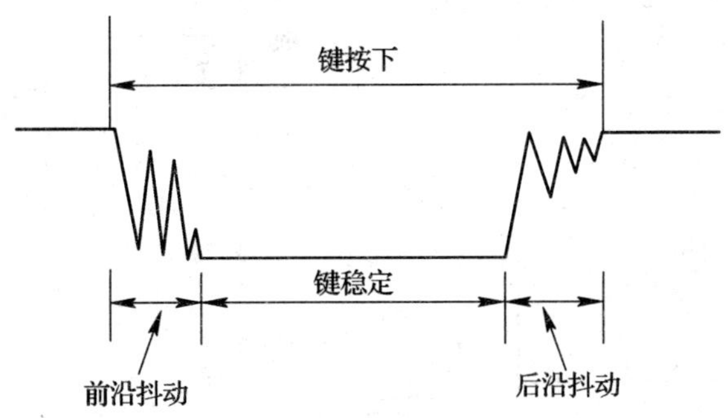

图 2-28　键闭合和断开时的电压抖动

去抖动有硬件和软件两种方法。硬件方法就是在键盘中附加去抖动电路，从根上消除抖动产生的可能性；而软件方法则是采用时间延迟以躲过抖动(大约延时 20～30 ms 即可)，待行线上状态确定后，再进行状态输入。一般为简单起见多采用软件方法。

(2) 键码计算：以键的排列顺序安排键号。键码图如图 2-29 所示，键码的计算公式为

键码=行首号+列号

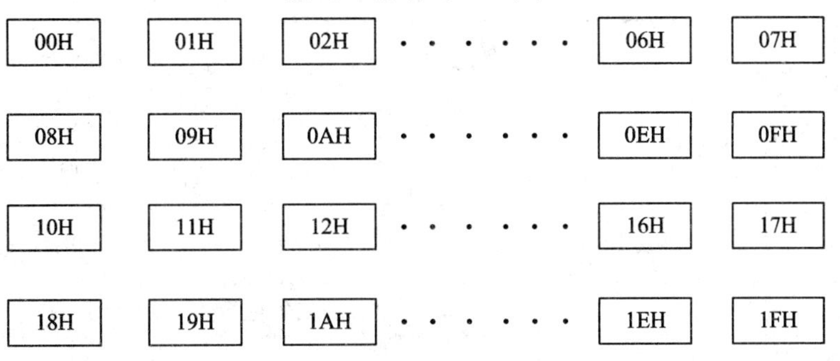

图 2-29　键码图

(3) 等待键释放：计算键码之后，再以延时后进行扫描的方法等待键释放。等待键释放是为了保证键的一次闭合仅进行一次处理。

(二) 键盘接口的控制方式

在单片机的运行过程中，执行键盘扫描和处理的方式有以下 3 种。

(1) 随机方式，每当 CPU 空闲时执行键盘扫描程序。

(2) 中断方式，每当有键闭合时才向 CPU 发出中断请求，中断响应后执行键盘扫描程序。

(3) 定时方式，每隔一定时间执行一次键盘扫描程序，定时可由单片机的定时器完成。

(三) 应用举例

【例】 4 人抢答器的设计：通过单片机模拟设计一个 4 人抢答器。其硬件电路如图 2-30所示。

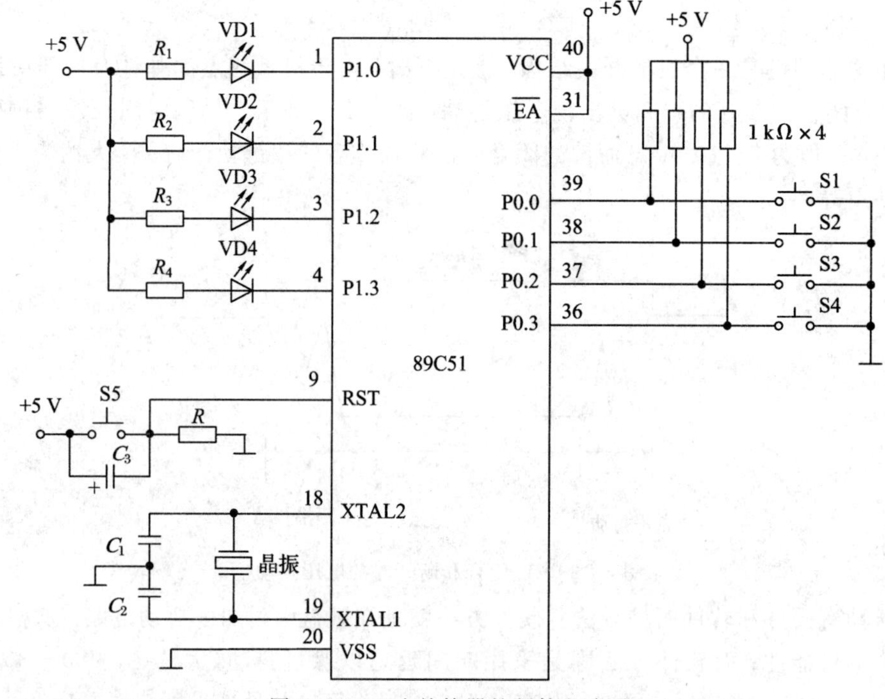

图 2-30　4 人抢答器的硬件电路图

抢答器电路元器件清单如表 2-13 所示。

表 2-13　抢答器电路元器件清单

元器件名称	参　数	数量	元器件名称	参　数	数量
IC 插座	DIP40	1	按键		5
单片机	8751 或 89C51	1	电阻	1 kΩ	5
晶体振荡器	6 MHz 或 12 MHz	1	电阻	500 Ω	4
瓷片电容	20 pF	2	电解电容	22 μF	1
发光二极管		4			

整个设计主要包括 4 个按键 S1、S2、S3、S4 和 4 个抢答器指示灯 VD1、VD2、VD3、VD4，最先按下的键控制的发光二极管先亮，其显示状态如表 2－14 所示。

表 2－14　抢答器显示状态表

显示状态		相关操作
按　键	指示灯	
S1	VD1	S1 最先按下，VD1 点亮
S2	VD2	S2 最先按下，VD2 点亮
S3	VD3	S3 最先按下，VD3 点亮
S4	VD4	S4 最先按下，VD4 点亮

分析：首先从全局上判断有无按键按下，即读入整个 P0 状态，来分析有无按键按下。若没有按键按下，则返回重新判断；若有按键按下，则需逐个判断，是哪个按键按下，最后点亮对应按键控制的发光二极管。

4 人抢答器程序的流程图如图 2－31 所示。

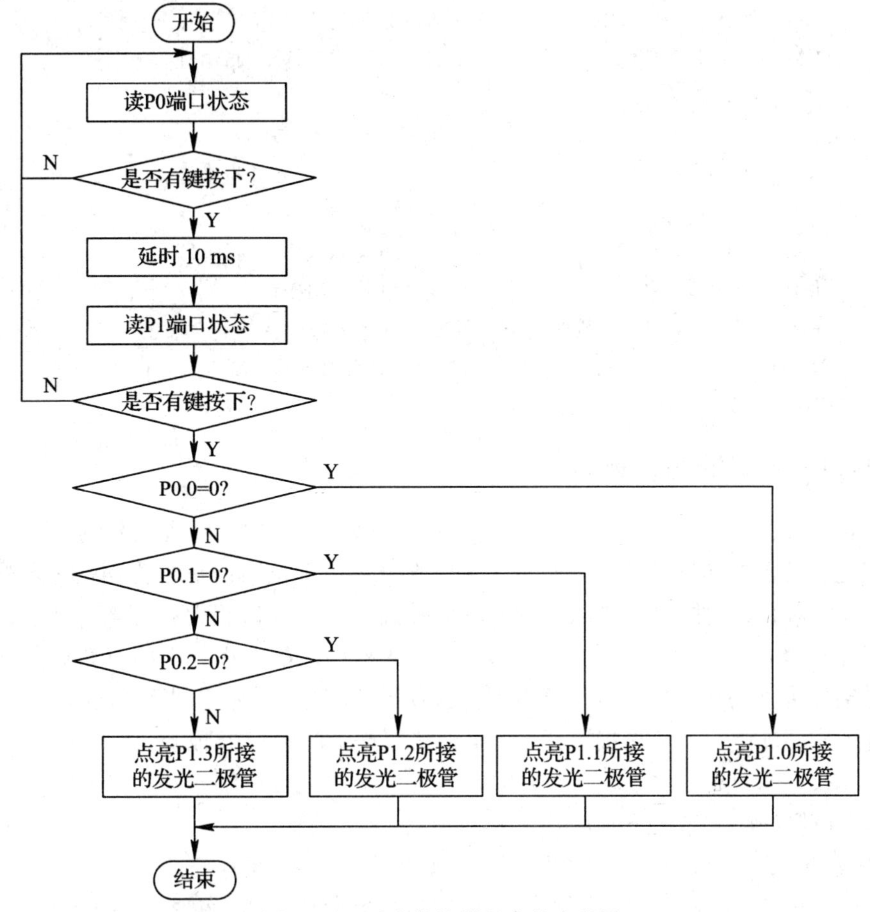

图 2－31　4 人抢答器程序的流程图

程序设计如下：

```
;＊＊＊＊＊＊＊＊＊＊＊＊4人抢答器控制程序＊＊＊＊＊＊＊＊＊＊＊＊＊＊＊＊＊
;程序名：4人抢答器控制程序 PM6_1.asm
```

```
;程序功能：4人抢答，最先按下的按键控制的指示灯最先点亮
      ORG   0000H
KB:   MOV   P0, #0FFH          ;设置P0端口为输入端口
      MOV   A, P0              ;读P0端口状态，检测按键
      CPL   A                  ;取反后，高电平表示有键按下
      ANL   A, #0FH            ;屏蔽无关位
      JZ    KB                 ;判断有无按键按下，若无继续返回检测按键
      LCALL D10MS              ;延时去抖
      MOV   A, P0              ;再次读P0端口状态
      CPL   A
      ANL   A, #0FH
      JZ    KB                 ;再次判断有无按键按下
      CJNE  A, #01H, KB01      ;判断是否是S1按下
      MOV   P1, #0FEH          ;S1按下，点亮VD1指示灯
      SJMP  KB
KB01: CJNE  A, #02H, KB02      ;判断是否是S2按下
      MOV   P1, #0FDH          ;S2按下，点亮VD2指示灯
      SJMP  KB
KB02: CJNE  A, #04H, KB03      ;判断是否是S3按下
      MOV   P1, #0FBH          ;S3按下，点亮VD3指示灯
      SJMP  KB
KB03: MOV   P1, #0F7H          ;S4按下，点亮VD4指示灯
      SJMP  KB                 ;返回继续检测按键
*************延时10 ms子程序D10 ms****************
      D10 ms:                  ;略(软件延时即可，参考前面有关章节)
      END
```

三、简易声光报警器的设计

声光报警器是在危险场所，通过声音和各种光来向人们发出示警信号的一种报警信号装置。声光报警器在实际的生活中可以见到许多，运用于生活的许多方面，它既有硬件实现的，也有硬件和软件同时控制执行的。本设计用按键来代替报警探测监控，报警解除按钮按下解除报警，运用汇编语言实现一个声光报警器的功能。任务中的声音报警可直接由单片机连接蜂鸣器构成，蜂鸣器发声需提供振荡脉冲信号，方波脉冲频率越大，声调越高。

设计要求：设计一个声光报警器，当报警按钮按下时扬声器报警，扬声器用1 kHz信号响100 ms、500 Hz信号响200 ms，两频率信号交替进行声响报警，在报警期间报警指示灯亮，当报警解除按钮按下则解除报警。

软件设计要求：利用定时器以方式1工作，产生报警音符对应的1 kHz信号响100 ms、500 Hz信号响200 ms的方波，由P1.0接报警灯，P1.1接报警喇叭，P3.2接报警控制按钮，P3.3接报警停止按钮。

硬件设计要求：根据设计要求，在单片机最小系统上按照电路设计焊接好各元器件，将P1.0连接报警灯、P1.1连接报警喇叭，如图2-32所示。

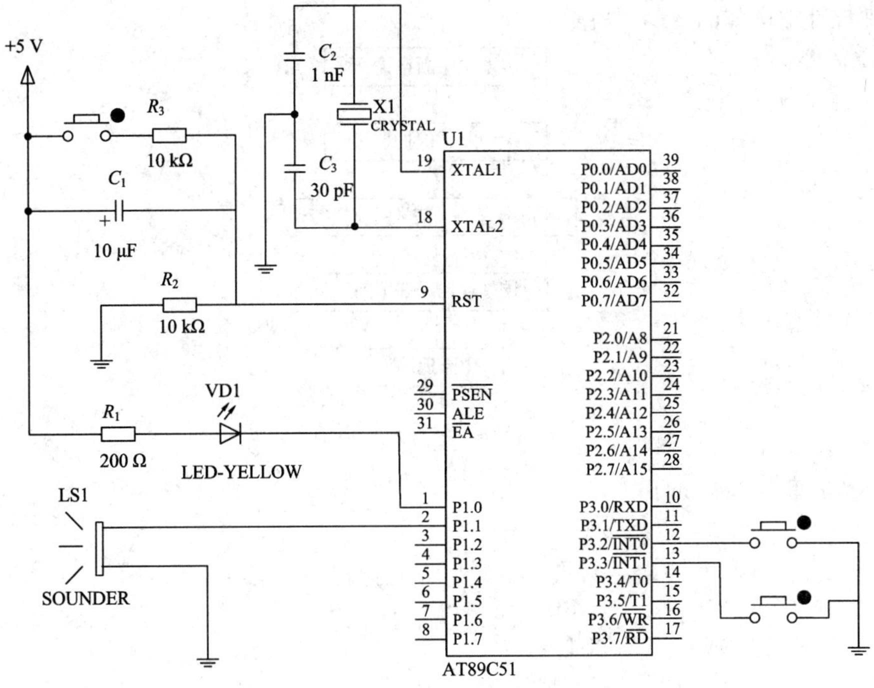

图 2-32　声光报警器电路图

由 P1.0 接报警灯，P1.1 接报警喇叭，用 P3.2(外部中断$\overline{\text{INT0}}$)接报警控制按钮，P3.3(外部中断$\overline{\text{INT1}}$)接报警停止按钮。为使扬声器以 1 kHz 的频率信号响 100 ms，以 500 Hz 的频率信号响 200 ms，需要采用定时器中断。本设计将采用定时器 T1，工作方式 1，由 P1.1 产生方波输出驱动喇叭发声，以调用延时子程序的次数来改变声音。已知，晶振频率为 12 MHz。声光报警器整体设计方案流程图如图 2-33 所示。

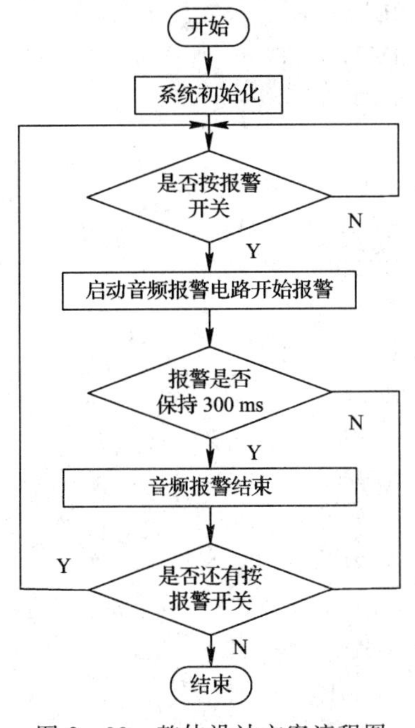

图 2-33　整体设计方案流程图

软件设计框图如图 2 - 34 所示。

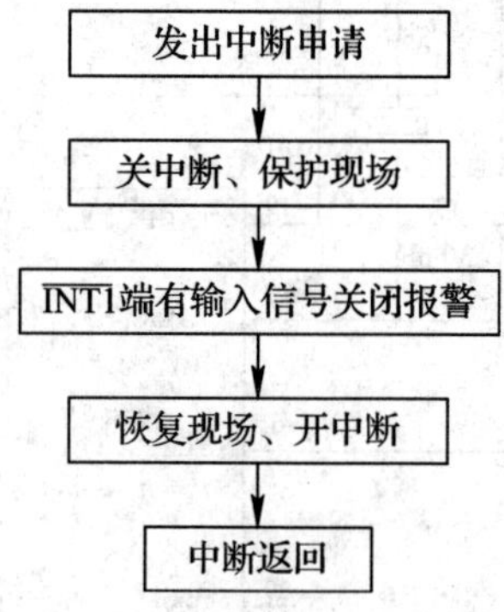

图 2 - 34　软件设计框图

汇编语言程序设计如下：

```
        ORG     0000H
        LJMP    MAIN
        ORG     001BH
        MOV     TH1,R1
        MOV     TL1,R0
        CPl     P1.1
        RETI
        ORG     0100H
MAIN:   JB      P3.2,MAIN
START:  CLR     P1.0
        MOV     TMOD,#10H
        MOV     IE,#88H
        MOV     DPTR,#TAB
LOOP:   JNB     P3.3,WJ
        CLR     A
        MOVC    A,@A+DPTR
        MOV     R1,A
        INC     DPTR
        CLR     A
        MOVC    A,@A+DPTR
        MOV     R0,A
        ORL     A,R1
        JZ      NEXT0
        MOV     A,R0
        ANL     A,R1
        CJNE    A,#0FFH,NEXT
        SJMP    START
NEXT:   MOV     TH1,R1
        MOV     TL11,R0
```

```
        SETB    TR1
        SJMP    NEXT1
NEXT0:  CLR     TR1
NEXT1:  CLR     A
        INC     DPTR
        MOVC    A,@A+DPTR
        MOV     R2,A
LOOP1:  LCALL   D200
        DJNZ    R2,LOOP1
        INC     DPTR
        AJMP    LOOP
WJ:     MOV     A,#0FFH
        SETB    P1.0
        CLR     TR1
        LJMP    MAIN
D200:   MOV     R4,#41H
D200B:  MOV     A,#0FFH
D200A:  DEC     A
        JNZ     D200A
        DEC     R4
        CJNE    R4,#00H,d200B
        RET
TAB:    DB      0FEH,06H,01H, 0FEH,06H,01H,
        DB      0FCH,0CH,02H, 0FCH,0CH,02H,0FFH,0FFH
        END
```

习题与思考题

1. 填空题

(1) 键盘抖动可以使用__________和__________两种办法消除。

(2) 液晶显示的优点是____。

(3) 键盘中断扫描方式的特点是______________________。

(4) 数字 5 的共阴极七段 LED 显示代码是__________，数字 5 的共阳极七段 LED 显示代码是__________。

(5) 液晶显示模块(LCM)是指将__________、__________、__________ 集成在一起的器件。

2. 简答题

(1) 何谓 LED 静态显示？何谓 LED 动态显示？两种显示方式各有哪些优缺点？

(2) 为什么要消除键盘的机械抖动？有哪些消除方法？

(3) 简述消除按键抖动的基本原理。

(4) 设有一个单片机应用系统用三个 LED 数码管显示运行结果，电路如图 2-35 所示。显示数据的显示代码已分别存储在内部 RAM32H～30H 中(百位在 32H 中)。试编写程序以实现静态显示。

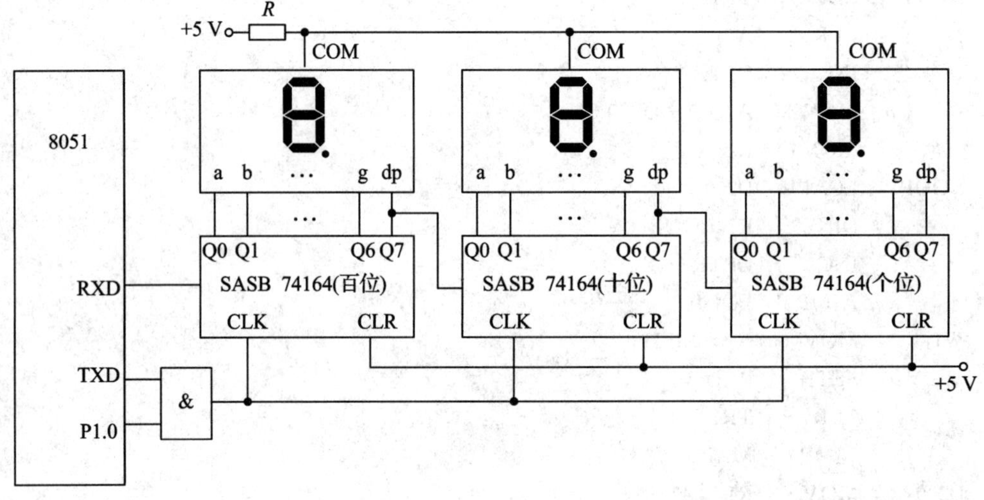

图 2-35　第 4 题图

(5) 设有一个 LED 数码管，其动态显示电路如图 2-36 所示。已知显示代码存储在内部 RAM30H 开始的 8 个单元中，编写程序，动态显示给定的信息。

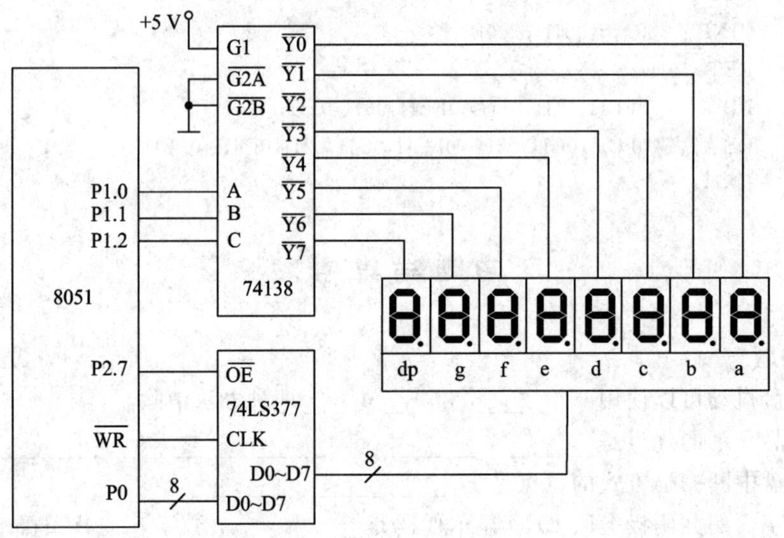

图 2-36　第 5 题图

(6) 试说明非编码键盘的工作原理，并简述应如何判断按键的释放。

(7) 设计一个 2×2 的行列式键盘(同在 P1 口)电路并编写键扫描程序。

(8) 用 8051 的 P1 口作 8 个按键的独立式键盘接口，试画出其中断方式的接口电路及相应的键盘处理程序。

拓展链接　LCD 显示器与单片机接口技术

LED 数码显示管的结构原理简单易学，但是七段数码管显示的字符种类有限，要想显示复杂图形及符号，需采用点阵式 LED，单片机需要按照字形码进行逐行逐列的扫描输出，内存占用量大，程序执行时将占用大量的系统资源，执行效率低下，能耗也大，所以在实际应用系统中大量使用液晶显示器，即 LCD。

一、概述

液晶显示器(LCD)由于其体积小巧和功耗低等特点已经在显示器领域得到了广泛的应用。在实际微控制器应用系统中也随处可见液晶显示器的影子。广泛应用的 LCD 主要有字符型和点阵型两种，字符型可以用来显示 ASCII 码字符，点阵型可以用来显示中文、图形等更为复杂的内容。此处主要介绍点阵型液晶显示模块，供大家学习参考。

二、图形点阵式液晶原理

液晶是一种具有规则性分子排列的有机化合物，它既不是液体也不是固体，而是介于固态和液态之间的物质。液晶具有电光效应和偏光特性，这是它能用于显示的主要原因。常用的液晶显示器可分成 3 类，分别是扭曲向列型(Twisted Nematic，TN)、超扭曲向列型(Super Twisted Nematic，STN)和彩色薄膜型。字符点阵式属于扭曲向列型 LCD。

典型的字符点阵式液晶显示器由控制器、驱动器、字符发生器 ROM、字符发生器 RAM 和液晶屏组成，字符由 5×7 点阵或 5×10 点阵组成。128×64 点阵图形液晶模块方框示意图如图 2－37 所示。

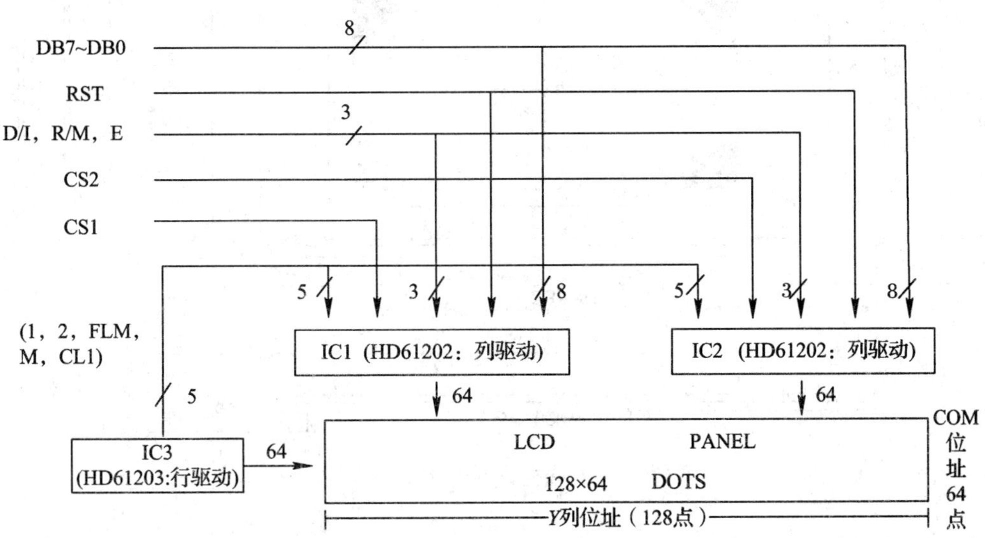

图 2－37　128×64 点阵图形液晶模块方框示意图

三、液晶显示模块

(一) 基本参数

12864A－1 汉字图形点阵液晶显示模块可显示汉字及图形，其内置 8192 个中文汉字(16×16 点阵)、128 个字符(8×16 点阵)及 64×256 点阵显示 RAM(GDRAM)。

主要技术参数和显示特性如下：

电源：VDD 3.3 V～＋5 V(内置升压电路，无需负压)。

显示内容：128 列× 64 行。

显示颜色：黄绿。

显示角度：六点钟直视。

LCD 类型：STN。

MCU 接口：8 位或 4 位并行/3 位串行。

其他：配置 LED 背光。

软件功能：光标显示、画面移位、自定义字符、睡眠模式等。

(二) 外形尺寸

液晶显示模块外形尺寸如图 2－38 所示。

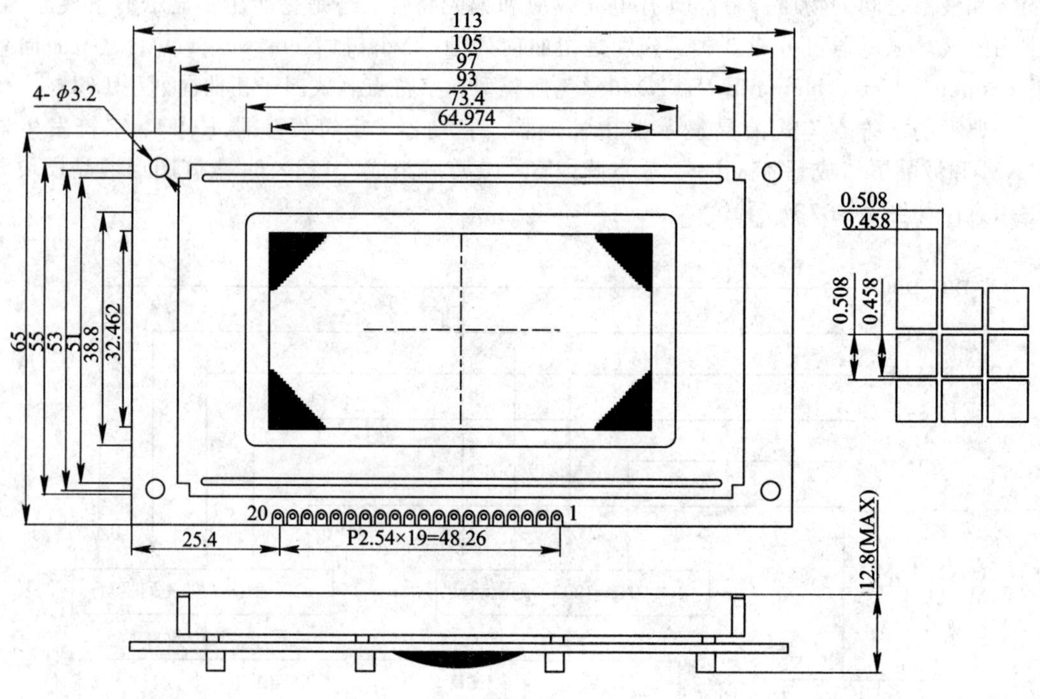

图 2－38　液晶显示模块外形尺寸

(三) 模块引脚说明

128×64 液晶显示模块引脚说明见表 2－15。

表 2-15 128×64 液晶显示模块引脚说明

引脚号	引脚名称	方 向	功 能 说 明
1	VSS	—	模块的电源地
2	VDD	—	模块的电源正端
3	V0	—	LCD 驱动电压输入端
4	RS(CS)	H/L	并行的指令/数据选择信号；串行的片选信号
5	R/W(SID)	H/L	并行的读写选择信号；串行的数据口
6	E(CLK)	H/L	并行的使能信号；串行的同步时钟
7	DB0	H/L	数据 0
8	DB1	H/L	数据 1
9	DB2	H/L	数据 2
10	DB3	H/L	数据 3
11	DB4	H/L	数据 4
12	DB5	H/L	数据 5
13	DB6	H/L	数据 6
14	DB7	H/L	数据 7
15	PSB	H/L	并/串行接口选择：H 为并行；L 为串行
16	NC		空脚
17	$\overline{\text{RET}}$	H/L	复位 低电平有效
18	NC		空脚
19	LED_A	—	背光源正极(LED +5 V)
20	LED_K	—	背光源负极(LED −0 V)

注意：

(1) 如在实际应用中仅使用并口通讯模式，则可将 PSB 接固定高电平，也可以将模块上的 J8 和“VCC”用焊锡短接。

(2) 模块内部接有上电复位电路，因此在不需要经常复位的场合可将该端悬空。

(3) 若背光和模块共用一个电源，则可以将模块上的 JA、JK 用焊锡短接。

(四) 控制器接口信号说明

1) RS、R/W

(1) RS、R/W 的配合选择决定控制界面的 4 种模式，见表 2-16。

表 2-16　RS、R/W 的配合选择决定控制界面的 4 种模式

RS	R/W	功能说明
L	L	MPU 写指令到指令暂存器(IR)
L	H	读出忙标志(BF)及地址计数器(AC)的状态
H	L	MPU 写入数据到数据暂存器(DR)
H	H	MPU 从数据暂存器(DR)中读出数据

2）E 信号

E 信号的说明见表 2-17。

表 2-17　E 信号

E 状态	执行动作	结　果
高⟶低	I/O 缓冲⟶DR	配合 W 进行写数据或指令
高	DR⟶I/O 缓冲	配合 R 进行读数据或指令
低/低⟶高	无动作	

3）忙标志 BF

BF 标志提供内部工作情况。BF＝1 表示模块在进行内部操作，此时模块不接受外部指令和数据；BF＝0 时，模块为准备状态，随时可接受外部指令和数据。利用 STATUS RD 指令，可以将 BF 读到 DB7 总线，从而检验模块的工作状态。

4）字型产生 ROM(CGROM)

字型产生 ROM(CGROM)是标准字符的字模编码。在液晶屏出厂时，CGROM 就已被固化在控制芯片中，用户不能改变其中的存储内容，只能读取调用。CGROM 中包含标准的 ASCII 码、日文字符和希腊文字符。当 DFF＝1 时为开显示(DISPLAY ON)，DDRAM 的内容就显示在屏幕上，当 DFF＝0 时为关显示(DISPLAY OFF)。DFF 的状态是由指令 DISPLAY ON/OFF 和 RST 信号控制的。

5）显示数据 RAM(DDRAM)

模块内部显示数据 RAM 提供 64×2 个位元组的空间，最多可控制 4 行 16 字(64 个字)的中文字型显示。128×64 液晶显示模块可显示三种字型，分别是半角英数字型(16×8)、CGRAM 字型及 CGROM 的中文字型。这三种字型由在 DDRAM 中写入的编码进行选择，在 0000H～0006H 的编码中(其代码分别是 0000、0002、0004、0006 共 4 个)将选择 CGRAM 的自定义字型，在 02H～7FH 的编码中将选择半角英数字的字型，至于 A1 以上的编码将自动的结合下一个位元组，组成两个位元组的编码形成中文字型的编码 BIG5(A140～D75F)、GB(A1A0～F7FFH)。

6）字型产生 RAM(CGRAM)

字型产生 RAM 提供图像定义(造字)功能，可以提供四组 16×16 点的自定义图像空间，使用者可以将内部字型没有提供的图像字型自行定义到 CGRAM 中，新定义的图像字符便可和 CGROM 中定义的字型一起通过 DDRAM 显示在屏幕中。

7）地址计数器 AC

地址计数器用来储存 DDRAM 或 CGRAM 的地址，它可由设定指令暂存器来改变，在读取或是写入 DDRAM/CGRAM 的值时，地址计数器的值会自动加一，当 RS 为“0”而 R/W为“1”时，地址计数器的值会被读取到 DB6～DB0 中。

8）光标/闪烁控制电路

128×64 液晶显示模块提供硬件光标/闪烁控制电路，由地址计数器的值来指定 DDRAM 中的光标或闪烁位置。12864LCD 的指令表如表 2－18 所示。

表 2－18　指 令 表

指令名称	控制信号		控制代码							
	R/W	RS	DB7	DB6	DB5	DB4	DB3	DB2	DB1	DB0
显示开关	0	0	0	0	1	1	1	1	1	1/0
显示起始行设置	0	0	1	1	X	X	X	X	X	X
页设置	0	0	1	0	1	1	1	X	X	X
列地址设置	0	0	0	1	X	X	X	X	X	X
读状态	1	0	BUSY	0	ON/OFF	RST	0	0	0	0
写数据	0	1	写数据							
读数据	1	1	读数据							

（五）LCD 显示流程

LCD 显示流程图如图 2－39、图 2－40、图 2－41、图 2－42 所示。

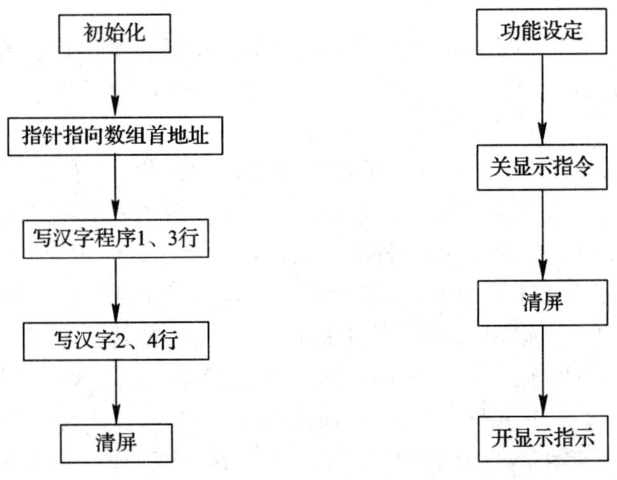

图 2－39　LCD 显示主程序流程图　　图 2－40　初始化子程序流程图

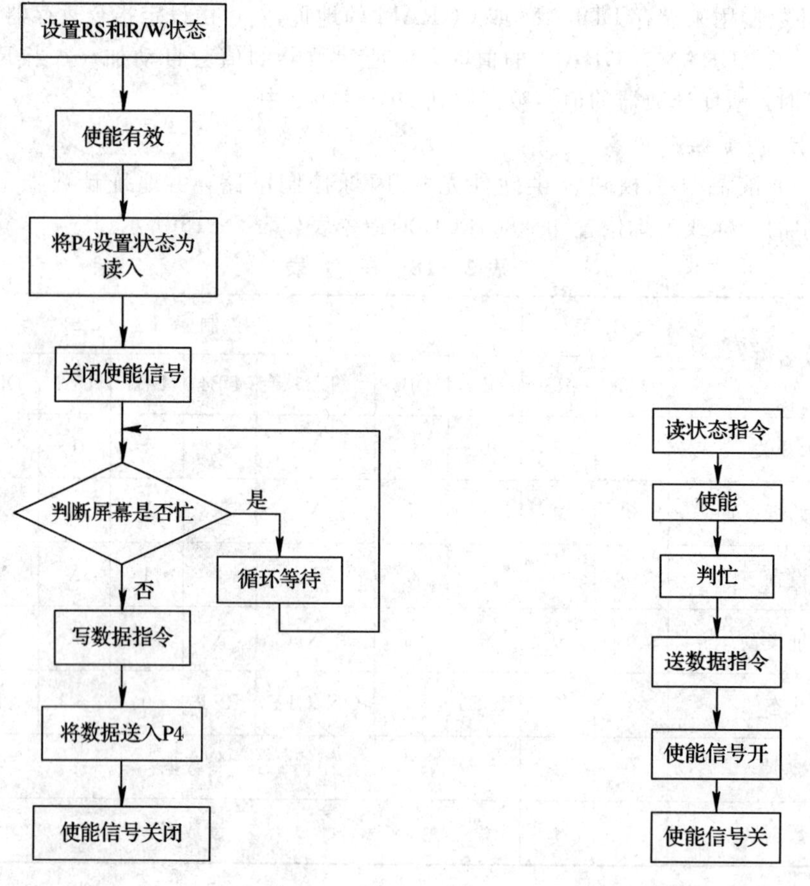

图 2-41　写指令子程序流程图　　　图 2-42　送数据子程序流程图

(六) 应用举例

1. 使用前的准备

先给模块加上工作电压，再调节 LCD 的对比度，使其显示出黑色的底影。此过程亦可以初步检测 LCD 有无缺段现象。

2. 字符显示

带中文字库的 128×64-0402B 每屏可显示 4 行 8 列共 32 个 16×16 点阵的汉字，每个显示 RAM 可显示 1 个中文字符或 2 个 16×8 点阵全高 ASCII 码字符，即每屏最多可实现 32 个中文字符或 64 个 ASCII 码字符的显示。带中文字库的 128×64-0402B 内部提供 128×2 B 的字符显示 RAM 缓冲区(DDRAM)。字符显示是通过将字符显示编码写入该字符显示 RAM 实现的。根据写入内容的不同，可分别在液晶屏上显示 CGROM(中文字库)、HCGROM(ASCII 码字库)及 CGRAM(自定义字形)的内容。三种不同字符/字型的选择编码范围为：0000～0006H(其代码分别是 0000、0002、0004、0006 共 4 个)显示自定义字型，02H～7FH 显示半宽 ASCII 码字符，A1A0H～F7FFH 显示 8192 种 GB2312 中文字库字形。字符显示 RAM 在液晶模块中的地址为 80H～9FH。字符显示的 RAM 的地址与 32 个字符显示区域有着一一对应的关系，其对应关系如表 2-19 所示。

表 2-19　字符显示的地址与区域的一一对应关系

行	X 坐标							
1	80H	81H	82H	83H	84H	85H	86H	87H
2	90H	91H	92H	93H	94H	95H	96H	97H
3	88H	89H	8AH	8BH	8CH	8DH	8EH	8FH
4	98H	99H	9AH	9BH	9CH	9DH	9EH	9FH

3. 图形显示

先设垂直地址再设水平地址(连续写入两个字节的资料来完成垂直与水平的坐标地址设定)：

垂直地址范围为 AC5～AC0。

水平地址范围为 AC3～AC0。

绘图 RAM 的地址计数器(AC)只会对水平地址(X 轴)自动加一，当水平地址＝0FH 时会重新设为 00H 但并不会对垂直地址做进位自动加一，故当连续写入多笔资料时，程序需自行判断垂直地址是否需要重新设定。

4. 应用说明

用带中文字库的 128×64 显示模块时应注意以下几点：

(1) 欲在某一个位置显示中文字符，应先设定显示字符的位置，即先设定显示地址，再写入中文字符编码。

(2) 显示 ASCII 字符过程与显示中文字符过程相同。不过在显示连续字符时，只设定一次显示地址，由模块自动对地址加 1 指向下一个字符位置，否则，显示的字符中将会有一个空 ASCII 字符位置。

(3) 当字符编码为 2 B 时，应先写入高位字节，再写入低位字节。

(4) 模块在接收指令前，微处理器必须先确认模块内部处于非忙状态，即读取 BF 标志时 BF 需为“0”，方可接受新的指令。如果在送出一个指令前不检查 BF 标志，则在前一个指令和这个指令中间必须延迟一段较长的时间，即等待前一个指令确定执行完成。

(5) “RE”为基本指令集与扩充指令集的选择控制位。当变更“RE”后，以后的指令集将维持在最后的状态，除非再次变更“RE”位，否则使用相同指令集时，无需每次均重设“RE”位。

实验 2-1　定时器实验

一、实验目的

(1) 学习单片机内部计数器的使用和编程方法。

(2) 进一步掌握中断处理程序的编写方法。

二、实验说明

关于内部计数器的编程主要是定时常数的设置和控制寄存器的设置。内部计数器在单片机中主要有定时和计数两个功能。本实验使用的是定时器，定时为一秒钟。CPU 运用定时中断方式，实现每一秒钟输出状态发生一次反转，即发光管每隔一秒钟亮一次。

定时有关的寄存器有工作方式寄存器 TMOD 和控制寄存器 TCON。TMOD 用于设置定时器/计数器的工作方式(0～3)，以及确定定时器/计数器的工作状态(定时或计数)。TCON主要功能是为定时器在溢出时设定标志位，并控制定时器的运行或停止等。

内部计数器用作定时器时，是对机器周期进行计数。每个机器周期的长度是12个振荡器周期。因为实验系统的晶振是12 MHz，且本程序工作于方式2，即8位自动重装方式定时器，定时器100μs中断一次，所以定时常数的设置可按以下方法计算：

$$\text{机器周期}=12\div 12\ \text{MHz}=1\ \mu\text{s}$$

$$(256-\text{定时常数})\times 1\ \mu\text{s}=100\ \mu\text{s}$$

即定时常数＝156。然后对100 μs中断次数计数10 000次，解得1秒钟。

在本实验的中断处理程序中，因为中断定时常数的设置对中断程序的运行起到关键作用，所以在置数前要先关闭对应的中断，置数完之后再打开相应的中断。硬件电路如图2-43所示。

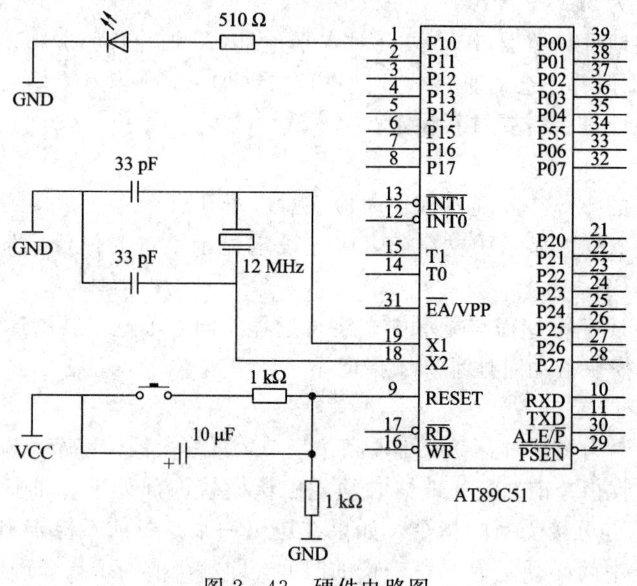

图2-43 硬件电路图

三、实验内容及步骤

(1) 在TKMCU-1实验台上选择单片机最小应用系统1模块，用导线将P1.0连接到单只发光二极管上。

(2) 安装好仿真器，用串行数据通信线连接计算机与仿真器，把仿真头插到模块的单片机插座中，打开模块电源，插上仿真器电源插头。

(3) 启动计算机，打开伟福仿真软件，进入仿真环境。选择仿真器型号、仿真头型号、CPU类型；选择通信端口，测试串行口。

(4) 打开定时器.ASM源程序，编译无误后，全速运行程序，发光二极管隔一秒点亮一次，点亮时间为一秒。

(5) 把源程序编译成可执行文件，烧录到AT89C51芯片中。

四、实验框图以及源程序

1. 流程图

主程序流程图和定时中断子程序流程图如图2-44、图2-45所示。

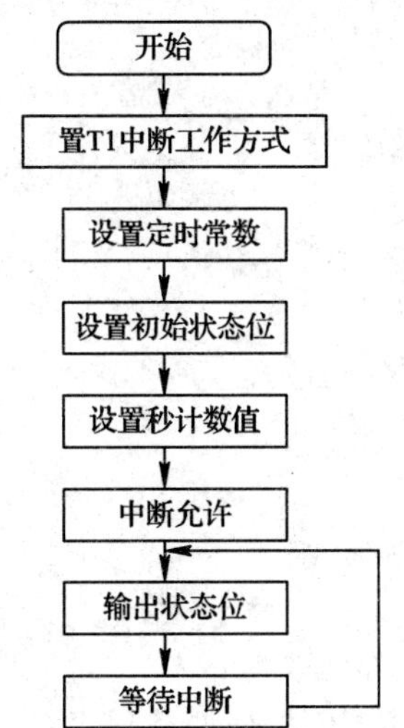

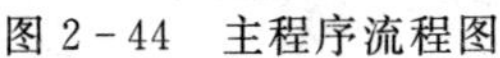
图 2-44　主程序流程图

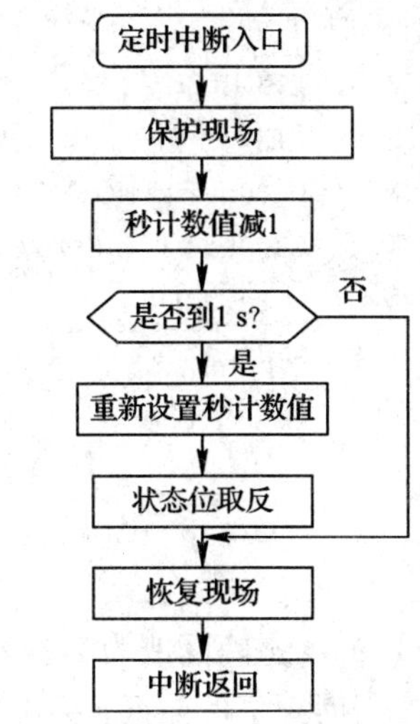

图 2-45　定时中断子程序流程图

2. 源程序

```
        TICK        EQU     10000
        T100us      EQU     256－100
        C100us      EQU     30H
        LEDBUF      EQU     40H
        LED         BIT     P1.0
                    ORG     0000H
        LJMP        START
                    ORG     000BH
                    LJMP    TOINT
                    ORG     0030H
TOINT：             PUSH    PSW
                    MOV     A，C100us＋1
                    JNZ     GOON
                    DEC     C100us
GOON：              DEC     C100us＋1
                    MOV     A,C100us
                    ORL     A,C100us＋1
                    JNZ     EXIT
                    MOV     C100us，＃HIGH(TICK)
                    MOV     C100us＋1，＃LOW(TICK)
                    CPL     LEDBUF
EXIT：              POP     PSW
                    RETI
START：             MOV     TMOD,＃02H
                    MOV     TH0，＃T100us
                    MOV     TL0，＃T100us
                    MOV     IE，＃10000010B
```

```
        SETB    TR0
        SETB    LEDBUF
        CLR     LED
        MOV     C100us,#HIGH(TICK)
        MOV     C100us+1,#LOW(TICK)
LOOP:   MOV     C,LEDBUF
        MOV     LED, C
        LJMP    LOOP
        END
```

五、思考题

(1) 若将 LED 的状态间隔改为 2 秒，则程序应如何改写？

(2) 如果更换不同频率的晶振，会出现什么现象？应如何调整程序？

实验 2-2　外部中断实验

一、实验目的

(1) 掌握外部中断技术的基本使用方法。

(2) 掌握中断处理程序的编写方法。

二、实验说明

硬件原理图如图 2-46 所示。

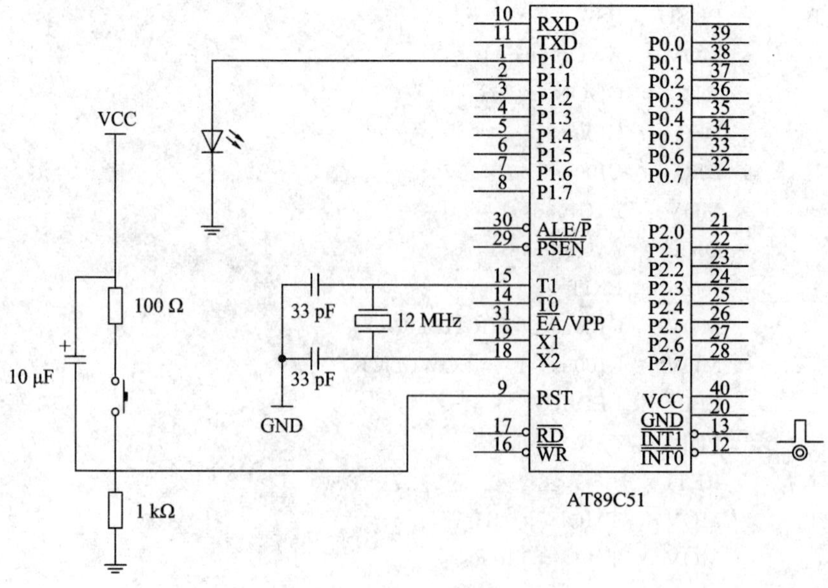

图 2-46　硬件原理图

1. 外部中断的初始化

外部中断的初始化设置共有三项内容：中断总允许设置，即 EA=1；外部中断允许设置，即 EXi=1(i=0 或 1)；中断方式设置。中断方式设置一般有两种方式：电平方式和脉冲方式，本实验选用脉冲方式，当前一次为高电平后一次为低电平时为有效中断请求。因此高电平状态和低电平状态至少维持一个周期。一般中断请求信号由引脚$\overline{\text{INT0}}$(P3.2)和$\overline{\text{INT1}}$(P3.1)引入，本实验由$\overline{\text{INT0}}$(P3.2)引入。

2. 中断服务的关键

① 保护进入中断时的状态。堆栈有保护断点和保护现场的功能，可以使用 PUSH 指令，在转中断服务程序之前把单片机中有关寄存单元的内容保护起来。

② 必须在中断服务程序中设定是否允许中断重入，即设置 EX0 位。

③ 用 POP 指令恢复中断时的现场。

3. 中断控制原理

中断控制是提供给用户使用的一种手段，其目的是为了控制一些寄存器。51 系列单片机可进行中断控制的寄存器有四个：TCON、IE、SCON 及 IP。

4. 中断响应的过程

首先中断采样，然后中断查询，最后中断响应。采样是中断处理的第一步，对于本实验脉冲方式的中断请求，若在两个相邻周期采样为先高电平后低电平则中断请求有效，IE0 或 IE1 置“1”；否则继续为“0”。所谓中断查询，就是由 CPU 测试 TCON 和 SCON 中各标志位的状态以确定有没有中断请求发生以及是哪一个中断请求。中断响应就是对中断请求的接受，是在中断查询之后进行的，当查询到有效的中断请求后就响应一次中断。

$\overline{\text{INT0}}$端接单次脉冲发生器。P1.0 接 LED 灯，以查看信号反转。

三、实验内容及步骤

(1) 在 TKMCU－1 实验台上选择单片机最小应用系统 1 模块，令 P1.0 接发光二极管，$\overline{\text{INT0}}$接单次脉冲输出端。

(2) 安装好仿真器，用串行数据通信线连接计算机与仿真器，把仿真头插到模块的单片机插座中，先打开模块电源，再打开仿真器电源。

(3) 启动计算机，打开伟福仿真软件，进入仿真环境。选择仿真器型号、仿真头型号、CPU 类型；选择通信端口，测试串行口。

(4) 打开中断.ASM 源程序，编译无误后，全速运行程序，连续按动单次脉冲产生电路的按键，发光二极管每按一次状态取反(即隔一次点亮)。

(5) 把源程序编译成可执行文件，烧录到 AT89C51 芯片中。

四、流程图及源程序

1. 流程图

主程序及外部中断子程序流程图如图 2－47 所示。

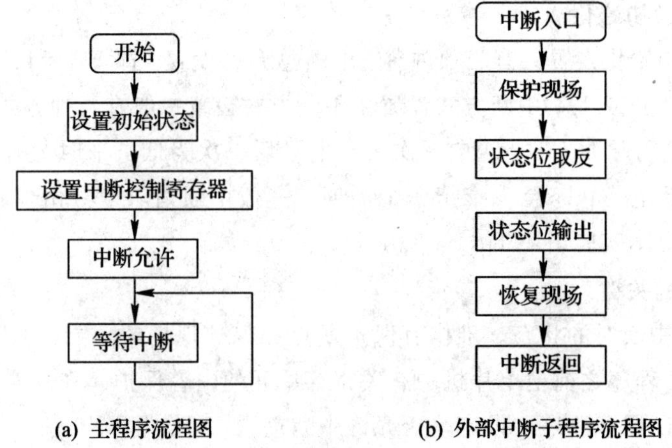

(a) 主程序流程图　　(b) 外部中断子程序流程图

图 2-47　主程序及外部中断子程序流程图

2. 源程序

```
          LED     BIT   P1.0
          LED     BUF  BIT   0
          ORG     0000H
          AJMP    START
          ORG     0003H
          LJMP   INTERRUPT
          ORG     0030H
INTERRUPT:
          PUSH    PSW
          CPL     LEDBUF
          MOV     C, LEDBUF
          MOV     LED, C
          POP     PSW
          RETI
START:
          CLR     LEDBUF
          CLR     LED
          MOV     TCON, #01H
          MOV     IE,     #81H
          LJMP $
          END
```

五、思考题

(1) 简述中断处理的一般过程。

(2) 脉冲方式如何防止重复响应外部中断?

实验2-3　I/O并行口直接驱动LED显示

一、实验目的

利用AT89S51单片机的P0端口，将P0.0～P0.7连接到一个共阴数码管的a～h段上，数码管的公共端接地。在数码管上循环显示0～9数字，时间间隔为0.2秒。

二、实验电路

实验电路图如图2-48所示。

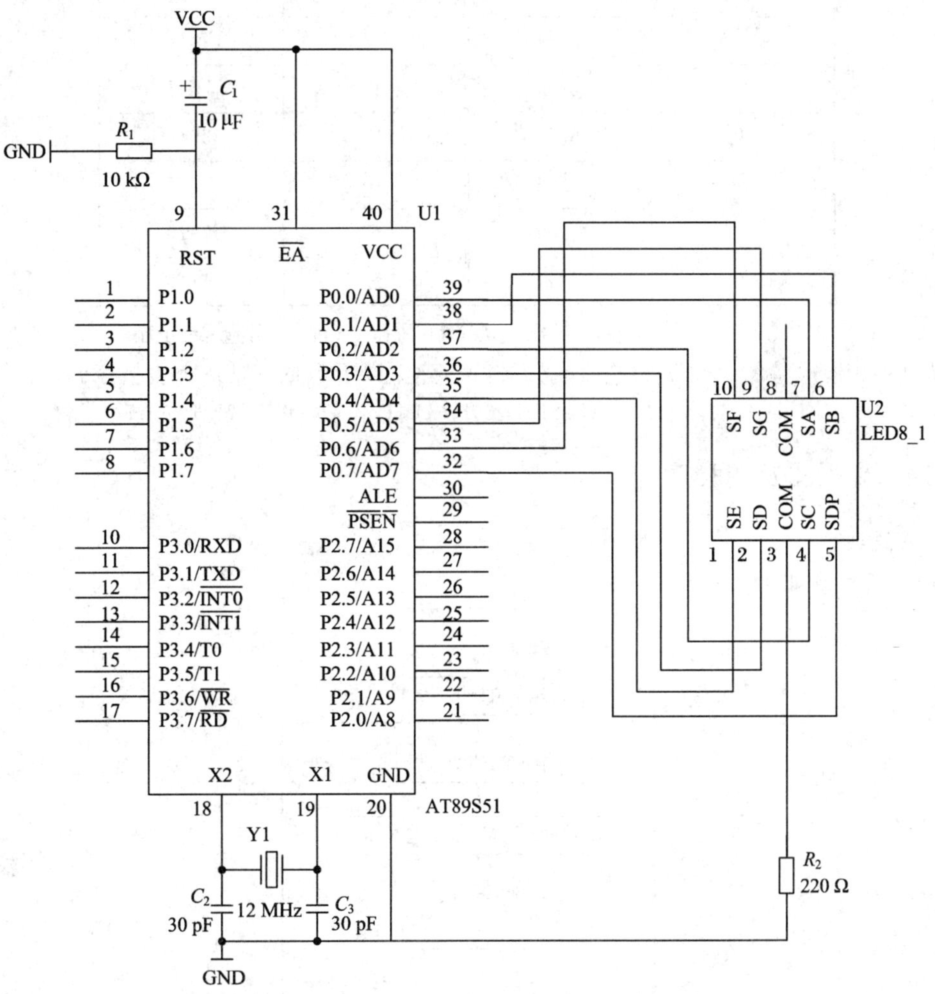

图2-48　实验电路图

系统板上的硬件连线：把“单片机系统”区域中的P0.0/AD0～P0.7/AD7端口用8芯排线连接到“四路静态数码显示模块”区域中的任一个数码管的a～h端口上；要求：P0.0/AD0与a相连，P0.1/AD1与b相连，P0.2/AD2与c相连，……，P0.7/AD7与h相连。

三、实验内容及步骤

(1) LED 数码显示原理：七段 LED 显示器内部由七个条形发光二极管和一个小圆点发光二极管组成，根据各管的极管接线形式，可分成共阴极型和共阳极型。

LED 数码管的 g～a 七个发光二极管因加正电压而发亮，因加零电压而不发亮，不同亮暗的组合能形成不同的字形，这种组合称为字形码。共阴极的字形码见表2－20。

表 2－20　共阴极字形码

字形码	共阴极代码	字形码	共阴极代码
0	3FH	8	7FH
1	06H	9	6FH
2	5BH	A	77H
3	4FH	b	7CH
4	66H	C	39H
5	6DH	d	5EH
6	7DH	E	79H
7	07H	F	71H

(2) 由于显示数字 0～9 的字形码没有规律可循，只能采用查表的方式来完成所需要求。从 0～9 依次将每个数字的笔段代码排好。建立以下数据，以备查表指令调用。

```
TABLE：DB  3FH，06H，5BH，4FH，66H，6DH，7DH，07H，7FH，6FH
```

四、流程图及源程序

1. 流程图

程序流程图如图 2－49 所示。

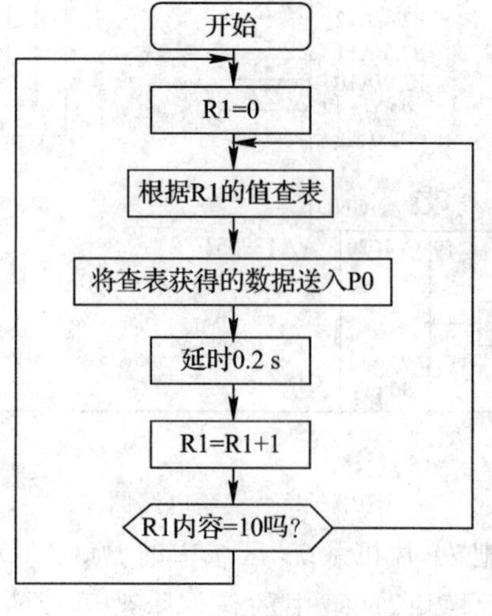

图 2－49　程序流程图

2. 汇编源程序

```
         ORG    0000H
START:   MOV    R1,#00H
NEXT:    MOV    A,R1
         MOV    DPTR,#TABLE
         MOVC   A,@A+DPTR
         MOV    P0,A
         LCALL  DELAY
         INC    R1
         CJNE   R1,#10,NEXT
         LJMP   START
DELAY:   MOV    R5,#20
D2:      MOV    R6,#20
D1:      MOV    R7,#248
         DJNZ   R7,$
         DJNZ   R6,D1
         DJNZ   R5,D2
         RET
TABLE:DB 3FH,06H,5BH,4FH,66H,6DH,7DH,07H,7FH,6FH
         END
```

实验 2-4　按键识别

一、实验任务

掌握键盘的识别和编程方法。每按下一次开关 SP1，定时计数器的计数值加 1，并最终通过 AT89S51 单片机的 P1.0 到 P1.3 四个端口显示出定时计数器的二进制计数值。

二、电路原理图

电路原理图如图 2-50 所示。

三、系统板上硬件连线

(1) 把“单片机系统”区域中的 P3.7/RD 端口连接到“独立式键盘”区域中的 SP1 端口上。

(2) 把“单片机系统”区域中的 P1.0～P1.4 端口用 8 芯排线连接到“八路发光二极管指示模块”区域中的“L1～L8”端口上。要求：P1.0 连接到 L1 上，P1.1 连接到 L2 上，P1.2 连接到 L3 上，P1.3 连接到 L4 上。

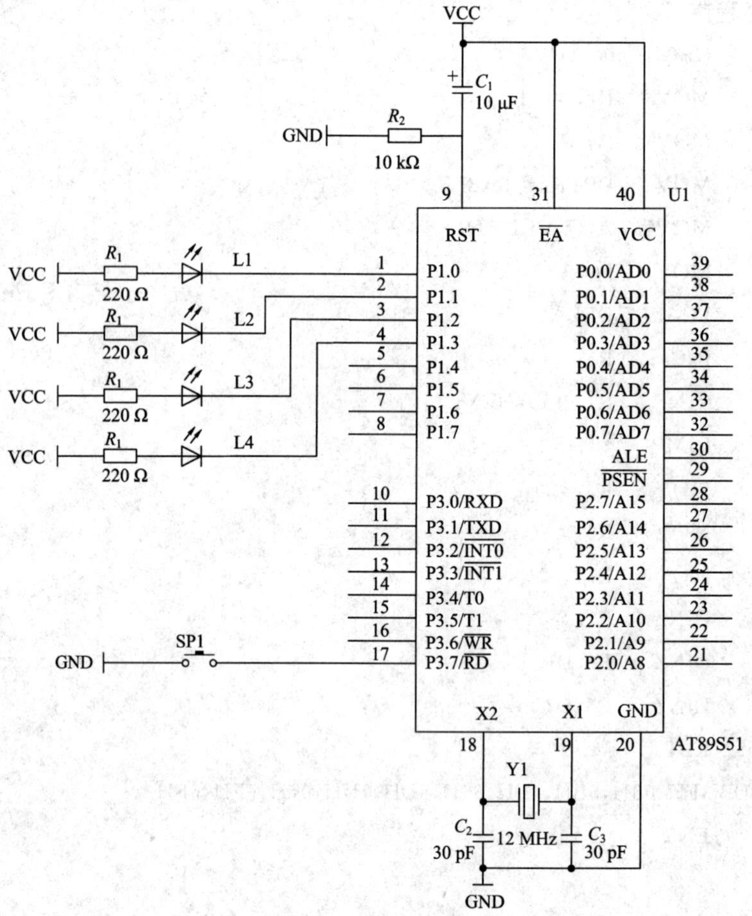

图 2-50　电路原理图

四、程序设计方法

一个按键从没有按下到按下再到释放是一个完整的过程。也就是说，当一个按键被按下时，我们总希望某个命令只执行一次。而在按键按下的过程中，最好不要有干扰进来，因为，在按键按下的过程中，一旦有干扰进来，就有可能造成误触发。因此在按键按下的时候，要把手上的干扰信号以及按键的机械接触等干扰信号给滤除掉，一般情况下，可以使用电容来滤除这些干扰信号。但实际上，这样会增加硬件成本及硬件电路的体积，因此我们可以采用软件滤波的方法来去除这些干扰信号。

一般情况下，一个按键按下的时候，总是在按下的时刻存在着一定的干扰信号，按下之后就基本上进入了稳定的状态。一个按键从按下到释放的全过程如图 2-51 所示。

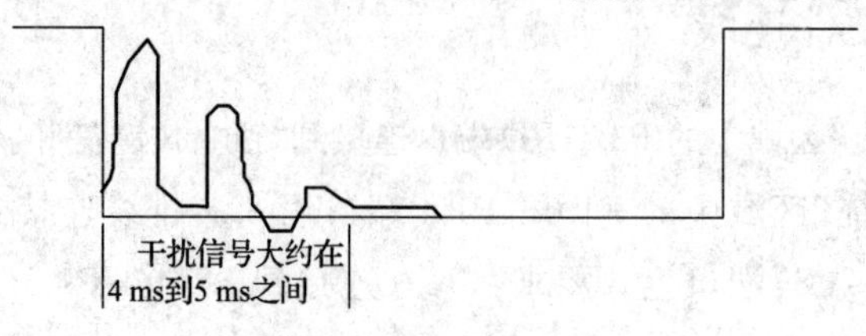

图 2-51　按键释放过程图

对于按键抖动的主要解决方法：硬件方面采用RS触发器，软件方面加入去抖动程序。键功能的稳定是指键按下一次只完成一个键功能操作。在实际应用中，往往由于人手的操作速度与单片机的指令执行速度差距悬殊，导致键按下一次后，多次执行键功能程序，使程序运行出错。解决办法是在程序中设置等键释放或加适当的延时。

从图2-51中可以看出，在程序设计时，从按键按下被识别之后，系统需延时5 ms以上，以避开干扰信号区域。延时5 ms之后，再检测一次，看按键是否真的已经被按下，若真的已经按下，则输出低电平；相反，若此时检测到的是高电平，则证明上一阶段的按键识别是由于干扰信号引起的误触发，CPU就会舍弃上一阶段的按键识别过程，从而提高了系统的可靠性。

按键识别流程图如图2-52所示。

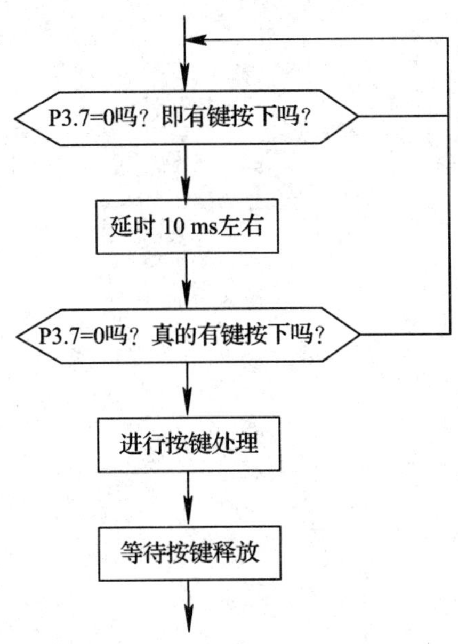

图2-52　按键识别流程图

汇编源程序：

```
        ORG   0000H
START:  MOV   R1,#00H       ;初始化R7为0，表示从0开始计数
        MOV   A,R1
        CPL   A             ;取反指令
        MOV   P1,A          ;送出P1端口由发光二极管显示
REL:    JNB   P3.7,REL      ;判断SP1是否按下
        LCALL DELAY10MS     ;若按下，则延时10 ms左右
        JNB   P3.7,REL      ;判断SP1是否真的按下，若真的按下，则进行按键处理
        INC   R7            ;计数内容加1
        MOV   A,R7          ;送出P1端口由发光二极管显示
        CPL   A
        MOV   P1,A
```

```
        JNB     P3.7,$          ;等待 SP1 释放
        SJMP    REL             ;继续对 SP1 按键扫描
DELAY10MS: MOV  R6,#20          ;延时 10 ms 子程序
L1:     MOV     R7,#248
        DJNZ    R7,$
        DJNZ    R6,L1
        RET
        END
```

项目三　应用系统开发

（拓展提高模块）

能力目标

◆ 能进行简单的微控制器多机串行通信的设计；
◆ 熟悉微控制器应用系统存储器和I/O口的常见扩展方法；
◆ 能基于微控制器与A/D、D/A转换器的接口设计实现模拟量数据采集和数据输出；
◆ 能处理信号干扰、系统安全等一般问题，初步具备应用系统开发的综合能力。

知识要点

◆ 单片机串行异步通信的概念；
◆ 存储器扩展技术；
◆ 常见接口扩展芯片的结构功能；
◆ 模数/数模转换的原理。

微控制器应用系统开发与控制理论、微电子技术、微机技术、通信技术等许多领域密切相关，是一门多学科互相渗透的综合性技术学科，该技术已经渗透到人类生活的各个方面，有着广泛的应用。

实用型应用产品的研发是一个从客户提出要求到完成方案设计，再到产品样机调试，直至正式投入试运行的过程。这也就是单片机应用系统的开发过程。在由单片机构成的实际应用系统中，最小应用系统往往不能满足要求。虽然通过前面的学习我们可以完成一些功能独立的小产品的设计，但要真正实现智能化功能，体现微控制器的独特优势，还需要借助其他接口芯片进行输入输出通道及外部信息交互的设计，同时为了满足实用产品的可靠性要求，还要进行一些电路及程序的改善。因此，微控制器的系统扩展、微控制器通信和模数/数模转换等功能的学习，对于进行微控制器应用系统开发而言是非常有必要的。

学习任务一　数据串行通信的实现

任务描述

单片机通信是指单片机与外部设备之间、单片机与单片机或单片机与 PC 之间的信息交换，单片机数据通信的方式有并行通信和串行通信两种。一般情况下，单片机与常用计算机的外围芯片(如存储器、I/O 接口等)之间采用并行通信方式；而单片机与外部系统之间(如单片机与单片机、单片机与计算机等)采用串行通信方式。对于较远距离的微控制器之间，考虑到使用场合的一般速率要求和设备成本，较常使用串行通信方式：通过简单的接口及程序设计，微控制器内部数据可在双机及多机之间进行传递交换。

相关知识

一、串行通信的基本概念

(一) 串行通信的基本方式

1. 同步通信

同步通信发送器和接收器由同一个时钟源控制，同步传输方式去掉了起始位和停止位，在传输数据块时先送出一个同步头(字符)标志即可。每一位数据占用的传输时间都是相等的。但要有准确的时钟来实现接收机的接收时钟和发送机的发送时钟。因此，对硬件要求较高，适用于传送成批数据。

2. 异步通信

接收器和发送器有各自的时钟，它们的工作是非同步的。异步通信以字符帧为单位传送。字符帧由发送端一帧一帧地发送，接收端一帧一帧地接收。由于一次只传送一帧数据，位数较少，发送端和接收端的时钟可以彼此独立，不需要同步。异步通信与同步通信的比较如图 3-1 所示。

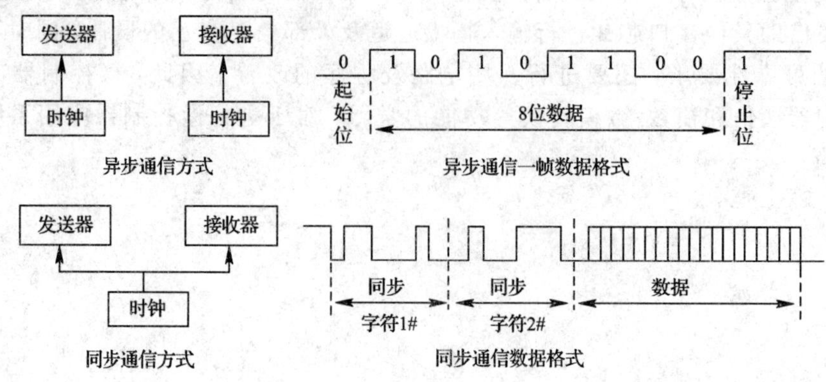

图 3-1　异步通信与同步通信的比较

异步通信所传输的数据格式俗称异步通信格式，也称为串行帧(字符帧)。一般地，10位或11位二进制码为一帧数据，其中包括一个校验位。通常约定起始位为0，空闲位为1。异步通信格式如图3-2所示。

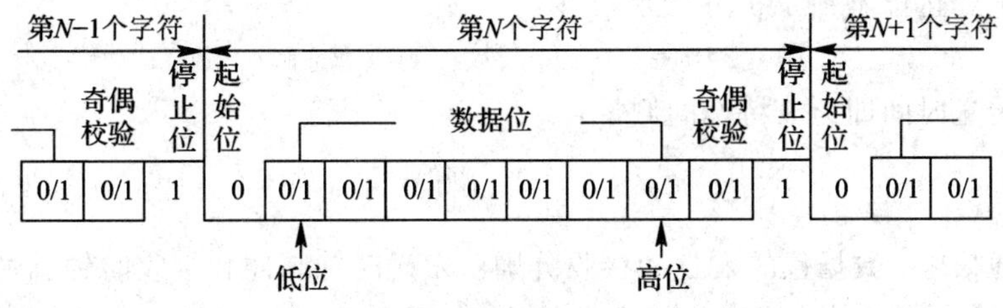

图3-2　异步通信格式

异步通信的每个数据均以起始位开始、停止位结束，起始位触发甲乙双方同步时钟。异步串行帧中的每一位彼此都要严格同步，它们的位周期相同。异步通信对硬件要求较低，实现起来比较简单、灵活，适用于数据的发送/接收，但因每个字节都要建立一次同步，即每个字符都要额外附加两位，所以工作速度比同步通信低。

(二) 串行通信的制式

串行通信根据数据传送的方向可以分为三种制式：单工、半双工和全双工，如图3-3所示。

(1) 单工制式：只用一根数据线，数据只能沿着一个方向传输。例如甲设备只能发送，乙设备只能接收。

(2) 半双工制式：用一根数据线，允许数据双向发送，但不能同时实现双向传输，只能交替地发送或接收。

(3) 全双工制式：允许数据同时双向传送，使用两条相互独立的数据线，分别传输两路方向相反的数据，使接收和发送能同时进行。全双工制式的通信设备应具有完全独立的收发功能，因此全双工制式要占用单片机的两个I/O脚，传输线至少需要两根。

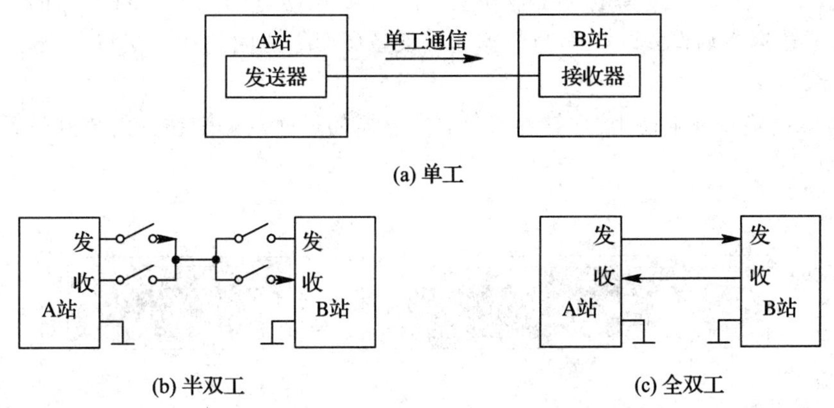

图3-3　串行通信的三种制式

(三) 串行通信的波特率

波特率(Baud Rate)是用来衡量串行通信中数据传输速率的单位。在串行通信中，数

据是按位进行传送的，波特率用来表示每秒钟传送多少位二进制数，用 b/s 来表示，即

$$1\ 波特(b/s)=1\ 位/秒$$

假如数据传送的速率是 240 字符/秒，每一个字符规定包含 10 个位(一个起始位、8 个数据位和一个停止位)，则传送的波特率为

$$10\times240=2400\ 位/秒=2400\ 波特(b/s)$$

一位的传送时间即为波特率的倒数：

$$T_d=\frac{1}{2400}=0.417\ \text{ms}$$

在串行通信中，数据位的发送和接收分别由发送时钟脉冲和接收时钟脉冲进行定时控制，时钟频率高，则波特率也高，通信速度就快；反之，时钟频率低，则波特率也低，通信速度就慢。一般波特率取时钟频率的 1/16 或 1/64。

(四) 信号的调制与解调

利用调制器(Modulator)把数字信号转换成模拟信号，然后送到通信线路上去，再由解调器(Demodulator)把从通信线路上收到的模拟信号转换成数字信号。由于通信是双向的，若将调制器和解调器合并在一个装置中，就是调制解调器 MODEM。信号远传的调制解调如图 3-4 所示。

图 3-4 信号远传的调制解调

(五) 串行通信接口标准

1. RS-232C 接口

RS-232C 是 EIA(美国电子工业协会)于 1969 年修订的用于串行通信的标准。RS-232C 定义了数据终端设备(DTE)与数据通信设备(DCE)之间的物理接口标准。

1) 机械特性

RS-232C 接口规定使用 25 针连接器，连接器的尺寸及每个插针的排列位置都有明确的定义，如图 3-5 所示。

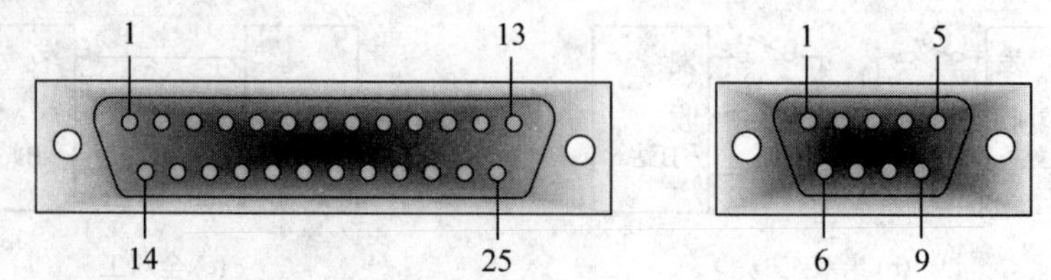

图 3-5 RS-232C 连接器(阳头)

2) 引脚定义

RS-232C 标准接口主要引脚定义见表 3-1。

表 3-1 RS-232C 标准接口主要引脚定义

插针序号	信号名称	功 能	信号方向
1	PGND	保护接地	
2(3)	TXD	发送数据(串行输出)	DTE→DCE
3(2)	RXD	接收数据(串行输入)	DTE←DCE
4(7)	RTS	请求发送	DTE→DCE
5(8)	CTS	允许发送	DTE←DCE
6(6)	DSR	DCE 就绪(数据建立就绪)	DTE←DCE
7(5)	SGND	信号接地	
8(1)	DCD	载波检测	DTE←DCE
20(4)	DTR	DTE 就绪(数据终端准备就绪)	DTE→DCE
22(9)	RL	振铃指示	DTE←DCE

注：插针序号“( )”内为 9 针非标准连接器的引脚号。

3) 通信连接

远程通信连接如图 3-6 所示，近程通信连接如图 3-7 所示。

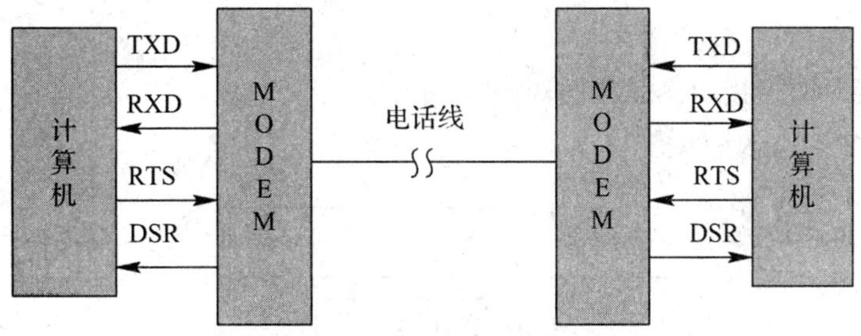

图 3-6 远程通信连接

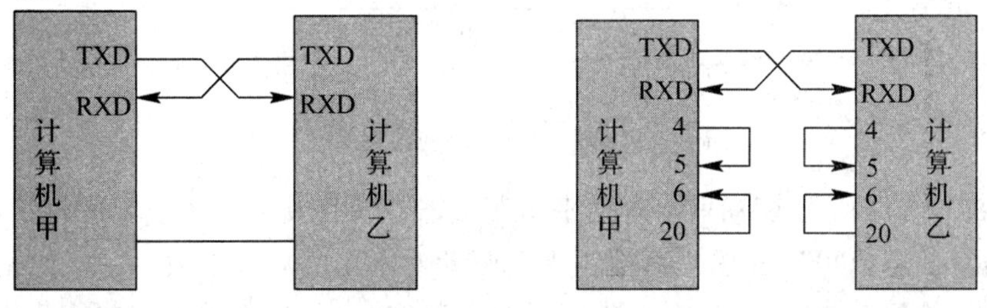

图 3-7 近程通信连接

4) 电平转换方法

RS-232C 电平与 TTL 电平转换驱动电路如图 3-8 所示。

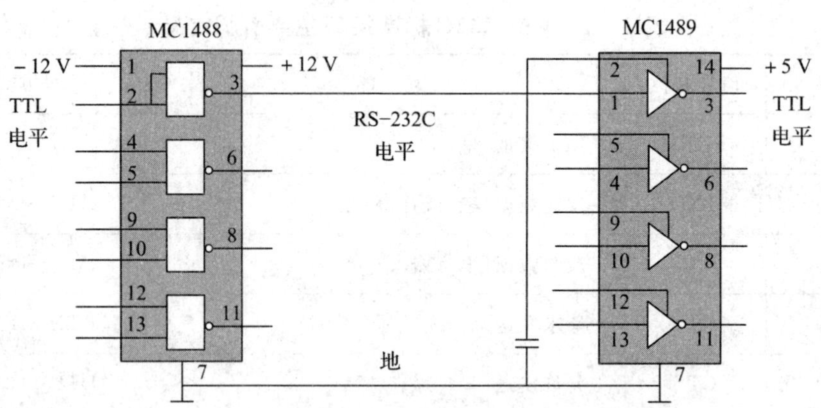

图 3-8　RS-232C 电平与 TTL 电平转换驱动电路

5）*存在的问题*

采用 RS-232C 接口时存在的问题如下：

(1) 传输距离短，传输速率低。RS-232C 总线标准受电容允许值的约束，使用时传输距离一般不要超过 15 m(线路条件好时也不超过几十米)。最高传送速率为 20 kb/s。

(2) 有电平偏移。RS-232C 总线标准要求收发双方共地。通信距离较大时，收发双方的地电位差别较大，在信号地上将有比较大的地电流及压降产生。

(3) 抗干扰能力差。RS-232C 接口在电平转换时采用单端输入输出，在传输过程中当干扰和噪声混在正常信号中时，为了提高信噪比，RS-232C 总线标准不得不采用比较大的电压摆幅。

2. RS-422 接口

RS-422 接口的连接示意图如图 3-9 所示。

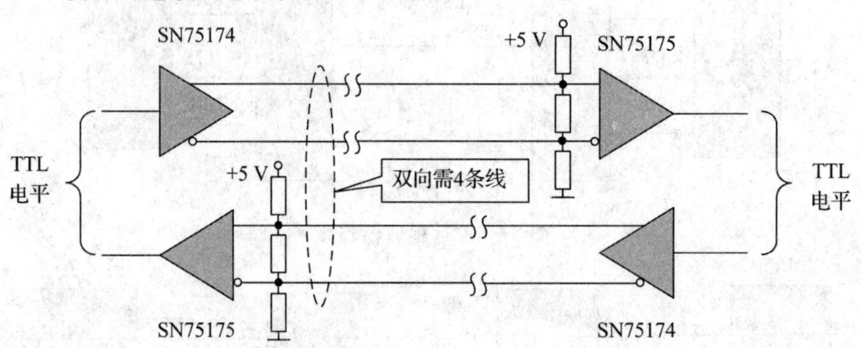

图 3-9　RS-422 接口的连接示意图

RS-422 接口的输出驱动器为双端平衡驱动器。如果其中一条线为逻辑“1”状态，那么另一条线就为逻辑“0”，比采用单端不平衡驱动对电压的放大倍数大一倍。差分电路能从地线干扰中拾取有效信号，差分接收器可以分辨 200 mV 以上的电位差。若传输过程中混入了干扰和噪声，则因差分放大器的作用，可使干扰和噪声相互抵消。所以可避免或大大减弱地线干扰和电磁干扰的影响。RS-422 接口的传输速率为 90 Kb/s 时，传输距离可达 1200 m。

3. RS-485 接口

RS-485 接口的连接示意图如图 3-10 所示。

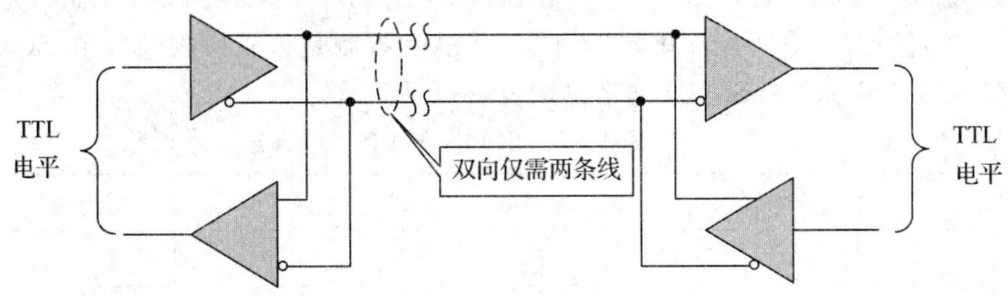

图 3-10　RS-485 接口的连接示意图

RS-485 是 RS-422 的变型：RS-422 用于全双工，而 RS-485 则用于半双工。RS-485 是一种多发送器标准，在通信线路上最多可以使用 32 对差分驱动器/接收器。如果在一个网络中连接的设备超过 32 个，那么还可以使用中继器。

RS-485 的信号传输采用两线间的电压来表示逻辑 1 和逻辑 0。由于发送方需要两根传输线，接收方也需要两根传输线。传输线采用差动信道，所以它的干扰抑制性极好，又因为它的阻抗低，无接地问题，所以传输距离可达 1200 m，传输速率可达 1 Mb/s。

二、89C51 单片机的串行口

89C51 单片机内部有一个功能很强的全双工串行口，可同时发送和接收数据。它有四种工作方式可供不同场合使用。波特率由软件设置，通过片内的定时/计数器产生。接收、发送均可工作在查询方式或中断方式，使用十分灵活。89C51 单片机的串行口除了用于数据通信外，还可以非常方便地构成一个或多个并行输入/输出口，或作串并转换，用来驱动键盘与显示器。89C51 单片机串行口内部结构，如图 3-11 所示。

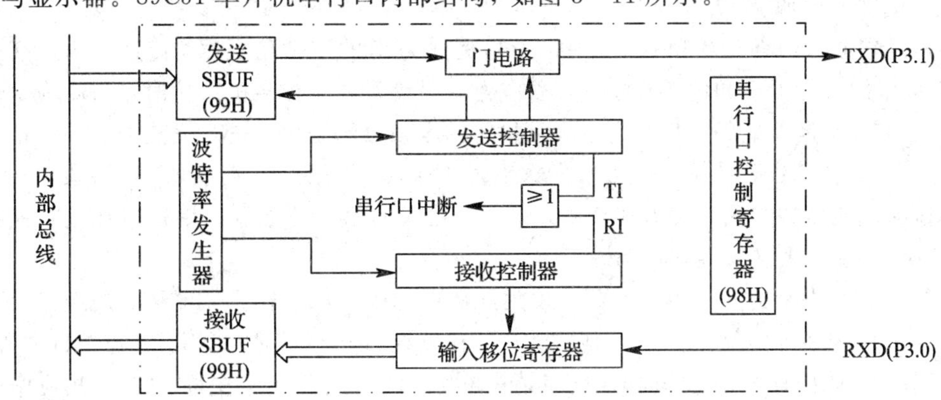

图 3-11　89C51 串行口内部结构图

(一) 串行口数据缓冲器(SBUF)

89C51 单片机内部的串行口在物理上有两个独立的接收、发送缓冲器，可以同时发送、接收数据。两个缓冲器共用一个字节地址 99H，可以通过指令的读写区分所操作的缓冲器。读是对接收缓冲器的操作，写是对发送缓冲器的操作。例如，执行指令“MOV SUBF，A”就是将数据送至发送缓冲器；执行指令“MOV A，SUBF”，就是读接收缓冲器。

(二)串行口控制寄存器(SCON)

SCON是串行通信中最重要的一个寄存器，该寄存器字节地址为98H，可以进行位寻址。对SCON进行写操作可定义串行口的工作方式和控制是否允许收/发，在SCON中还有串行口的两个中断标志。SCON的格式如表3-2所示。

表3-2 SCON格式

位	D7	D6	D5	D4	D3	D2	D1	D0
SCON	SM0	SM1	SM2	REN	TB8	RB8	TI	RI
位地址	9FH	9EH	9DH	9CH	9BH	9AH	99H	98H

SCON各位的功能如下：

SM0、SM1：用于定义串行口的工作方式，其功能详见串行口工作方式部分。

SM2：多机通信的接收允许标志位，用于方式2和方式3，SM2只用于其中的接收方式。方式2和方式3中，若SM2=1，而接收到的第9位数据(RB8)为0，则RI(接收中断)不被激活，不接收数据；若SM2=0，则接收到的第9位信息无论是0还是1，都产生RI=1的中断标志，接收到的数据装入SBUF。多机通信时，SM2表示本机是否可以参与数据通信。因此，多机通信时主机在发送地址帧时应将第9位数据(TB8)置为1，发送数据帧时应将第9位数据(TB8)置为0；从机初始化时使SM2=1，在接收到自己的地址码之后才将SM2置为0，表示准备好了数据码的接收状态，没有收到自己地址码的单片机(从机)仍维持SM2=1，并将丢弃后面所收到的数据码。在方式1和方式0中，一般应将SM2写为0，表示不参与多机通信。但是在方式1中，若将SM2写为1则只有接收到有效的停止位，RI才会被激活。

REN：允许串行口接收控制位，由软件置位或清除。软件置1时，串行口进入接收状态，清零后禁止接收。

TB8：在通信的方式2和方式3中，TB8是被发送的第9位数据，传送用户定义的信息。它可以用软件置位和清零；该位可以作为奇偶校验位。在多机通信时，TB8为1表示发送的本帧数码是地址码，TB8为0表示发送的本帧数码是数据码。发送时，TB8位的内容将自动地排在SBUF的第9位上被发送出去，而接收机用RB8位接收。

RB8：在通信的方式2和方式3中，RB8是接收的第9位数据。串行口在接收一帧数据时，第9位将被写入RB8位。

TI：发送中断标志位，用于判断一帧数据是否发送完成。在方式0中，发送完第8位数据后，TI由硬件自动置位；在其他方式中，在发送“停止位”之后，TI由硬件自动置位。该位状态可供软件查询，也可向CPU申请中断。TI=1时将申请中断，CPU响应中断后发送一帧数据。在任何方式中，响应该中断请求后，TI必须用软件清零。

RI：接收中断标志位,用于判断一帧数据是否接收完成。在方式0中，接收第8位数据结束时，RI由硬件自动置位；在其他方式中，在接收“停止位”之后，RI由硬件置位。该位状态可供软件查询，也可向CPU申请中断。RI=1时申请中断，要求CPU取走所收到的数据。但是在方式1中，若SM2=1，且未收到有效的停止位，则不会对RI置位。在任何工作方式中，必须用软件清除RI。

当串行口采用中断方式时，两个中断标志位TI和RI共用一个中断源和一个中断入口地址，因此在同时使用这两个中断时，应该在中断服务子程序中先判断是哪一个标志位提出了中断申请，并清除标志位后，再进入相应的中断服务内容。

(三) 电源控制寄存器(PCON)

PCON 为电源控制寄存器，是特殊功能寄存器，字节地址为 87H，它不可位寻址。PCON 的低 7 位全都用于单片机的电源控制，只有 PCON 的最高位 SMOD 用于串行口波特率系数的控制：当 SMOD=1 时，方式 1、2 和 3 的波特率加倍，否则不加倍。

三、串行通信的工作方式

串行口有四种工作方式，这四种工作方式由 SCON 中的 SM0 和 SM1 两位进行定义，其功能见表 3－3。

表 3－3　串行口的四种工作方式

SM0	SM1	工作方式	功能说明
0	0	方式 0	8 位同步移位寄存器方式($f_{OSC}/12$)
0	1	方式 1	10 位 UART(波特率可变)
1	0	方式 2	11 位 UART(波特率为 $f_{OSC}/32$ 或 $f_{OSC}/64$)
1	1	方式 3	11 位 UART(波特率可变)

(一) 方式 0

串行接口工作方式 0 为同步移位寄存器方式，其波特率是固定的，为 $f_{OSC}/12$。一般和移位寄存器配合使用，实现串口与并口的相互转换，以及实现串口扩展，通常不作通信使用。

方式 0 的时序如图 3－12 所示，其收发电路如图 3－13 所示。

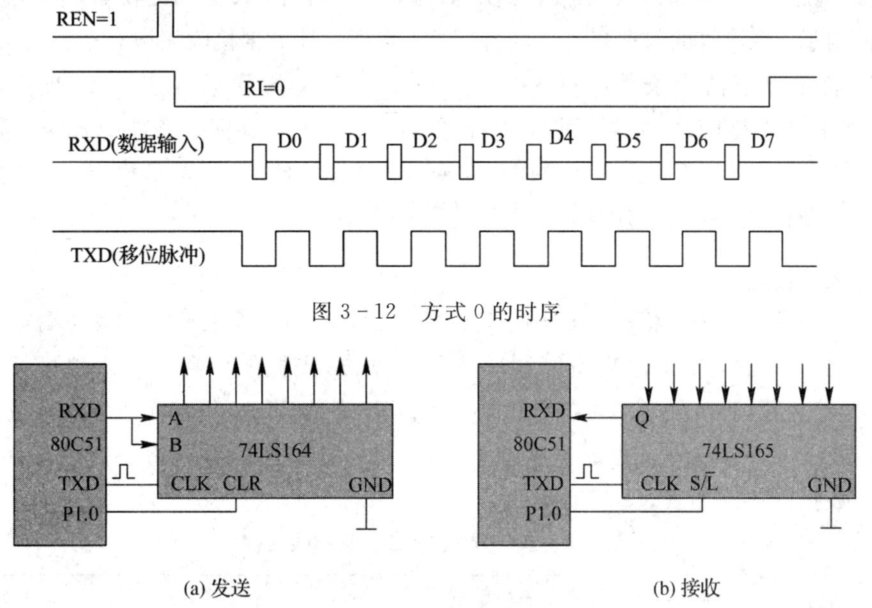

图 3－12　方式 0 的时序

图 3－13　方式 0 的收发电路

发送时，数据从 RXD 引脚串行输出，TXD 引脚输出同步脉冲。当一个数据写入串行口发送缓冲器 SBUF 时，串行口将 8 位数据以 $f_{OSC}/12$ 的固定波特率从 RXD 引脚输出，低位在前，高位在后。发送后置中断标志 TI 为 1，请求中断。CPU 响应中断后，必须用软件将 TI 清零。

接收时，TXD 引脚为同步信号输出端，接收器对 RXD 引脚输入的数据进行接收。当接收器接收完 8 位数据后，置中断标志 RI 为 1，请示中断。CPU 响应中断后，必须用软件将 RI 清零。

方式 0 发送或接收完数据后由硬件置位 TI 或 RI，CPU 在响应中断后要用软件清除 TI 或 RI 标志。

(二) 方式 1

方式 1 为异步通信方式，串行口被设置为波特率可变的 8 位异步通信接口，TXD 为发送端，RXD 为接收端。一帧数据为 10 位，其中包括 1 位起始位(0)、8 位数据位(先低位后高位)和 1 位停止位(1)。方式 1 帧数据的格式如表 3－4 所示。

表 3－4　方式 1 帧数据的格式

起始位	8 位数据								停止位
0	D0	D1	D2	D3	D4	D5	D6	D7	1

串行口以方式 1 发送时，CPU 执行一条指令(MOV SBUF,A)，数据写入发送缓冲器 SBUF，启动发送器发送。当发送完数据后，置中断标志 TI 为 1。方式 1 所传送的波特率取决于定时器 TI 的溢出率和特殊功能寄存器 PCON 中 SMOD 的值。

当串行口置为方式 1，且 REN＝1 时，串行口处于方式 1 的接收状态。当接收器对 RXD 引脚状态进行采样时，如果接收到由 1 到 0 的负跳变，就启动接收器，并在接收移位脉冲的控制下，将接收的数据移入接收寄存器，直到一帧数据接收完毕。在方式 1 接收时，必须同时满足以下两个条件：RI＝0 和停止位为 1 或 SM2＝0，接收数据有效，进入 SBUF，停止位进入 RB8，并置中断请求标志 RI 为 1。若上述两个条件中有任一条件不满足，则该组数据丢失，不再恢复。这时将重新检测 RXD 上 1 到 0 的负跳变，准备接收下一帧数据。中断标志位必须由用户在中断服务子程序中清 0。

(三) 方式 2

方式 2 为 9 位异步通信接口；串行口波特率固定。发送数据时由 TXD 端输出，一帧数据为 11 位，其中包括 1 位起始位(0)、8 位数据位(先低位后高位)、1 位可编程位(D8 位)和 1 位停止位(1)。发送时可编程位装入 SCON 中的 TB8，根据需要装入 0 或 1。它由软件置位或清零，可作为多机通信中地址/数据的标志位，也可作为数据的奇偶校验位。方式 2 帧数据的格式如表 3－5 所示。

表 3－5　方式 2 帧数据的格式

起始位	8 位数据								可编程位	停止位
0	D0	D1	D2	D3	D4	D5	D6	D7	D8	1

方式 2 的发送与方式 1 类似，单片机在数据写入 SBUF 之前，先将数据的可编程位写

入 TB8。CPU 执行一条写 SBUF 的命令后，便立即启动发送器发送，发送完毕，置发送请求标志位为 1。在进入中断服务程序后，必须先将 TI 清 0。

方式 2 的接收也与方式 1 类似，当 REN=1 时，串行口接收数据。接收器对 RXD 端输入信息进行采样，接收 11 位信息，其中包括 1 位起始位 0、8 位数据位(先低位后高位)、1 位可控的 1 或 0(第 9 位数据)和 1 位停止位 1。当接收器收到第 9 位数据后，若 RI=0 且 SM2=0 或接收到的第 9 位数据位为 1，则将收到的数据送入 SBUF(接收数据缓冲器)，第 9 位数据送入 RB8，并对 RI 置 1；若以上两个条件均不满足，则接收信息丢失。

(四) 方式 3

方式 3 为波特率可变的 9 位异步通信方式，除了波特率可变与方式 2 有所区别之外，其余都与方式 2 相同。

四、波特率的确定

在串行通信中，收发双方对发送或接收的数据速率要有一定的约定，通过软件对 SCON 串行口编程可约定四种工作方式。其中，方式 0 和方式 2 的波特率是固定的，而方式 1 和方式 3 的波特率是可变的，由定时器 Tl 的溢出率来决定。

$$\text{方式 0 的波特率}=\frac{f_{OSC}}{12},\quad \text{方式 2 的波特率}=\frac{2^{SMOD}}{64}\times f_{OSC}$$

$$\text{方式 1 的波特率}=\frac{2^{SMOD}}{32}\times(\text{T1 溢出率}),\quad \text{方式 3 的波特率}=\frac{2^{SMOD}}{32}\times(\text{T1 溢出率})$$

串行口的四种工作方式对应三种波特率。由于输入的移位时钟来源不同，所以，各种方式的波特率计算公式也不同。

1. 方式 0 的波特率

方式 0 的波特率计算公式为

$$\text{方式 0 的波特率}=f_{OSC}/12$$

2. 方式 2 的波特率

串行口方式 2 波特率的产生与方式 0 不同，即输入的时钟源不同，如图 3-14 所示。

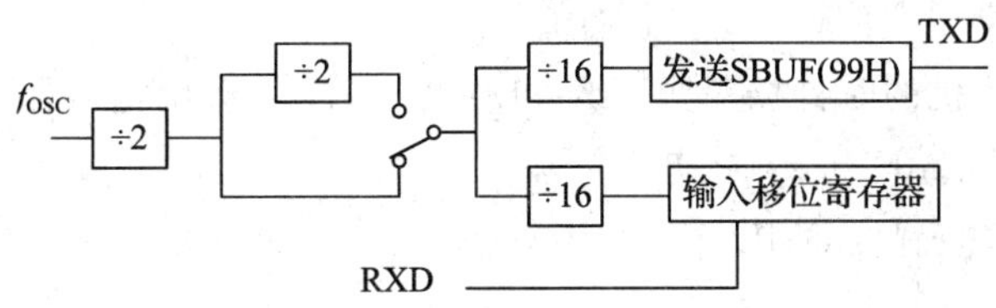

图 3-14　串行通信方式 2 的波特率

控制接收与发送的移位时钟由振荡频率 f_{OSC} 的 P2 时钟(即 $f_{OSC}/2$)给出，所以，方式 2 的波特率取决于 PCON 中 SMOD 的值：当 SMOD=0 时，波特率为 f_{OSC} 的 1/64；若 SMOD=1，则波特率为 f_{OSC} 的 1/32。即

$$\text{方式 2 的波特率}=\frac{2^{SMOD}\times f_{OSC}}{64}$$

3. 方式1和方式3的波特率

方式1和方式3的移位时钟脉冲由定时器T1的溢出率决定，因此8051串行口方式1和方式3的波特率由定时器T1的溢出率与SMOD值同时决定，如图3-15所示。

因为

$$方式1、3的波特率=\frac{T1的溢出率}{n}$$

当SMOD=0时，$n=32$；SMOD=1时，$n=16$。所以，可用下式确定方式1、3的波特率：

$$方式1、3的波特率=\frac{2^{SMOD}}{32}\times(T1溢出率)$$

其中，T1溢出率取决于T1的计数速率(计数速率=$f_{OSC}/12$)和T1预置的初值。

当T1采用模式1时，波特率公式如下：

$$串行方式1、3的波特率=\left(\frac{2^{SMOD}}{32}\times\frac{f_{OSC}}{12}\right)/[2^{16}-初值]$$

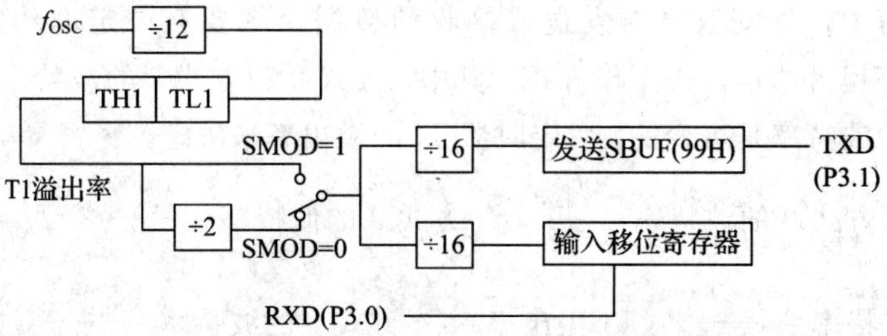

图3-15　串行通信方式1和方式3的波特率

定时器T1作波特率发生器使用时，通常选择定时器模式2(自动重装初值定时器)比较实用。要设置定时器T1为定时方式($C/\overline{T}=0$)，让T1计数内部振荡脉冲，即计数速率为$f_{OSC}/12$即可(注意应禁止T1中断，以免因计数溢出而产生不必要的中断)。先设定TH1和TL1定时计数初值为X，那么每过“2^8-X”个机器周期，定时器T1就会产生一次溢出。因此T1溢出率为

$$T1溢出率=\frac{f_{OSC}}{12\times(2^8-X)},\quad 串行方式1、3的波特率=\frac{2^{SMOD}}{32}\times\frac{f_{OSC}}{12\times(2^8-X)}$$

由此可以计算定时器T1在模式2下的初值。

【例】 8051单片机的时钟振荡频率为11.0592 MHz，选用定时器T1模式2作波特率发生器。设波特率为2400 b/s，求初值。

解：设置波特率控制位SMOD=0，则有

$$2400=\frac{2^{SMOD}}{32}\times\frac{f_{OSC}}{12\times(256-X)},\quad 2400=\frac{1}{32}\times\frac{11.0592}{12\times(256-X)}$$

所以(TH1)=(TL1)= F4H。

系统晶体振荡频率选为11.0592 MHz就是为了使初值为整数，从而产生精确的波特率。

如果串行通信选用很低的波特率，则可将定时器T1置于模式0或模式1，即13位或16位定时方式。但在这种情况下，T1溢出时，需用中断服务程序重装初值，中断响应时间和执行指令时间会使波特率产生一定的误差，可用改变初值的办法加以调整。

五、双机通信测试电路的设计

单片机双机通信测试电路如图 3 - 16 所示。

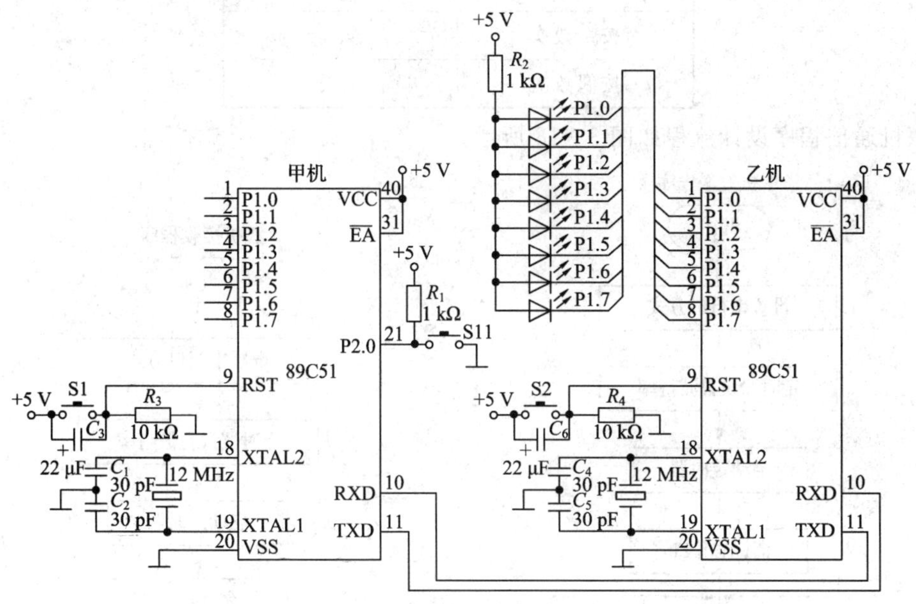

图 3 - 16　单片机双机通信测试电路图

双机通信测试电路元器件清单见表 3 - 6。

表 3 - 6　双机通信测试电路元器件清单

元器件名称	参 数	数 量	元器件名称	参 数	数 量
IC 插座	DIP40	2	电阻	10 kΩ	2
单片机	89C51	2	电解电容	22 μF	2
晶体振荡器	12 MHz	2	按钮开关		3
瓷片电容	30 pF	4	电阻	1 kΩ	2
发光二极管		8			

电路板的制作如图 3 - 17 所示。

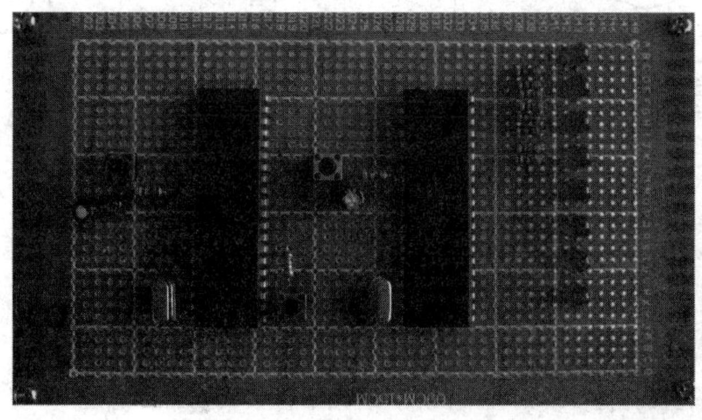

图 3 - 17　电路板的制作图

单片机双机通信测试状态见表 3-7。

表 3-7 单片机双机通信测试状态表

甲机按键状态	乙机显示状态
按奇数次	全亮
按偶数次	全灭

双机通信程序设计流程如图 3-18 所示。

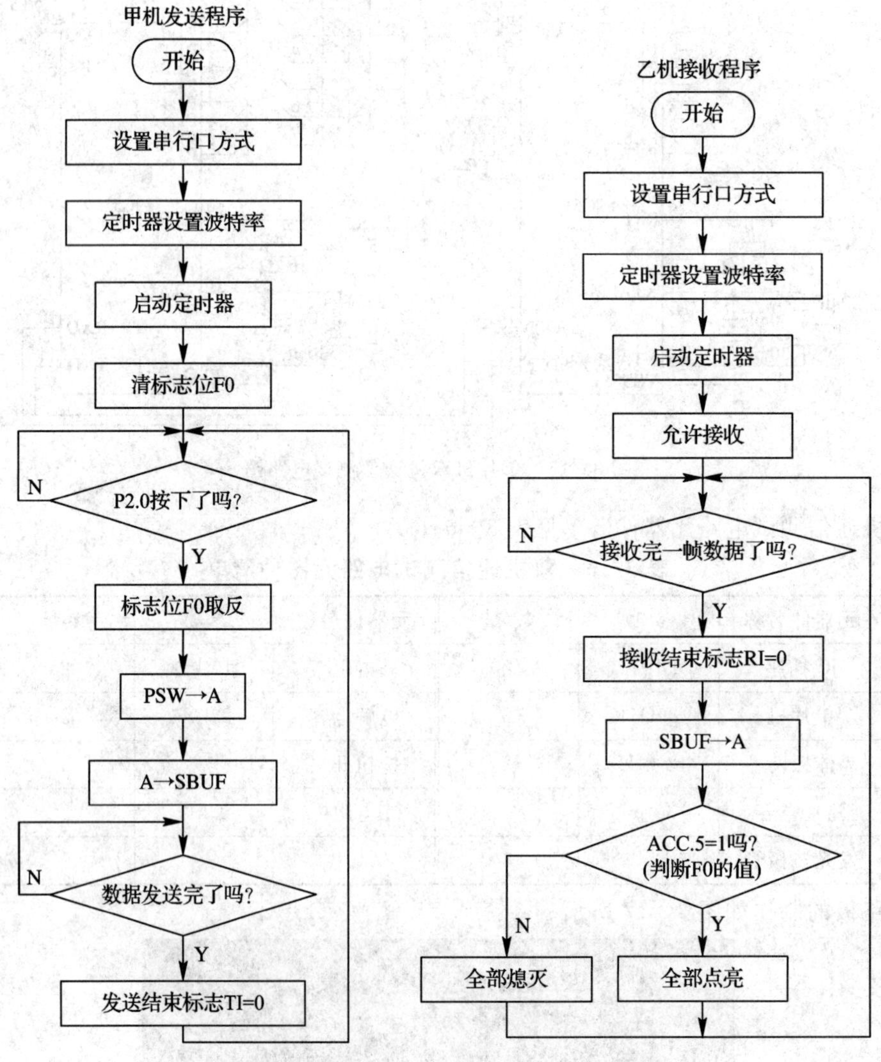

图 3-18 双机通信程序设计流程图

参考程序如下：

```
；＊＊＊＊＊＊＊＊＊＊＊＊＊＊双机通信发送程序＊＊＊＊＊＊＊＊＊＊＊＊＊＊＊＊＊＊＊＊＊＊＊＊
；程序名：甲机发送程序 PM 4_1_1.asm
；程序功能：检测按键 S11 的按下次数，若按下奇数次则将标志位 F0 置 1，若按下偶数次则将
F0 置 0，并将该标志位发送给乙机
```

```
        ORG  0000H
        AJMP     MAIN
        ORG  0100H
MAIN：  MOV  SCON，#40H           ；串行口采用工作方式 1，10 位为一帧
        MOV     TMOD，#20H        ；T1 采用工作方式 2
        MOV     TL1，#0F4H        ；设置定时器初始值
        MOV     TH1，#0F4H
        SETB     TR1              ；启动定时器
        CLRF0                     ；标志位 F0 清 0
        MOV     P2，#0FFH         ；设 P2 为输入口
WAIT1： JB  P2.0，$               ；查询按键是否按下，若无键按下则继续等待
        CPL  F0                   ；标志位取反
        MOV     A，PSW            ；将含有标志位 F0 的寄存器 PSW 的内容送给 A
        ANLA，#00100000B          ；屏蔽无关位
        MOV     SBUF，A           ；将 A 送 SBUF，发送数据
WAIT2： JBC  TI，CONT             ；检测数据是否发送完毕
        AJMP  WAIT2               ；未完继续等待发送
CONT：  SJMP  WAIT1               ；发送完成则继续检测按键状态
        END
```

```
；* * * * * * * * * * * * * * * 双机通信接收程序 * * * * * * * * * * *
；程序名：乙机接收程序 PM4_1_2.asm
；程序功能：接收甲机发送的数据，根据 F0 状态点亮或熄灭 8 个发光二极管
        ORG  0000H
        AJMP     MAIN
        ORG  0100H
MAIN：  MOV SCON，#40H             ；串行口、定时器设置与甲机相同
        MOVT   MOD，#20H
        MOV     TL1，#0F4H
        MOV     TH1，#0F4H
        SETB     TR1               ；启动定时器
        SETB     REN               ；允许接收数据
WAIT：  JBC  RI，READ              ；判断是否接收完一帧数据
        AJMP  WAIT                 ；未接收完则继续等待接收
READ：  MOV  A，SBUF               ；将接收到的数据送入累加器 A
        JB  ACC.5，LIGHTON         ；若 ACC.5=1，则说明按键按下次数为奇数
LIGHTOFF：MOV P1，#0FFH            ；熄灭 8 个发光二极管
        SJMP     WAIT              ；准备接收下一个数据
LIGHTON：MOV P1，#00H              ；点亮 8 个发光二极管
CONT：  SJMPWAIT                   ；准备接收下一个数据
        END
```

【例】 两台单片机之间，要求将对方单片机的按键值(S1＝1)通过串口传送给另外一方，并用发光二极管显示。

工作原理：单片机扫描到 S1(P3.2)键合上后，即启动串行发送，将 01H 这个数发送给对方单片机，对方单片机收到数据后，再从 P1 口送出来显示。

程序流程如图 3-19 所示。

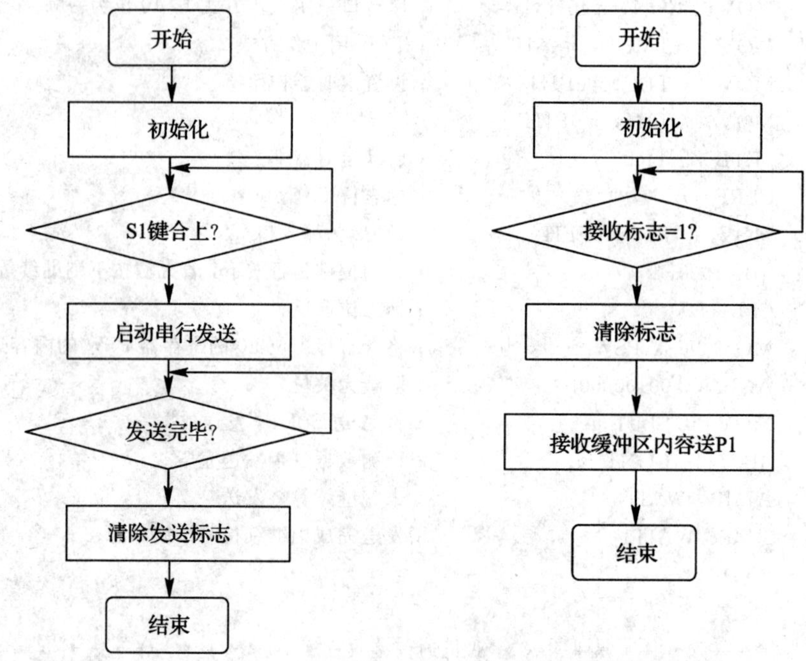

图 3-19　程序流程图

程序如下：

```
;发送程序段
        ORG   0000H
        LJMP  MAIN
        ORG   0030H
MAIN:   MOV   SCON,#40H        ;串口初始化，设置工作方式 1
        MOV   PCON,#80H        ;波特率加倍
        MOV   TMOD,#20H        ;定时器 1 工作在方式 2
        MOV   TH1,#0FDH        ;设置波特率为 9600 b/s
        SETB  TR1
LOOP:   JB    P3.2,$           ;判键是否合上
        LCALL DELAY            ;延时 10 ms 去抖
        JB    P3.2,LOOP
        MOV   SBUF,#01H        ;启动串行发送
        JNB   TI,$             ;判断是否发送完毕
        CLR   TI
        SJMP  $
DELAY:  MOV   R3,#100
DEL:    MOV   R4,#50
        DJNZ  R4,$
```

```
          DJNZ  R3,DEL
          RET
          END
          ；接收程序段
          ORG   0000H
          LJMP  MAIN
          ORG   0030H
MAIN：    MOV   SCON,#40H          ;串口初始化，设置工作方式 1
          MOV   PCON,#80H          ;波特率加倍
          MOV   TMOD,#20H          ;定时器 1 工作在方式 2
          MOV   TH1,#0FDH          ;设置波特率为 9600 b/s
          SETB  TR1
          SETB  REN                ;允许接收
LOOP：    JB    RI,$               ;判键是否合上
          CLR   RI                 ;延时 10 ms 去抖
          MOV   P1,SBUF
          SJMP  $
          END
```

习题与思考题

(1) 什么是串行异步通信，它有哪些作用?

(2) 并行数据通信与串行数据通信各有什么特点? 分别适用于什么场合?

(3) 串行异步通信的数据帧格式是怎样的? 这种通信方式的主要优缺点是什么?

(4) 89C51 单片机的串行口由哪些功能部件组成? 各有什么作用?

(5) 简述串行口接收和发送数据的过程。

(6) 80C51 单片机的串行口有几种工作方式? 应如何选择? 并简述其特点。

(7) 串行通信的接口标准有哪几种?

(8) 在串行通信中通信速率与传输距离之间的关系如何?

(9) 在利用 RS-422/RS-485 通信的过程中，如果通信距离(波特率固定)过长，应如何处理?

(10) 已知异步通信接口按方式 3 传送，每分钟传送 3600 个字符，求其波特率。

(11) 89C51 单片机中 SCON 的 SM2、TB8、RB8 有何作用?

(12) 设晶振为 11.0592 MHz，串行口工作于方式 1，波特率为 4800 b/s。请写出用 T1 作为波特率发生器的方式字和计数初值。

(13) 设定时器 T1 设置成模式 2 作波特率发生器，已知 f_{OSC}=6 MHz，求可能产生的最高和最低的波特率。

(14) 设 f_{SOC}=11.0592 MHz，试编写一段程序，其功能为对串行口初始化，使之工作于方式 1，波特率为 1200 b/s；用查询串行口状态的方法，读出接收缓冲区的数据并回送到发送缓冲区。

学习任务二 系统扩展的实现

任务描述

任何一个计算机系统(包括单片机应用系统)都由两部分组成，一部分是硬件系统，一部分是软件系统。单片机芯片中用来存放数据的存储器容量很小，如 8051 只有 128 B 的 RAM 和 4 KB 的 ROM，而 8031 有 128 B 的 RAM 但无 ROM。所以，很多单片机的应用中，必须在单片机外部加存储器芯片，以增加单片机的存储容量。这种在单片机外部增加外围常用芯片，以增强单片机应用能力的方法，称为单片机的系统扩展。

相关知识

一、单片机应用系统的扩展方法

采用 MCS-51 系列单片机构成的应用系统，首先要考虑单片机所具有的各种功能能否满足应用系统的要求。对于片内无 ROM(或 EPROM)的 8051 单片机，其最小系统还应包括外接 EPROM 程序存储器、晶体振荡电路、复位电路和电源部分等。如果仍不能满足功能要求，则需扩展 RAM、I/O 接口及其他外围设备，8051 单片机的系统扩展及接口结构如图 3-20 所示。

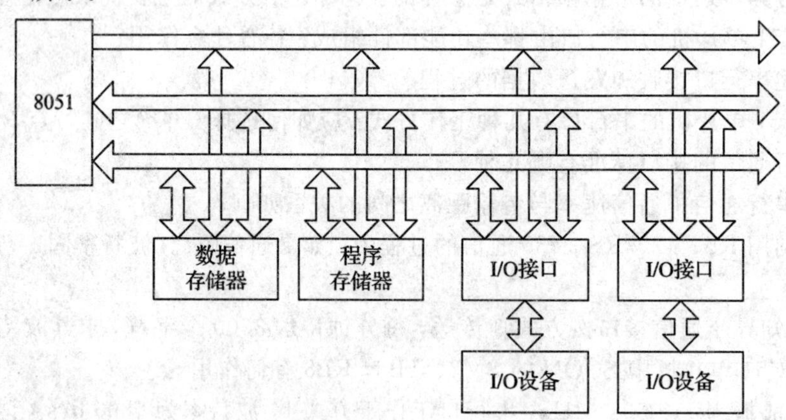

图 3-20　8051 单片机的系统扩展及接口结构

通常把单片机外部连线通过地址锁存器变为三总线结构形式，如图 3-21 所示。

通常采用 74LS373 作为地址锁存器。由单片机 P0 口送出的低 8 位有效地址信号是在 ALE(地址锁存允许)信号变高的同时出现的，并在 ALE 由高变低时，将出现在 P0 口的地址信号锁存到外部地址锁存器 74LS373 中，直到下一次 ALE 变高时，地址才发生变化。

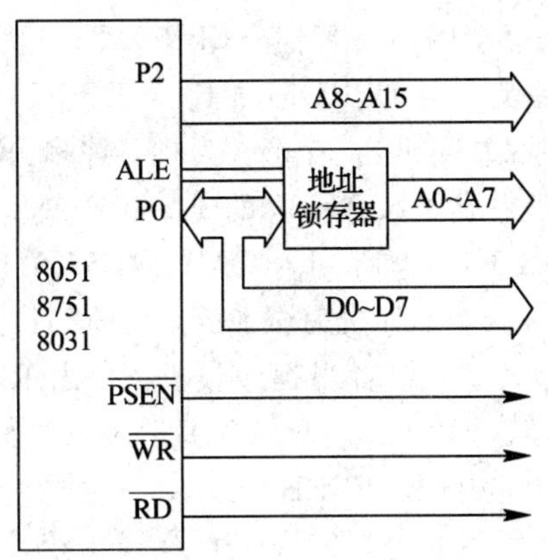

图 3-21　单片机的三总线结构形式

(1) 地址总线(AB)。由于 P0 口是地址、数据分时使用的输入、输出口，所以 P0 提供的低 8 位地址线需由外加的地址锁存器进行锁存，一般用 ALE 正脉冲信号的下降沿控制锁存地址输出；P2 口提供高 8 位地址线，此口具有输出锁存的功能。这 16 位地址线使得单片机具有 64 KB 的 EPROM 和 64 KB 的 RAM 的寻址范围。

(2) 数据总线(DB)。DB 由 P0 口提供。P0 口是双向三态控制输入、输出口。

(3) 控制总线(CB)。

二、程序存储器扩展

(一) ROM 的分类

单片机应用系统由硬件和软件组成，软件的载体就是硬件中的程序存储器。根据编程方式的不同，ROM 可分为以下四种：

1. 掩膜 ROM

掩膜 ROM 简称 ROM，其编程是由半导体制造厂家完成的，即在生产过程中进行编程。一般在产品定型后使用，可以降低成本。

2. 可编程 ROM（PROM）

PROM 芯片出厂时并没有任何程序信息，应用程序可由用户一次性编程写入，但只能编程一次。与掩膜 ROM 相比，PROM 的应用更具灵活性。

3. 可擦除 ROM（EPROM 或 EEPROM）

可擦除 ROM 芯片的内容可以由用户编程写入，并允许反复擦除重新编程写入。EPROM 为紫外线可擦除 ROM；EEPROM 为电可擦除 ROM。EEPROM 芯片每个字节可改写万次以上，信息的保存期大于 10 年。可擦除芯片给计算机应用系统带来很大的方便，不仅可以修改参数，而且断电后能保存数据。常用芯片有 EPROM2764(8 KB)、27128(16 KB)、27256(32 KB)、27512(64 KB)和 EEPROM2864(8 KB)。

4. Flash ROM

Flash ROM 称为快闪存储器，也称为快可擦写 ROM。Flash ROM 是在 EPROM、EEPROM 的基础上发展起来的一种只读存储器，是一种非易失性、电可擦除型存储器。Flash ROM 的特点是可快速在线修改其存储单元中的数据，标准改写次数可达 1 万次，而成本却比普通 EEPROM 低得多，因而可替代 EEPROM，且因其性能比 EEPROM 要好，目前大有取代 EEPROM 的趋势。与 EPROM 相比，EEPROM 的写入速度较慢，而 Flash ROM 的读写速度都很快，存取时间可达 70 ns。目前，许多公司生产的以 MCS－51 芯片为内核的单片机，在芯片内部集成了数量不等的 Flash ROM。例如，美国 ATMEL 公司生产的 89C51 单片机片内有 4 KB 的 Flash ROM；89C55 单片机片内有 20 KB 的 Flash ROM。这些类型的单片机与 8051 单片机完全兼容，目前已得到广泛的应用。

对于没有内部 ROM 的单片机，或者当程序较长、片内 ROM 容量不够时，用户必须在单片机外部扩展程序存储器。MCS－51 单片机片外有 16 条地址线，即 P0 口和 P2 口，因此最大寻址范围为 64 KB(0000H～FFFFH)。

其中，扩展程序存储器时所用的控制信号如下：

① ALE 为地址锁存信号，用以实现对低 8 位地址的锁存，其高电平有效。

② $\overline{\text{PSEN}}$为片外程序存储器读选通信号。通常$\overline{\text{PSEN}}$直接与 EPROM 的$\overline{\text{OE}}$(数据输出允许信号)引脚连接。

③ $\overline{\text{EA}}$为片内、片外程序存储器访问的控制信号。当$\overline{\text{EA}}$＝1 时访问片内程序存储器，此时片内存储器的地址范围是0000H～0FFFH(4 KB)，片外程序存储器的地址范围是1000H～FFFFH(60 KB)；当$\overline{\text{EA}}$＝0 时访问片外程序存储器，片外程序存储器的地址范围为 0000H～FFFFH(64 KB)。例如，8031 单片机没有片内程序存储器，因此其$\overline{\text{EA}}$引脚总是接低电平。

扩展程序存储器常用的芯片是紫外线可擦除(Erasable Programmable Read Only Memory，EPROM)型，如 2716(2 KB×8)、2732(4 KB×8)、2764(8 KB×8)、27128(16 KB×8)、27256(32 KB×8)、27512(64 KB×8)等。另外，＋5 V 电可擦除 ROM(EEPROM)，如 2816(2 KB×8)、2864(8 KB×8)等，也较为常用。

如果程序总量不超过 4 KB，则用户一般会选用具有内部 ROM 的单片机。8051 单片机内部 ROM 只能由厂家将程序一次性固化，不适合小批量用户和程序调试时使用，因此选用 8751、8951 单片机的用户较多。

如果程序超过 4 KB，则用户一般不会选用 8751、8951 单片机，而是直接选用 8031 单片机，利用外部扩展存储器来存放程序。

(二) EPROM 程序存储器扩展实例

紫外线擦除电可编程只读存储器 EPROM 是国内用得较多的程序存储器。EPROM 芯片上有一个玻璃窗口，在紫外线照射下，存储器中的各位信息均变为 1，即处于擦除状态。擦除干净的 EPROM 可以通过编程器将应用程序固化到芯片中。

【例】 在 8031 单片机上扩展 4 KB EPROM。

(1) 选择芯片。本例要求选用 8031 单片机，内部无 ROM 区，无论程序长短都必须扩展片外程序存储器(目前较少这样使用，但扩展方法比较典型、实用)。

在选择程序存储器芯片时，首先必须满足程序容量，其次在价格合理的情况下尽量选用容量大的芯片。这样做使用的芯片少，接线简单，芯片存储容量大，程序调整余量也大。例如，估计程序总长为 3 KB 左右，最好是扩展一片 4 KB 的 EPROM 2732，而不是选用两片 2716(2 KB)。

在单片机应用系统硬件设计中应注意尽量减少芯片的使用个数，从而简化电路结构，提高可靠性，这也是 8951 单片机比 8031 单片机使用更加广泛的原因之一。

（2）硬件电路。8031 单片机扩展一片 2732 EPROM 的电路如图 3－22 所示。

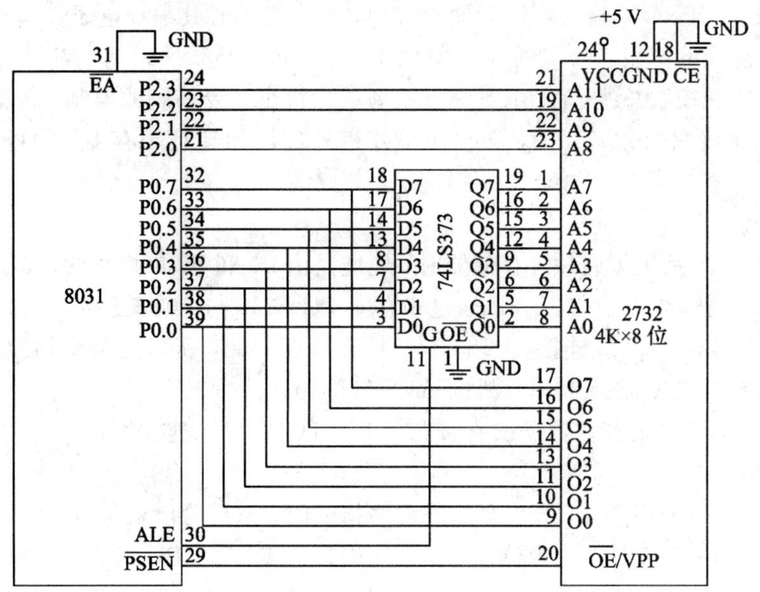

图 3－22　单片机扩展一片 2732 EPROM 的电路

（3）芯片说明：

① 74LS373。74LS373 是带三态缓冲输出的 8D 锁存器，由于在单片机的三总线结构中，数据线与地址线的低 8 位共用 P0 口，因此必须用地址锁存器将地址信号和数据信号区分开。74LS373 的锁存控制端 G 直接与单片机的锁存控制信号 ALE 相连，在 ALE 的下降沿锁存低 8 位地址。

② EPROM 2732。EPROM 2732 的容量为 4K×8 位。4K 表示有 4×1024(22×210＝212)个存储单元，8 位表示每个单元存储数据的宽度是 8 位。前者确定了地址线的位数是 12 位（A0～A11），后者确定了数据线的位数是 8 位（O0～O7）。目前，除了串行存储器之外，一般情况下，使用的都是 8 位数据存储器。2732 采用单一＋5 V 供电，最大静态工作电流为 100 mA，维持电流为 35 mA，读出时间最大为 250 ns。2732 的封装形式为 DIP24，其管脚如图 3－23 所示。其中，A0～A11 为地址线；O0～O7 为数据线；$\overline{\text{CE}}$为片选线；$\overline{\text{OE}}$/VPP 为输出允许/编程高压。

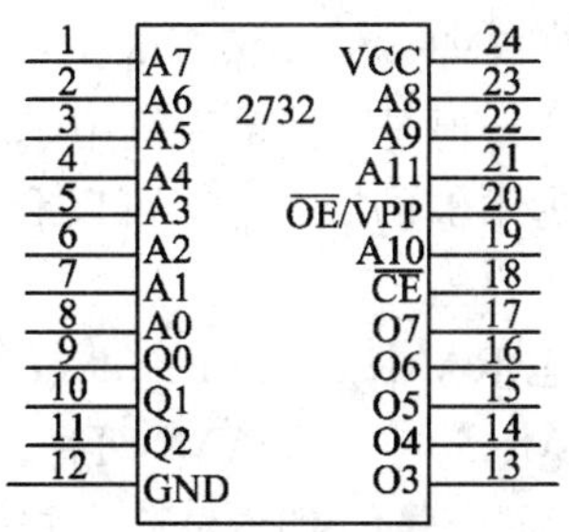

图 3－23　EPROM 2732 的管脚

片选线$\overline{\text{CE}}$低电平有效。也就是说，只有当$\overline{\text{CE}}$为低电平时，2732 才被选中，否则 2732

不工作。$\overline{OE}$/VPP为双功能管脚，当2732用作程序存储器时，其功能是允许读数据；当对EPROM编程(也称为固化程序)时，该管脚用于高电压输入。不同厂家生产的芯片其编程电压不同。若将EPROM作为程序存储器使用，则不必关心其编程电压。

(4) 扩展总线的产生。一般的CPU，像Intel 8086/8088、Z80等，都具有单独的地址总线、数据总线和控制总线，而MCS-51系列单片机由于受管脚的限制，数据线与地址线是复用的。为了将它们分离开来，必须在单片机外部增加地址锁存器，构成与一般CPU类似的三总线结构。

(5) 连线说明：

① 地址线。单片机扩展片外存储器时，地址是由P0和P2口提供的。2732的12条地址线(A0～A11)中，低8位A0～A7通过锁存器74LS373与P0口连接，高4位A8～A11直接与P2口的P2.0～P2.3连接，P2口本身具有锁存功能，所以无需添加锁存器。注意，锁存器的锁存使能端G必须和单片机的ALE管脚相连。

② 数据线。2732的8位数据线直接与单片机的P0口相连。因此，P0口是一个分时复用的地址/数据线。

③ 控制线。CPU执行2732中存放的程序指令时，取指阶段就是对2732进行读操作。注意，CPU对EPROM只能进行读操作，不能进行写操作。CPU对2732的读操作控制都是通过控制线实现的。2732控制线的连接有以下两种：

$\overline{CE}$：直接接地。由于系统中只扩展了一个程序存储器芯片，所以，2732的片选端$\overline{CE}$直接接地，表示2732一直被选中。若同时扩展多片，则需通过译码器来完成片选工作。

$\overline{OE}$：接8031的读选通信号$\overline{PSEN}$端。在访问片外程序存储器时，只要$\overline{PSEN}$端出现负脉冲，即可从2732中读出程序。

(6) 扩展程序存储器地址范围的确定。单片机扩展存储器的关键是搞清楚扩展芯片的地址范围，8031最大可以扩展64 KB(0000H～FFFFH)。决定存储器芯片地址范围的因素有两个：一个是片选端$\overline{CE}$的连接，另一个是存储器芯片的地址线与单片机地址线的连接。在确定地址范围时，必须保证片选端$\overline{CE}$为低电平。

本例中，2732的片选端$\overline{CE}$总是接地，因此第一个条件总是满足的。另外，2732有12条地址线，它们与8031的低12位地址相连。

三、数据存储器扩展

(一) 数据存储器(RAM)概述

RAM是用来存放各种数据的。MCS-51系列8位单片机的内部有128 B RAM，CPU对内部RAM具有丰富的操作指令。但是，当单片机用于实时数据采集或处理大批量数据时，仅靠片内提供的RAM是远远不够的。此时，可以利用单片机的扩展功能，扩展外部数据存储器。

常用的外部数据存储器有静态RAM(Static Random Access Memory，SRAM)和动态RAM(Dynamic Random Access Memory，DRAM)两种。前者读/写速度快，一般都是8位宽度，易于扩展，且大多数与相同容量的EPROM引脚兼容，有利于印刷电路板的设计，使用方便；缺点是集成度低，成本高，功耗大。后者集成度高，成本低，功耗相对较低；缺点是需要增加一个刷新电路，附加了另外的成本。

MCS－51 单片机扩展片外数据存储器的地址线也是由 P0 口和 P2 口提供的，因此最大寻址范围为 64 KB(0000H～FFFFH)。若存储器的容量超过 64 KB，则需进行特殊处理。

(二) 常用静态数据存储器芯片

目前，单片机系统常用的 RAM 电路有 6116(2 KB)、6264(8 KB)、62128(16 KB)、62256(32 KB)等，如图 3－24 所示。

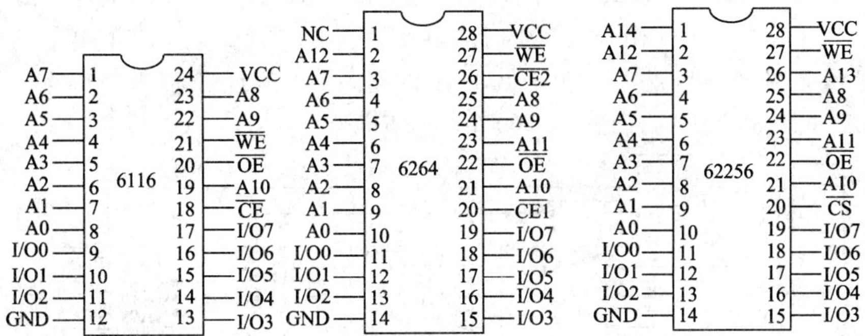

图 3－24　常用数据存储器的引脚图

A0～A14 为地址线；

I/O0～I/O7 为 8 位数据线；

$\overline{CE}$为片选信号，低电平有效；

$\overline{OE}$为数据输出允许信号，当$\overline{CE}$有效时，输出缓冲器打开，寻址单元的内容才能被读出；

$\overline{WE}$为写信号，低电平有效。

1. 访问数据存储器常用控制信号

MCS－51 单片机访问数据存储器扩展的常用控制信号如下：

ALE 为地址锁存信号，用以实现对低 8 位地址的锁存；

$\overline{WR}$为片外数据存储器写信号；

$\overline{RD}$为片外数据存储器读信号。

2. 数据存储器的一般扩展方法

MCS－51 单片机扩展的外部数据存储器读/写数据时，主要考虑的问题是：应如何将所用的控制信号 ALE、$\overline{WR}$、$\overline{RD}$及地址线与数据存储器相连接。在扩展一片外 RAM 时，应将$\overline{WR}$引脚与 RAM 芯片的$\overline{WE}$引脚连接，$\overline{RD}$引脚与芯片$\overline{OE}$引脚连接。ALE 信号的作用与外扩程序存储器的作用相同，即锁存低 8 位地址。62256 共具有 32 KB 空间，因此它需要 15 位地址(A0～A14)，使用 A0～A7、P2.0～P2.6 作为地址线，片选线$\overline{CE}$接 P2.7，此时，62256 的全部地址空间为 0000H～7FFFH。

3. 程序存储器与数据存储器的综合扩展

某些控制系统，由于实时控制的需要，系统既需要扩展程序存储器，同时又需要扩展数据存储器，此时，可采用线选法或译码法，将数据存储器与程序存储器等同看待，但应注意 CPU 对数据存储器与对程序存储器的控制信号不同，所以数据存储器与程序存储器地址可以重叠。

图 3－25 所示为综合存储器扩展连接图，该系统既包含数据存储器 6264 的扩展，又包含程序存储器 2764 的扩展，两种芯片的控制信号不同：数据存储器 6264 可读可写，程序

存储器 2764 只读不可写。RAM 6264 的数据总线控制信号线为$\overline{\mathrm{WR}}$、$\overline{\mathrm{RD}}$，RAM 2764 的数据总线控制信号线为$\overline{\mathrm{PSEN}}$。此时，如果读取 ROM 2764 程序存储器中的内容，就必须采用“MOVC A，@A＋PC”或“MOVC A，@A＋DPTR”指令读取数据。如果读取 RAM 6264 数据存储器中的内容，就必须采用“MOVX A，@Ri”或“MOVX A，@DPTR”指令读取数据。

图 3－25 中 74HC139 为双 2－4 译码器，当 P2.7、P2.6、P2.5 的组合为 000 时选中 Y0；当 P2.7、P2.6、P2.5 的组合为 001 时选中 Y1；当 P2.7、P2.6、P2.5 的组合为 010 时选中 Y2。那么，图中四个芯片 IC0～IC3（由左至右）的地址分别为 0000H～1FFFH、2000H～3FFFH、0000H～1FFFH、4000H～5FFFH。

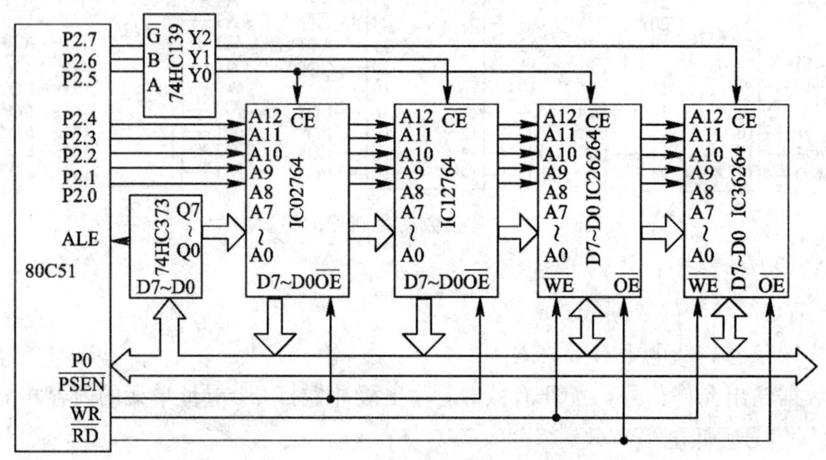

图 3－25　综合存储器扩展连接图

四、MCS－51 单片机并行 I/O 接口的扩展

（一）概述

1. 扩展 I/O 接口的原因

在单片机系统中主要有两类数据传送操作，一类是单片机和存储器之间的数据读写操作；另一类则是单片机和其他设备之间的数据输入/输出（I/O）操作。

存储器是半导体电路，与单片机具有相同的电路形式和信号形式，能相互兼容直接使用。存储器与单片机之间的连接十分简单，主要包括地址线、数据线、读写选通信号。单片机与控制对象或外部设备之间的数据传送却十分复杂，其复杂性主要表现在以下几个方面：

（1）速度差异大。慢速设备如开关、继电器、机械传感器等，每秒钟传送不了一个数据；而高速采样设备，每秒钟要传送成千上万个数据位。面对速度差异如此大的各类设备，单片机无法以一个固定的时序同它们按同步方式协调工作。

（2）设备种类繁多。单片机应用系统中的控制对象或外部设备种类繁多，它们既可能是机械式的，又可能是机电式的，还可能是电子式的。由于不同设备之间性能各异、对数据的要求互不相同，因此无法按统一格式进行数据传送。

（3）数据信号形式多种多样。单片机应用系统所面对的数据形式也是多种多样的，例如，既有电压信号，也有电流信号；既有数字形式，也有模拟形式。

2. 扩展 I/O 接口电路的功能

在单片机应用系统中，扩展 I/O 接口电路主要针对如下几项功能：

（1）速度协调。由于速度上的差异，使得单片机的 I/O 数据传送只能以异步方式进行。设备是否准备好，需要通过接口电路产生或传送设备的状态信息，以此实现单片机与设备之间的速度协调。

（2）输出数据锁存。在单片机应用系统中，数据输出都是通过系统的公用数据通道（数据总线）进行的，单片机的工作速度快，数据在数据总线上保留的时间十分短暂，无法满足慢速输出设备的需要。在扩展 I/O 接口电路中应具有数据锁存器，以保存输出数据直至能为输出设备所接收。

（3）输入数据三态缓冲。数据输入时，输入设备向单片机传送的数据要通过数据总线，但数据总线是系统的公用数据通道，上面可能“挂”着多个数据源，工作比较繁忙。为了维护数据总线上数据传送的“次序”，只允许当前时刻正在进行数据传送的数据源使用数据总线，其余数据源都必须与数据总线处于隔离状态。为此要求接口电路能为数据输入提供三态缓冲功能。

（4）数据转换。单片机只能输入和输出数字信号，但是有些设备所提供或所需要的并不是数字信号形式。为此，需要使用接口电路进行数据信号的转换，其中包括：模/数转换和数/模转换。

3. MCS－51 单片机常用的扩展器件

MCS－51 单片机常用的扩展器件有如下三类：

（1）常规逻辑电路、锁存器，如 74LS377、74LS245。

（2）MCS－80/85 并行接口电路，如 8255。

（3）RAM/IO 综合扩展器件，如 8155。

（二）简单 I/O 接口的扩展

当所需扩展的外部 I/O 口数量不多时，可以使用常规的逻辑电路、锁存器进行扩展。这一类的外围芯片一般价格较低且种类较多，常用的有：74LS377、74LS245、74LS244 等。

1. 74LS377 芯片及扩展举例

图 3－26 是 74LS377 的引脚图和功能表。74LS377 是一种 8D 触发器，它的 $\overline{E}$ 端是控制端、CLK 端是时钟端，当它的 $\overline{E}$ 端为低电平时只要在 CLK 端产生一个正跳变，D0～D7 就会被锁存到 Q0～Q7 端输出，在其他情况下 Q0～Q7 端的输出保持不变。

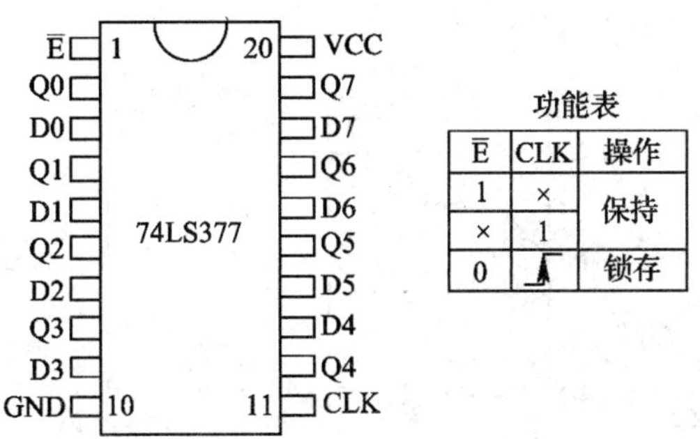

功能表

$\overline{E}$	CLK	操作
1	×	保持
×	1	保持
0	↑	锁存

图 3－26　74LS377 的引脚图和功能表

图 3 - 27 使用了一片 74LS377 扩展输出口，如果将未使用到的地址线都置为 1 则可以得到该片 74LS377 的地址为 7FFFH。如果要从 74LS377 中输出数据到单片机，则可以执行以下指令：

```
MOV DPTR，#7FFFH
MOVX @DPTR，A
```

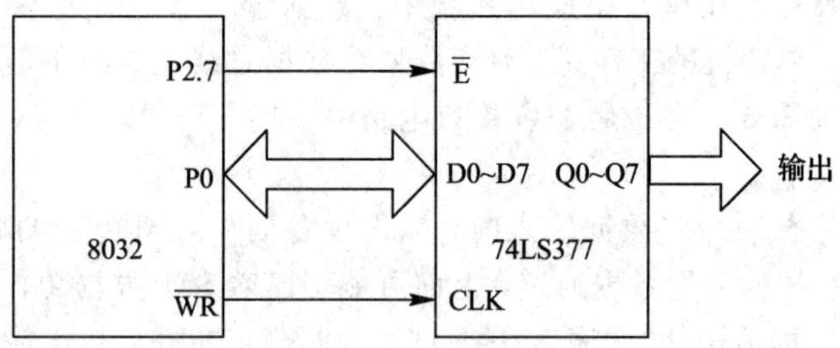

图 3 - 27 MCS - 51 系列单片机扩展 74LS377

2. 74LS245 芯片及扩展举例

图 3 - 28 是 74LS245 的引脚图和功能表。74LS245 是一种三态输出的 8 总线收发驱动器，无锁存功能。它的 $\overline{G}$ 端和 DIR 端是控制端，当它的 $\overline{G}$ 端为低电平时，如果 DIR 为高电平，则 74LS245 将 A 端数据传送至 B 端；如果 DIR 为低电平，则 74LS245 将 B 端数据传送至 A 端。在其他情况下不传送数据并输出高阻态。

DIR 1 20 VCC
A1 $\overline{G}$
A2 B1
A3 B2
A4 B3
A5 74LS245 B4
A6 B5
A7 B6
A8 B7
GND 10 11 B8

功能表

$\overline{G}$ (使能)	DIR (方向控制)	操作
L	L	B端送至A端
L	H	A端送至B端
H	X	不传送

图 3 - 28 74LS245 的引脚和功能表

图 3 - 29 使用了一片 74LS245 扩展输入口，如果将未使用到的地址线都置为 1，则可以得到该片 74LS245 的地址为 7FFFH。

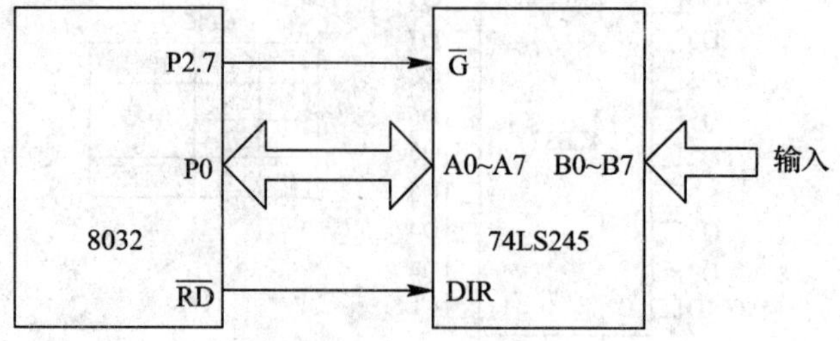

图 3 - 29 MCS - 51 系列单片机扩展 74LS245

3. 74LS244 芯片及扩展举例

74LS244 芯片的引脚排列如图 3-30 所示。

74LS244 芯片内部有两个 4 位的三态缓冲器，一片 74LS244 可以扩展一个 8 位输入口，如图 3-31 所示。使用时以$\overline{CE}$作为数据选通信号。

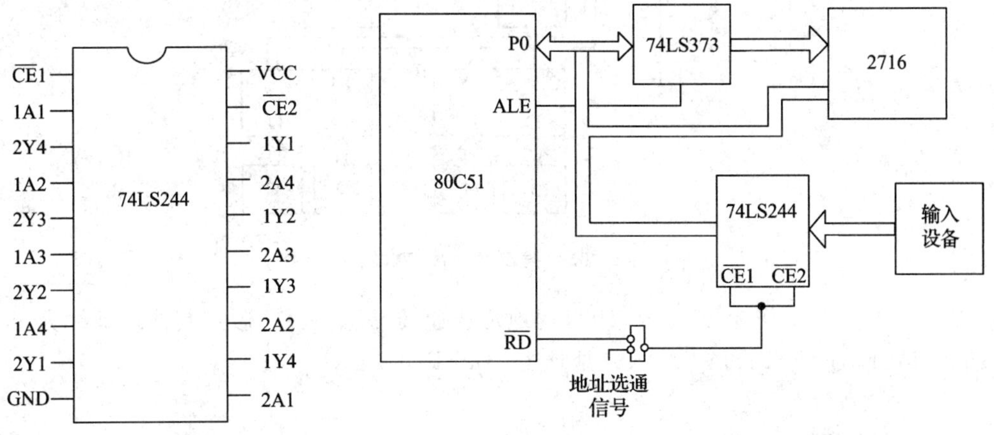

图 3-30　74LS244 引脚系列　　　　图 3-31　74LS244 实现输入口扩展

4. 应用举例

(1) 使用多片 74LS244 实现多个输入口扩展的电路连接如图 3-32 所示，其中可使用或门 74LS32 的输出作为输入口的选通信号。或门的两个输入端一个是读选通信号$\overline{RD}$，另一个则为 P2 口的一条口线(线选法)；当它们都为低电平时，才能得到一个有效的输入选通，使一片 74LS244 的 8 位数据进行输入。

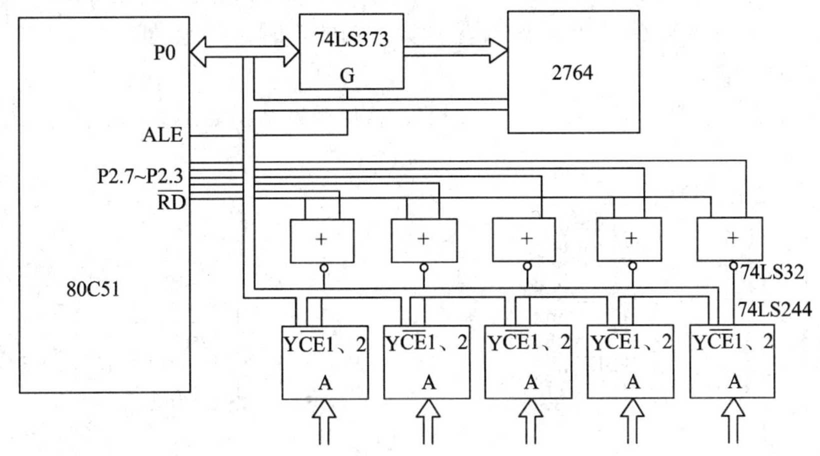

图 3-32　多输入口扩展电路

(2) 一个拨盘可产生一个 BCD 码形式的十进制数(4 位)。现有 A、B、C、D 4 个拨盘，要求把它们产生的 BCD 码数依次输入到通用寄存器 R4(B、A)、R5(D、C)中去。每个 BCD 码需 4 条输入线，4 个 BCD 码则共需 16 条输入线，即两个 8 位口(1# 口和 2# 口)，因此用两片 74LS244 就可构成其输入接口，如图 3-33 所示。

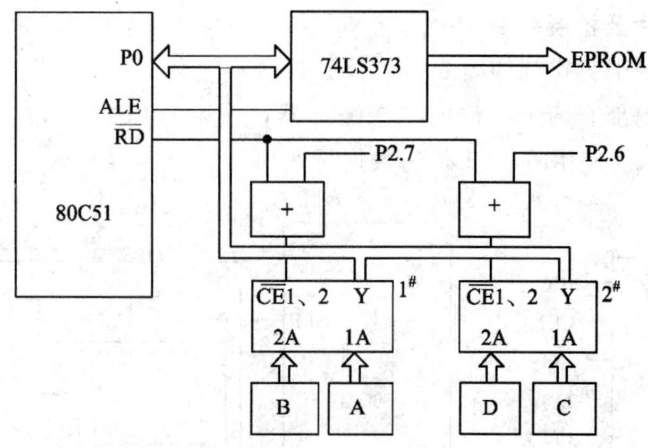

图 3-33 拨盘输入接口电路图

P2.7、P2.6 分别作为 1# 口和 2# 口的地址选通线(线选法)。假定其他地址线为 1，则 1# 输入口地址为 7FFFH，2# 输入口地址为 0BFFFH。

数据输入程序如下：

```
MOV DPTR, #7FFFH          ; 1# 口地址
MOVX A, @DPTR             ; 从拨盘取数
MOV R4, A
MOV DPTR, #0BFFFH         ; 2# 口地址
MOVX A, @DPTR             ; 从拨盘取数
MOV R5, A
```

(三) 8155 可编程接口及扩展技术

8155 具有三个可编程 I/O 口，其中两个口(A 和 B)为 8 位口，一个口(C)为 6 位口。此外，还有 256 个 RAM 单元和一个 14 位计数结构的定时器/计数器。

1. 8155 芯片结构

8155 芯片信号引脚如图 3-34 所示，8155 芯片逻辑结构如图 3-35 所示。

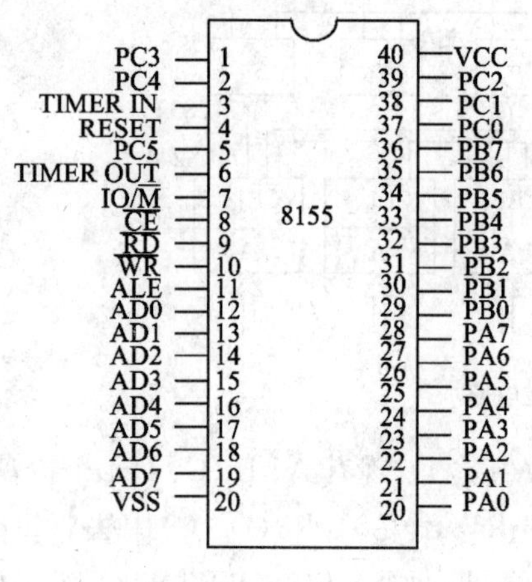

图 3-34 8155 芯片信号引脚

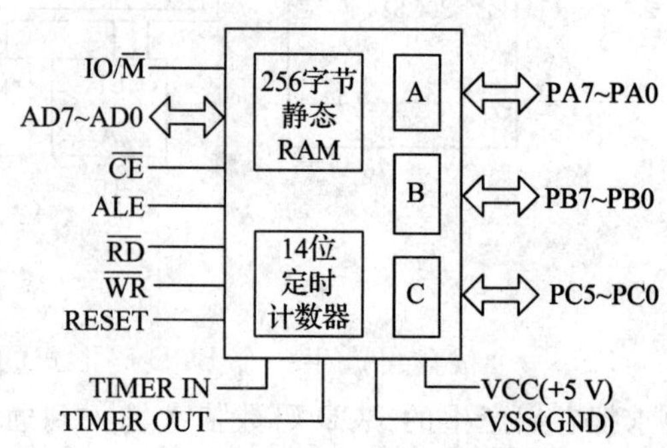

图 3-35 8155 芯片逻辑结构

在与单片机接口的方向，8155 提供如下信号引脚：

· AD7～AD0：地址数据复用线。

· ALE：地址锁存信号。除进行 AD7～AD0 的地址锁存控制外，还用于把片选信号 $\overline{\mathrm{CE}}$ 和 IO/$\overline{\mathrm{M}}$ 等信号进行锁存。

· $\overline{\mathrm{RD}}$：读选通信号。

· $\overline{\mathrm{WR}}$：写选通信号。

· $\overline{\mathrm{CE}}$：片选信号。

· IO/$\overline{\mathrm{M}}$：I/O 与 RAM 选择信号。IO/$\overline{\mathrm{M}}$=0 时对 RAM 进行读写；IO/$\overline{\mathrm{M}}$=1 时 I/O 口进行读写。

· RESET：复位信号。8155 芯片以 600 ns 的正脉冲进行复位，复位后 A、B、C 口均置为输入方式。

2. I/O 口及其工作方式

PA 和 PB 是 8 位通用输入/输出口，主要用于数据的 I/O 传送，是数据口，只有输入/输出两种工作方式。

PC 口为 6 位口，它既可作数据口用于数据的 I/O 传送，也可作控制口，用于传送控制信号和状态信号。PC 口具有 4 种工作方式，即输入方式、输出方式、PA 口控制端口方式以及 PA 和 PB 口控制端口方式。

当 PA 或 PB 以中断方式进行数据传送时，所需的联络信号由 PC 提供，各联络信号如表 3-8 所示。

表 3-8　PC 口线联络信号定义

口位＼方式	作 PA 控制端口	作 PA 和 PB 控制端口
PC0	INTRA	INTRA
PC1	ABF	ABF
PC2	$\overline{\mathrm{ASTB}}$	$\overline{\mathrm{ASTB}}$
PC3	输出	INTRB
PC4	输出	BBF
PC5	输出	$\overline{\mathrm{BSTB}}$

联络信号共有 3 个，其中：

· INTRA 为中断请求信号(输出)，高电平有效。INTRA 是送给 MCS-51 单片机的外中断请求信号。

· ABF 为缓冲器满状态信号(输出)，高电平有效。

· $\overline{\mathrm{ASTB}}$ 为选通信号(输入)，低电平有效。数据输入时 $\overline{\mathrm{ASTB}}$ 是外设送来的选通信号；数据输出时 $\overline{\mathrm{ASTB}}$ 是外设送来的应答信号。

(四) RAM 单元及 I/O 口编址

8155 共有 256 个 RAM 单元，加上 6 个可编址的端口，这 6 个端口是：命令/状态寄存器、PA 口、PB 口、PC 口、定时器/计数器低 8 位以及定时器/计数器高 8 位。8155 引入 8 位地址 AD7～AD0，无论是 RAM 还是可编址口都使用这 8 位地址进行编址，如表 3-9 所示。

表 3-9　8155 的可编程端口

AD7	AD6	AD5	AD4	AD3	AD2	AD1	AD0	选　择
×	×	×	×	×	0	0	0	命令/状态寄存器
×	×	×	×	×	0	0	1	PA 口
×	×	×	×	×	0	1	0	PB 口
×	×	×	×	×	0	1	1	PC 口
×	×		×	×	1	0	0	定时器/计数器低 8 位
×	×	×	×	×	1	0	1	定时器/计数器高 8 位

1. 8155 与 MCS-51 单片机的连接

8155 与 MCS-51 的兼容性信号的对应关系如表 3-10 所示。

表 3-10　8155 与 MCS-51 的兼容性信号的对应关系

8155	MCS-51	8155	MCS-51
AD7～AD0	P0 口	$\overline{RD}$	$\overline{RD}$
ALE	ALE	$\overline{WR}$	$\overline{WR}$
RESET	RST		

举例，如图 3-36 和图 3-37 所示。

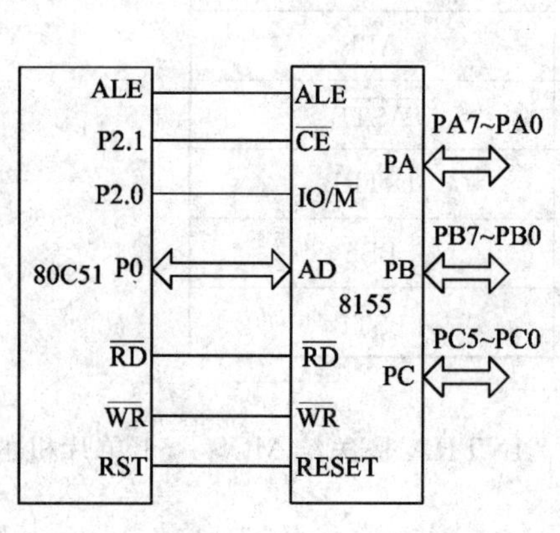

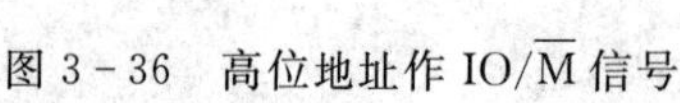
图 3-36　高位地址作 IO/$\overline{M}$ 信号

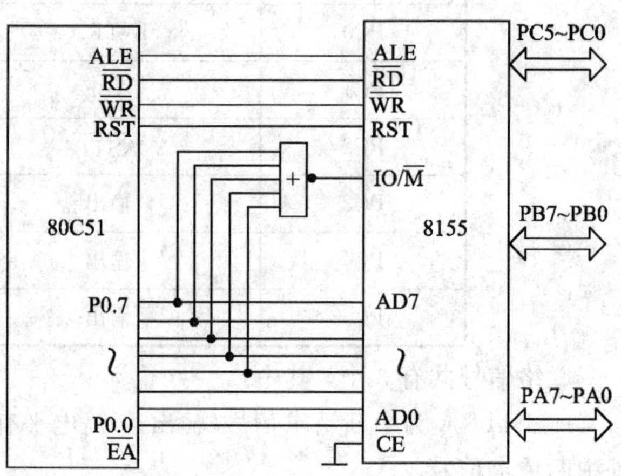

图 3-37　或非门产生 IO/$\overline{M}$ 信号

2. 8155 的命令字及状态字的格式及用法

8155 的命令字和状态字寄存器共用一个地址，命令字寄存器只能写不能读，状态字寄存器只能读不能写。8155 命令字和状态字的格式如图 3-38 和图 3-39 所示。

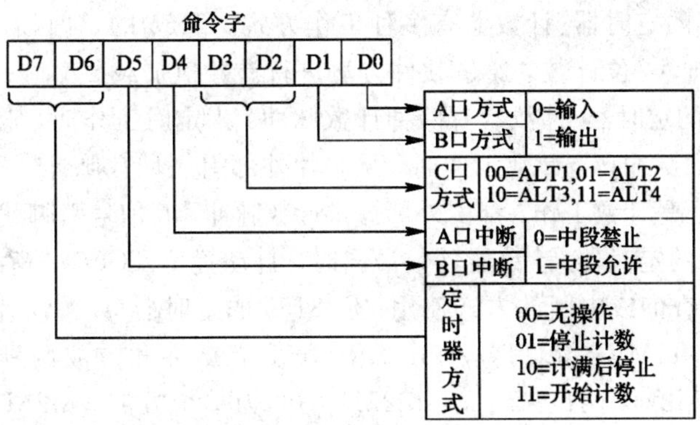

图 3-38　8155 命令字格式

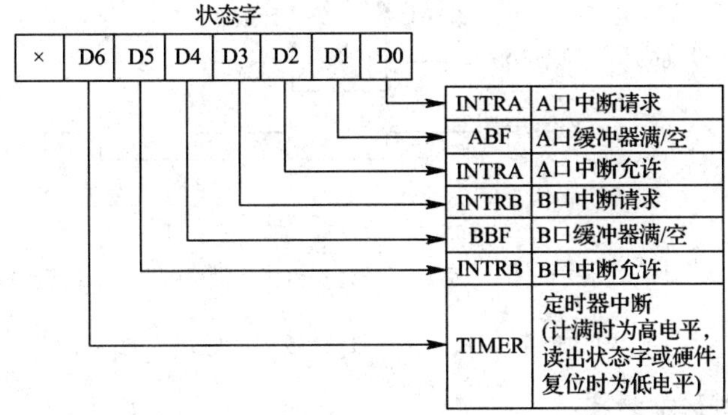

图 3-39　8155 状态字格式

3. 8155 的定时器/计数器

1）定时器/计数器的计数结构

8155 的定时器/计数器是一个 14 位的减法计数器，它由两个 8 位寄存器构成，以其中的低 14 位组成计数器，而两个高位(M2、M1)则用于定义计数器输出的信号形式。

8155 定时器/计数器的计数结构如图 3-40 所示。

D7	D6	D5	D4	D3	D2	D1	D0
M2	M1	T13	T12	T11	T10	T9	T8
输出方式		计数器高6位					

D7	D6	D5	D4	D3	D2	D1	D0
T7	T6	T5	T4	T3	T2	T1	T0
计数器低8位							

图 3-40　8155 定时器/计数器的计数结构

2）定时器/计数器的使用

8155 的定时器/计数器与 MCS-51 单片机芯片内部的定时器/计数器在功能上是完全相同的，即同样具有定时和计数两种功能。但是在使用上却与 MCS-51 的定时器/计数器有许多不同之处。具体表现在下述几个方面：

(1) 8155 的定时器/计数器是减法计数，MCS-51 的定时器/计数器是加法计数。并且，它们确定计数初值的方法不同。

(2) MCS－51 的定时器/计数器有多种工作方式。8155 的定时器/计数器则只有一种固定的工作方式，即 14 位计数，通过软件方法进行计数值加载。

(3) MCS－51 的定时器/计数器有两种计数脉冲：当定时工作时，芯片内部按机器周期提供固定频率的计数脉冲；当计数工作时，从芯片外部引入计数脉冲。8155 的定时器/计数器不论是定时工作还是计数工作，都由外部提供计数脉冲，其信号引脚就是 TIMER IN。

(4) MCS－51 的定时器/计数器计数溢出时，自动置位 TCON 寄存器的计数溢出标志位(TF)，供用户以查询或中断的方式使用；但 8155 的定时器/计数器计数溢出时会向芯片外边输出一个信号(TIMER OUT)。TIMER OUT 有脉冲和方波两种形式，可供用户选择，其具体形式由 M2M1 两位来定义：M2M1＝00 为单个方波，M2M1＝01 为连续方波，M2M1＝10 为单个脉冲，M2M1＝11 为连续脉冲，这 4 种输出形式如图 3－41 所示。

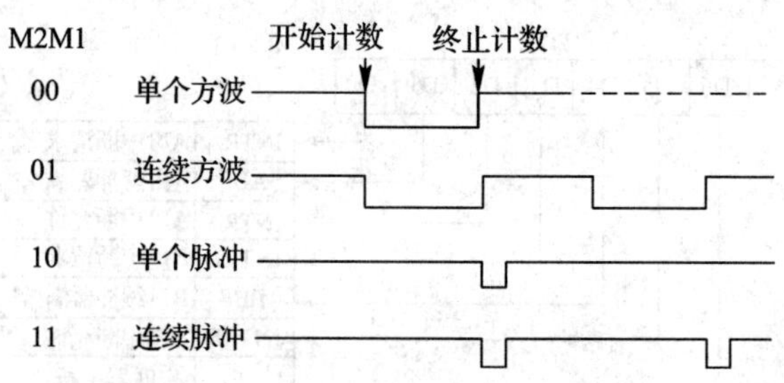

图 3－41　8155 定时器/计数器的输出方式

3) 定时器/计数器的控制

8155 定时器/计数器的工作方式由命令字中的高两位 D7D6 进行控制。具体说明如下：

若 D7D6＝00，则不影响计数器工作。

若 D7D6＝01，则停止计数。如计数器未启动则无操作，如计数器正运行则停止计数。

若 D7D6＝10，则达到计数值(计数器减为 0)后停止。

若 D7D6＝11，则启动计数器。如计数器未运行，则在装入计数值后开始计数；如计数器已运行，则在当前计数值计满后，再以新的计数值进行计数。

4. 应用举例

【例】 要求使用 8155 定时器/计数器对计数脉冲进行千分频，即计数 1000 后，TIMER OUT 端电平状态变化，并重新计数以产生连续方波。此外假定 PA 口为输入方式，PB 口为输出方式，PC 口为输入方式，禁止中断。请编写初始化程序。

解：此题共两项任务：计数初值的确定和命令字的确定。

计数器的最高两位 M2M1＝01，计数器的其他 14 位装入计数初值。由于 8155 计数器是减法计数，所以计数初值应为十进制数 1000，十六进制数 03E8H。则计数器高位字节为 43H，计数器低位字节为 0E8H，按上述要求，8155 的命令字为 0C2H。各位状态如图3－42所示。

计数器		B口	A口	C口		B口	A口
装入后启动		不允许中断		输入		输出	输入
D7	D6	D5	D4	D3	D2	D1	D0
1	1	0	0	0	0	1	0

图 3－42　各位状态图

由于命令字的高两位 D7D6＝11，因此在装入计数值后，计数器即开始计数。假定命令/状态寄存器地址为 0FD00H，则初始化程序如下：

```
MOV DPTR，#0FD00H          ；命令/状态寄存器地址
MOV A，#0C2H               ；命令字
MOVX@DPTR，A               ；装入命令字
MOV DPTR，#0FD04H          ；计数器低 8 位地址
MOV A，#0E8H               ；低 8 位计数位
MOVX@DPTR，A               ；写入计数值低 8 位
INC DPTR                   ；计数器高 8 位地址
MOV A，#43H                ；高 8 位计数值
MOVX@DPTR，A               ；写入计数值高 8 位
```

【例】 若 A 口定义为基本的输入方式，B 口定义为基本的输出方式，对输入脉冲进行 200 分频，请画出 8031 与 8155 的接线图，并写出 8155 的 I/O 初始化程序。

解：设 RAM 字节地址为 7E00H～7EFFH(P2.0＝0)，I/O 接口地址为

命令状态口：7F00H

PA 口：7F01H

PB 口：7F02H

PC 口：7F03H

定时器低 8 位：7F04H

定时器高 8 位：7F05H

则 8031 与 8155 的接线如图 3－43 所示。

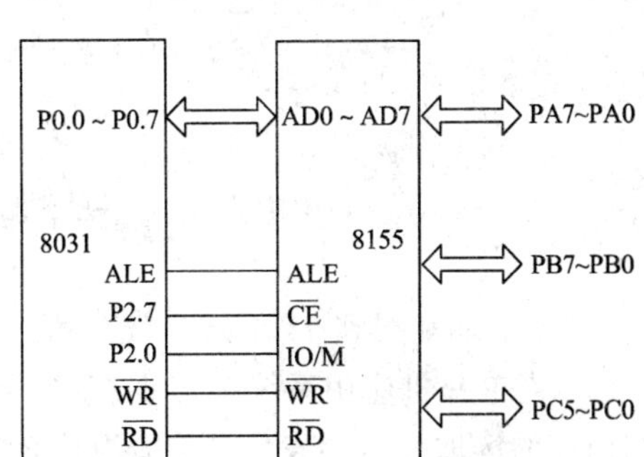

图 3－43　8031 与 8155 的接线图

程序代码如下：

```
        ORG 1000H
START：MOV SP，#60H
        MOV R6，#0FFH
        DJNZ R6，START
MAIN：  MOV DPTR，#7F04H      ；指向定时器低 8 位
        MOV A，#0C8H          ；计数常数 OC8H
        MOVX@DPTR，A          ；计数常数低 8 位装入
        INC DPL               ；指向定时器高 8 位
        MOV A，#40H           ；设定时器连续方波输出
        MOVX@DPTR，A          ；指向命令状态口
        MOV A，# 0C2H         ；命令控制字设定
        MOVX @DPTR，A
```

【例】 请编制程序，实现 L0～L3 灭、L4～L7 亮，如图 3－44 所示。请编制程序。

解：程序代码为

```
LED：MOV DPTR，#7FFOH        ；写方式控制字，PA 口为基本 I/O 输出口
     MOV A，#01H
     MOVX @DPTR，A
```

```
MOV DPTR, #7FFIH        ;往 PA 口写数，控制灯
MOV A, #0FH
MOVX @DPTR, A
RET
```

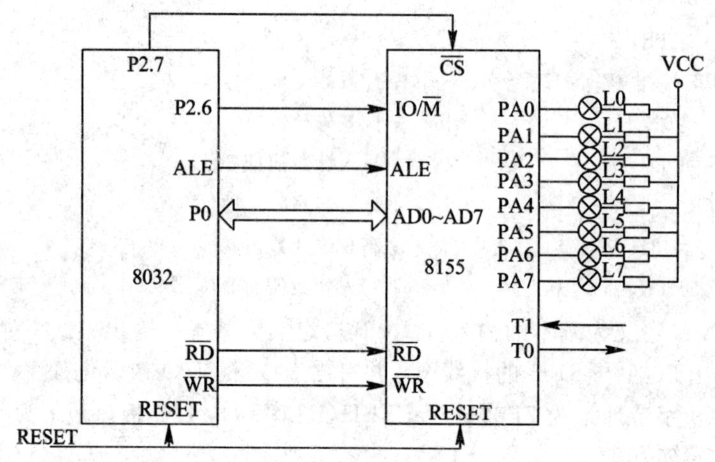

图 3-44　扩展 8155 控制指示灯

习题与思考题

(1) 6 根地址线和 11 根地址线各可选多少个地址？

(2) 当单片机应用系统中数据存储器 RAM 地址和程序存储器 EPROM 地址重叠时，它们内容的读取是否会发生冲突，为什么？

(3) 以 8031 单片机为核心，对其扩展 16 KB 的程序存储器，画出硬件电路并给出存储器的地址分配表。

(4) 采用统一编址的方法对 8031 单片机进行存储器扩展。要求使用一片 2764、一片 2864 和一片 6264，扩展后存储器的地址应连续，试给出电路图及地址分配表。

(5) 以 80C31 为主机，用 2 片 27C256 扩展 64 KB EPROM，试画出接口电路。

(6) 以 80C31 为主机，用 1 片 27C512 扩展 64 KB EPROM，试画出接口电路。

(7) 以 80C31 为主机，用 1 片 27C256 扩展 32 KB RAM，同时要扩展 8 KB 的 RAM，试画出接口电路。

(8) 用 2 KB×4 位的数据存储器芯片扩展 4 KB×8 位的数据存储器，需要多少片？地址总线是多少位？请画出连线图。

(9) 用 2 KB×8 位的数据存储器芯片扩展 64 KB×8 位的数据存储器，需要多少根地址线？请画出连线图。

学习任务三　简易波形发生器的设计与实现

任务描述

在电子产品的设计过程中，经常需要使用信号发生器来输出锯齿波、三角波等各种仿真波形。对此，可利用单片机 8 位 D/A 转换芯片 DAC0832 制作多功能波形发生器。

相关知识

一、A/D 转换器基础知识

A/D 是将模拟量转化成数字量的器件。模拟量可以是电压、电流等电信号，也可以是声、光、压力、温度、湿度等随时间连续变化的非电物理量。非电的模拟量可以通过合适的传感器转换成电信号。按模拟量转换成数字量的原理可将 A/D 转换分为三种：双积分式、逐次逼近式及并行式 A/D 转换器。ADC0809 是 8 位 8 通道逐次逼近式 A/D 转换器，可实现 8 路模拟信号的分时采集，片内有 8 路模拟选通开关，以及相应的通道地址锁存用译码电路，其转换时间为 100 μs 左右。

（一）A/D 转换器的主要参数

1. 分辨率

分辨率是 A/D 转换器的输入数码变动 1 LSB（二进制数码的最低有效位）时输出模拟量的最小变化量。A/D 转换器的分辨率与输出数字位数直接相关，通常采用 A/D 转换器的输出数字位数来表示其分辨率。分辨率越高，转换时对输入量的微小变化的反应越灵敏。有时也用量化间隔 Δ 来表示分辨率，一个 n 位 A/D 转换器的量化间隔 Δ 等于最大允许的模拟输入量（满度值）除以 $2n-1$。

例如，当 A/D 转换器的满量程输入电压为 5 V，分辨率为 8 位时，量化间隔 Δ 约为 20 mV。

在实际应用中，分辨率可以决定被测量的最小分辨值。位数越大，分辨率越高。

2. 转换时间（或转换速度）

A/D 转换器从启动转换到转换结束（即完成一次 A/D 转换）所需的时间，可用 A/D 转换器在每秒内所能完成的转换次数（即转换速度）来表示。不同工作类型的 A/D 转换器转换速度不同。使用时需根据要求选择不同类型的 A/D 转换器。

3. 转换误差（或精度）

转换误差是 A/D 转换结果的实际值与真实值之间的偏差，它用最低有效位数 LSB 或满度值的百分数来表示。转换误差有两种表示方法：一种是绝对误差，另一种是相对误差。

（二）逐次逼近式 A/D 转换器 ADC0809 的内部结构

逐次逼近式 A/D 转换器是一种速度较快、精度较高、成本较低的转换器，其转换时间在几微秒到几百微秒之间。

ADC0809 是 8 通道的 8 位逐次逼近式 A/D 转换器，由单一的 5 V 电源供电，片内带有锁存功能的 8 选 1 的模拟开关，并由 C、B、A 的编码来决定所选的输入模拟通道，其转换时间为 100 μs，转换误差为 1/2 LSB。图 3-45 为 ADC0809 的内部结构与引脚。

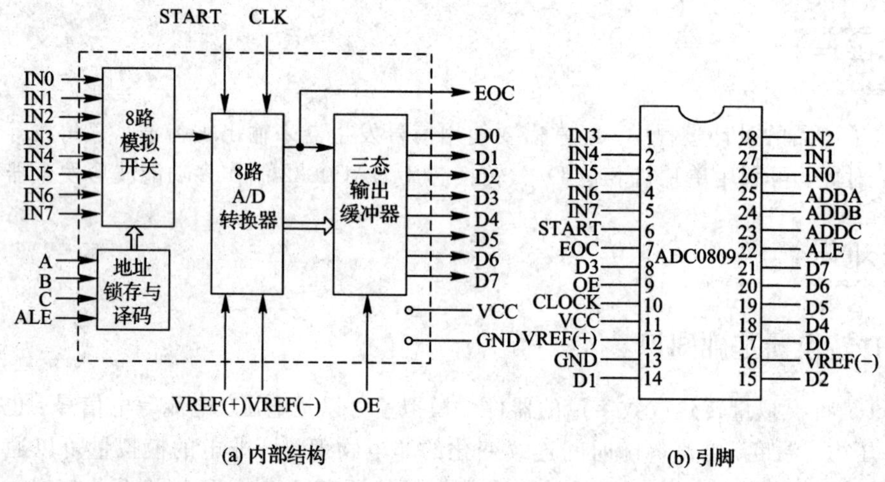

图 3-45　ADC0809 的内部结构与引脚

ADC0809 的引脚功能如下：

(1) IN7～IN0 为 8 路模拟量输入通道。

(2) ADDA、ADDB、ADDC 为模拟通道地址线。

(3) ALE 为地址锁存信号。

(4) START 为转换启动信号，高电平有效。

(5) D7～D0 为数据输出线。

(6) OE 为输出允许信号，高电平有效。

(7) CLK 为时钟信号，最高时钟频率为 640 kHz。

(8) EOC 为转换结束状态信号。A/D 转换期间为低电平，转换结束后输出高电平。

(9) VCC 为电源输入端，+5 V。

(10) VREF 为基准电源输入端。

表 3-11 为 ADC0809 通道地址选择表。

表 3-11　ADC0809 通道地址选择表

地址码			对应的输入通道	地址码			对应的输入通道
C	B	A	B	C	B	A	B
0	0	0	IN0	1	0	0	IN4
0	0	1	IN1	1	0	1	IN5
0	1	0	IN2	1	1	0	IN6
0	1	1	IN3	1	1	1	IN7

ADC0809 的工作过程如下：ALE 的上升沿将 C、B、A 端选择的通道地址锁存到 8 位

A/D 转换器的输入端。START 的下降沿启动 8 位 A/D 转换器进行 A/D 转换。A/D 转换开始，EOC 端输出低电平；A/D 转换结束，EOC 端输出高电平，该信号通常可作为中断申请信号。OE 为读出数据允许信号。OE 端为高电平时可以读出转换的数字量。在硬件电路设计时，需根据时序关系及软件进行设计，ADC0809 转换工作时序如图 3－46 所示。

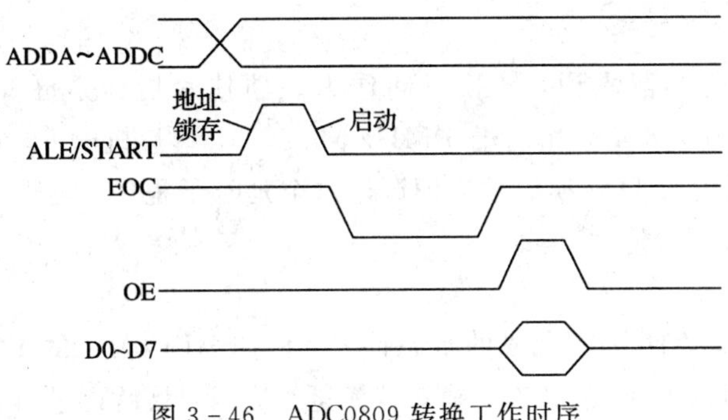

图 3－46　ADC0809 转换工作时序

二、单片机与 ADC0809 的接口

MCS－51 单片机与 ADC0809 接口的电路连接主要涉及两个问题，一是 8 路模拟信号通道的选择，二是 A/D 转换完成后转换数据的传送。

ADC0809 与单片机的连接如图 3－47 所示。

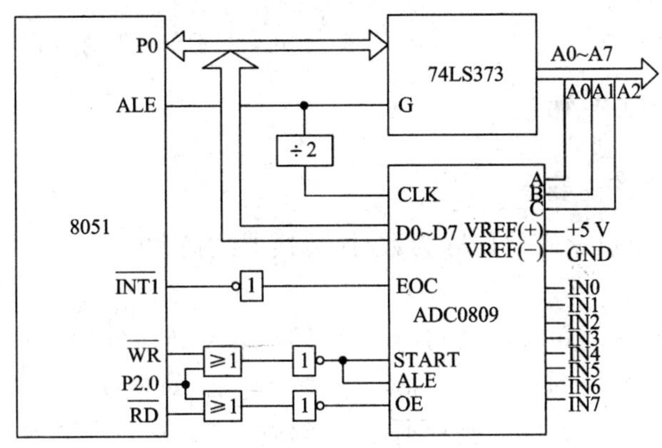

图 3－47　ADC0809 与单片机的连接

(一) 8 路模拟通道选择

A、B、C 分别接地址锁存器提供的低三位地址，只要把三位地址写入 ADC0809 中的地址锁存器，就实现了模拟通道选择。对系统来说，地址锁存器是一个输出口，为了把三位地址写入，还要提供口地址。图 3－47 中使用的是线选法，口地址由 P2.0 确定，同时和 $\overline{WR}$ 相或取反后作为开始转换的选通信号。因此该 ADC0809 的通道地址如图 3－48 所示。

8051	A15	A14	A13	A12	A11	A10	A9	A8	A7	A6	A5	A4	A3	A2	A1	A0
0809	×	×	×	×	×	×	×	ST	×	×	×	×	×	C	B	A
	×	×	×	×	×	×	×	0	×	×	×	×	×	0	0	0
	×	×	×	×	×	×	×	0	×	×	×	×	×	1	1	1

图 3－48　ADC0809 的通道选择

（二）转换数据的传送

A/D 转换后得到的是数字量数据，这些数据应传送给单片机进行处理。数据传送的关键问题是如何确认 A/D 转换完成，因为只有确认数据转换完成后，才能进行传送。为此，可采用下述三种方式。

1. 定时传送方式

对于一种 A/D 转换器来说，转换时间作为一项技术指标是已知的和固定的。例如 ADC0809 转换时间为 128 μs，相当于 6 MHz MCS－51 单片机的 64 个机器周期。据此可设计一个延时子程序，A/D 转换启动后即调用这个延时子程序，延迟时间一到，转换就已完成，即可继续进行数据传送。

2. 查询方式

A/D 转换芯片有表明转换完成的状态信号，例如 ADC0809 的 EOC 端。因此可以用查询方式，以软件测试 EOC 的状态，确知转换是否完成，然后再进行数据传送。

3. 中断方式

把表明转换完成的状态信号(EOC)作为中断请求信号，以中断方式进行数据传送。

不管使用上述哪种方式，一旦确认转换完成，即可通过指令进行数据传送。先送出口地址，并以 $\overline{RD}$ 作选通信号，当 $\overline{RD}$ 信号有效时，OE 信号即有效，可把转换数据送入数据总线，供单片机接收，即

```
MOV   DPTR，#0000H        ；选中通道 0
MOVX A，@DPTR             ；信号有效，输出转换后的数据到 A 累加器
```

三、D/A 转换器的基础知识

（一）D/A 转换器的主要参数

将数字量转换成模拟量的器件称为数/模转换器或简称 D/A 转换器。D/A 转换器的输出是电压或电流信号。

在设计 D/A 转换器与单片机接口时，需根据 D/A 转换器的技术指标选择 D/A 转换器芯片。有关 D/A 转换器的技术性能指标很多，例如绝对精度、相对精度、线性度、输出电压范围、温度系数、输入数字代码种类(二进制或 BCD 码)、分辨率和建立时间等。下面介绍主要的技术指标。

1. 分辨率

分辨率是 D/A 转换器对输入量变化敏感程度的描述。D/A 转换器的分辨率定义为：当输入数字量发生单位数码变化时，即 1 LSB 产生一次变化时所对应输出模拟量的变化量。

2. 建立时间

建立时间是描述 D/A 转换速率快慢的一个重要参数。建立时间是指输入数字量变化后，模拟输出量达到终值误差±1/2 LSB(最低有效位)时所经历的时间。根据建立时间的长短，可以把 D/A 转换器分成以下 5 挡：

(1) 超高速：＜100 μs。

(2) 较高速：100 μs ～1 μs。

(3) 高速：1 μs ～10 μs。

(4) 中速：10 μs ～100 μs。

(5) 低速：≥100 μs。

(二) 8 位 D/A 转换器 DAC0832 的引脚与结构

DAC0832 转换器芯片有 20 个引脚，采用双列直插式封装，其引脚排列如图 3－49 所示。DAC0832 内部结构框图如图 3－50 所示。

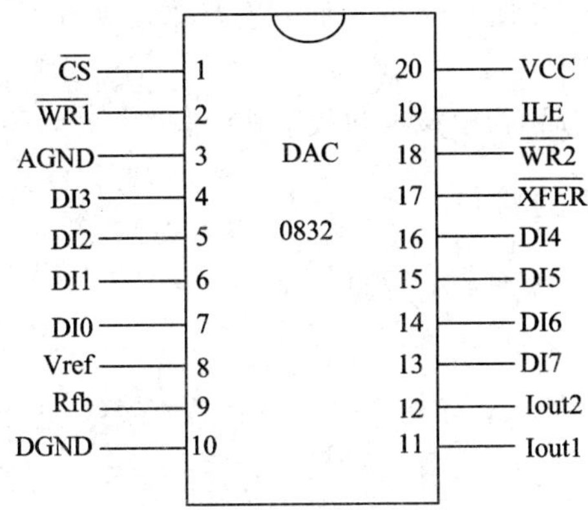

图 3－49　DAC0832 引脚图

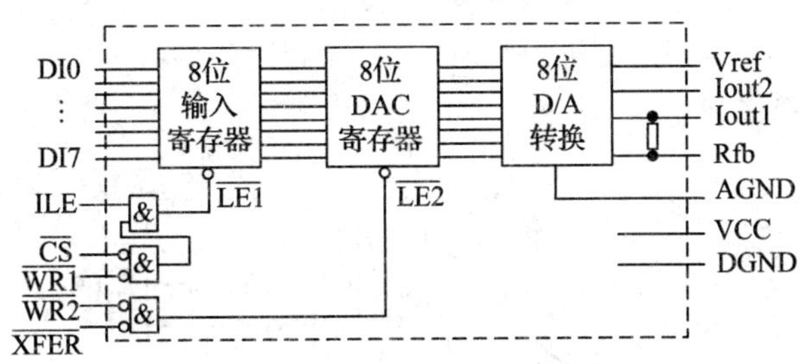

图 3－50　DAC0832 内部结构框图

DAC0832 是采用 MOS 工艺制成的 8 位 D/A 转换器，它可直接与众多 8 位单片机和微处理器连接。DAC0832 为电流输出，它可利用外接运算放大器转换成电压输出。

DAC0832 内部由输入寄存器和 DAC 寄存器构成两级数据输入锁存。使用时可以采用单级锁存(一级锁存，一级直通)形式，或两级锁存(双锁存)形式，或直接输入(两级直通)形式输入数据。

DAC0832 内部由三部分电路组成。“8 位输入寄存器”用于存放 CPU 送来的数字量，使输入数字量得到缓冲和锁存，由$\overline{\text{LE1}}$控制。“8 位 DAC 寄存器”用于存放待转换数字量，由$\overline{\text{LE2}}$控制。D/A 转换电路是一个 R－2R T 形电阻网络，可实现 8 位数据的转换。“8 位 D/A 转换电路”由 8 位 T 形电阻网络和电子开关组成，电子开关受“8 位 DAC 寄存器”控制输出，T 形电阻网络能输出和数字量成正比的模拟电流。因此，DAC0832 通常需要外接运算放大器才能得到模拟输出电压。

DAC0832 的引脚功能如下：

(1) DI7～DI0 为数据量输入引脚。

(2) $\overline{\text{CS}}$为片选信号，输入低电平有效。

(3) $\overline{\text{WR1}}$为写信号 1，输入低电平有效。

(4) $\overline{\text{WR2}}$为写信号 2，输入低电平有效。

(5) Vref 为参考电压接线脚，可正可负，范围为－10～＋10 V。

(6) Iout1 和 Iout2 为电流输出引脚。

(7) LE1 和 LE2 为寄存器的锁存端。

(8) ILE 为数据锁存允许信号，输入高电平有效。

(9) $\overline{\text{XFER}}$为数据传送控制信号，输入低电平有效。

(10) Rfb 为反馈电阻引脚。

(11) AGND、DGND 分别为模拟地和数字地引脚。

四、单片机与 DAC0832 的接口

DAC0832 可在直通、双缓冲及单缓冲 3 种方式下工作。

(一) 直通工作方式

直通方式：数字量一旦输入，就直接进入 DAC 寄存器，进行 D/A 转换。

(二) 双缓冲工作方式

所谓双缓冲方式，就是把 DAC0832 的两个锁存器都接成受控锁存方式。双缓冲 DAC0832 的连接如图 3-51 所示。这种方式适用于多个 DAC0832 同步输出的情形，方法是先分别将转换数据输入到数据锁存器，再同时控制这些 DAC0832 的 DAC 寄存器以实现多个 D/A 转换同步输出。

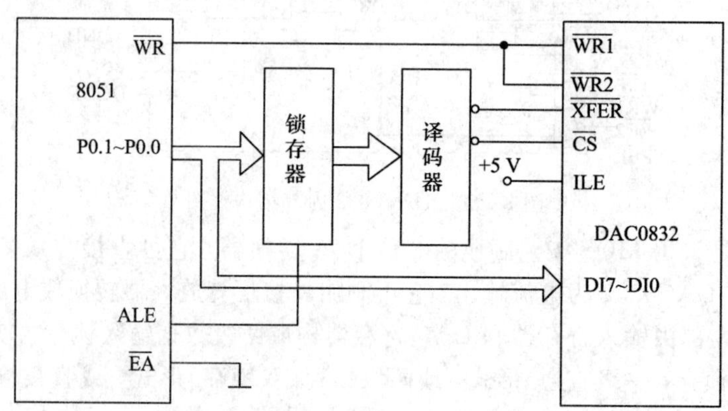

图 3-51　双缓冲 DAC0832 的连接图

为了实现寄存器的可控，应当给寄存器分配一个地址，以便能按地址进行操作。图 3-51中地址译码输出分别接$\overline{\text{CS}}$和$\overline{\text{XFER}}$，然后再给$\overline{\text{WR1}}$和$\overline{\text{WR2}}$提供写选通信号，这样就完成了两个锁存器都可控的双缓冲接口方式。

由于两个锁存器分别占据两个地址，因此在程序中需要使用两条传送指令，才能完成一个数字量的模拟转换。假定输入寄存器地址为 FEH，DAC 寄存器地址为 FFH。则完成一次数/模转换的程序段如下：

```
MOV     R0, #0FEH      ;装入输入寄存器地址
MOVX    @R0, A         ;转换数据送至输入寄存器
INC     R0             ;产生 DAC 寄存器地址
```

```
MOVX   @R0,A            ;数据通过 DAC 寄存器
```

最后一条指令表面上看是把 A 中数据送入 DAC 寄存器，实际上这种数据转送并不是真的，该指令只是起到打开 DAC 寄存器的作用使输入寄存器的数据可以通过寄存器，数据通过后就去进行 D/A 转换了。

双缓冲方式应用举例：

双缓冲方式用于多路数/模转换系统，以实现多路模拟信号同步输出。例如使用单片机控制 *X* - *Y* 绘图仪。*X* - *Y* 绘图仪由 *X*、*Y* 两个方向的步进电机驱动，其中一个电机控制绘图笔沿 *X* 方向运动，另一个电机控制绘图笔沿 *Y* 方向运动，从而绘出图形。因此对 *X* - *Y* 绘图仪的控制有两点基本要求：一是需要两路 D/A 转换器分别给 *X* 通道和 *Y* 通道提供模拟信号，二是两路模拟量要同步输出。

两路模拟量输出是为了使绘图笔能沿 *X* - *Y* 轴作平面运动，而模拟量同步输出则是为了使绘制的曲线光滑。否则绘制出的曲线就是台阶状的，如图 3 - 52 所示。

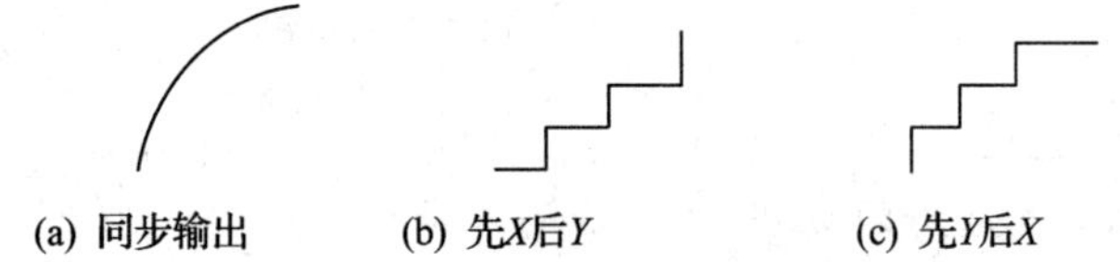

图 3 - 52　单片机控制 *X* - *Y* 绘图仪输出

为此就要使用两片 DAC0832，并采用双缓冲方式连接，如图 3 - 53 所示。

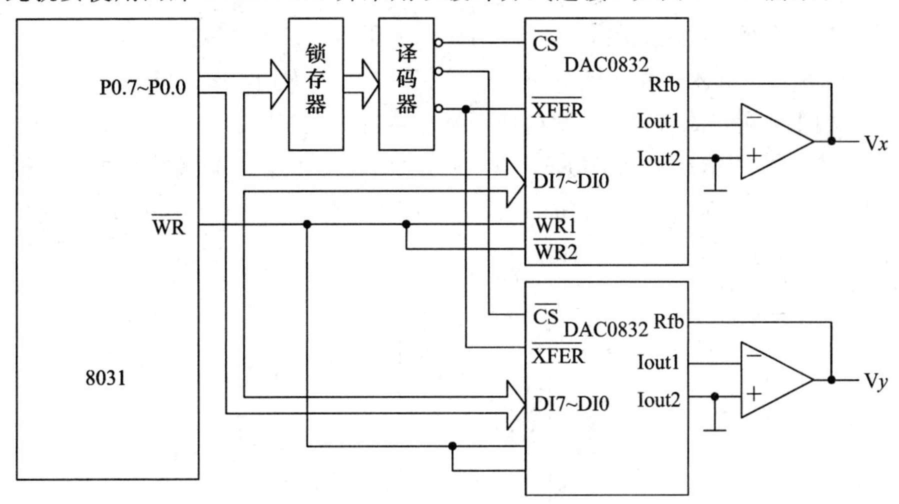

图 3 - 53　控制 *X* - *Y* 绘图仪的双片 DAC0832 接口

电路中以译码法产生地址，两片 DAC0832 共占据三个单元地址，其中两个输入寄存器各占一个地址，而两个 DAC 寄存器则合用一个地址。

编程时，先用一条传送指令把 *X* 坐标数据送到 *X* 向转换器的输入寄存器，再用一条传送指令把 *Y* 坐标数据送到 *Y* 向转换器的输入寄存器。最后再用一条传送指令同时打开两个转换器的 DAC 寄存器进行数据转换，即可实现 *X*、*Y* 两个方向坐标量的同步输出。

假定 *X* 方向的 DAC0832 输入寄存器地址为 F0H，*Y* 方向的 DAC0832 输入寄存器地址为 F1H，两个 DAC 寄存器公用址为 F2H。*X* 坐标数据存于 DATA 单元，*Y* 坐标数据存

于 DATA+1 单元。

绘图仪的驱动程序如下：

```
MOV     R1，#DATA      ；X 坐标数据单元地址
MOV     R0，#0F0H      ；X 向输入寄存器地址
MOV     A，@R1         ；X 坐标数据送入 A
MOVX    @R0，A         ；X 坐标数据送输入寄存器
INC     R1             ；指向 Y 坐标数据单元地址
INC     R0             ；指向 Y 向输入寄存器地址
MOV     A，@R1         ；Y 坐标数据送入 A
MOVX    @R0，A         ；Y 坐标数据送至输入寄存器
INC     R0             ；指向两个 DAC 寄存器地址
MOVX    @R0，A         ；X、Y 转换数据同步输出
```

(三) 单缓冲工作方式

所谓单缓冲方式，就是使 DAC0832 两个输入寄存器中的一个处于直通方式，而另一个处于受控方式，或者是两个输入寄存器同时处于受控方式的锁存方法。在实际应用中，如果存在只有一路模拟量输出，或虽有几路模拟量但并不要求同步输出的情况，就可以采用单缓冲方式。

单缓冲方式的两种连接如图 3－54 和图 3－55 所示。

图 3－54 为两个输入寄存器同时受控的连接方法。$\overline{\text{WR1}}$和$\overline{\text{WR2}}$共同接 80C51 的$\overline{\text{WR}}$，$\overline{\text{CS}}$和$\overline{\text{XFER}}$共同接 80C51 的 P2.7，因此两个寄存器的地址相同。

在图 3－55 中，$\overline{\text{WR2}}$＝0 且$\overline{\text{XFER}}$＝0，因此 DAC 寄存器处于直通方式。而输入寄存器处于受控锁存方式，$\overline{\text{WR1}}$接单片机的$\overline{\text{WR}}$，ILE 接高电平，此外还应把$\overline{\text{CS}}$接高位地址或译码输出，以便为输入寄存器确定地址。

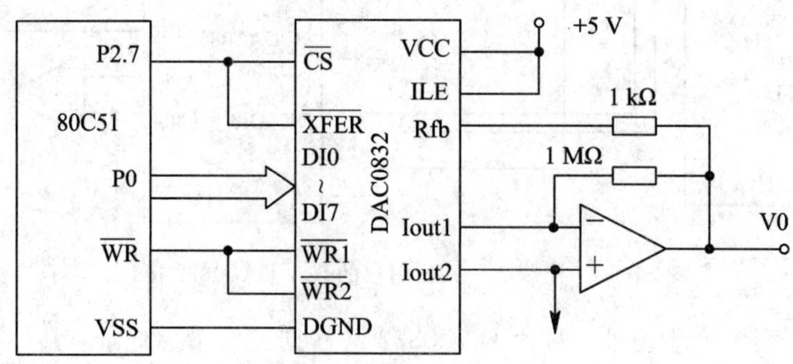

图 3－54　DAC0832 单缓冲方式接口(一)

在许多控制应用中都会要求用一个线性增长的电压(锯齿波)来控制检测过程、移动记录笔或移动电子束等。对此可通过在 DAC0832 的输出端接运算放大器，由运算放大器产生锯齿波来实现，其电路连接如图 3－55 所示。图中的 DAC8032 工作于单缓冲方式，其中输入寄存器受控，而 DAC 寄存器直通。

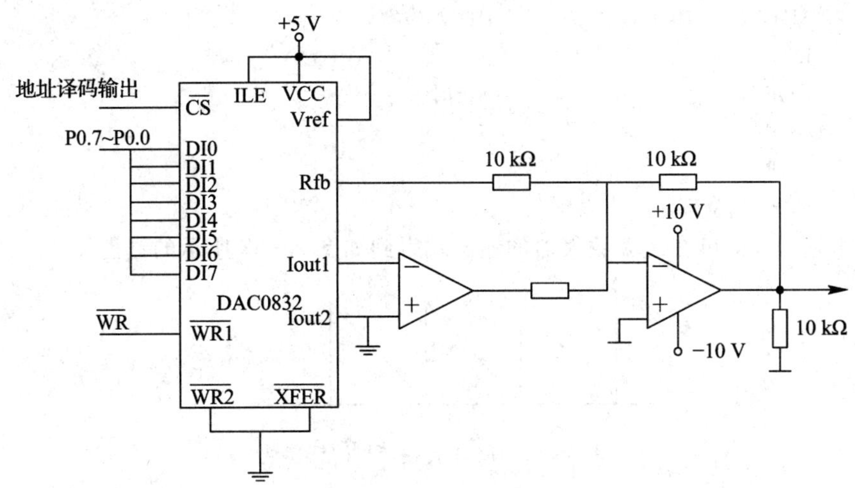

用 DAC 产生锯齿波

图 3-55　单缓冲方式接口(二)

五、基于 DAC8032 的波形发生器设计

(一) 利用 DAC8032 产生锯齿波

锯齿波波形发生器硬件电路如图 3-55 所示，设 P2.7 接 $\overline{CS}$ 低电平，则输入寄存器地址为 7FFFH，锯齿波程序流程图如图 3-56 所示。

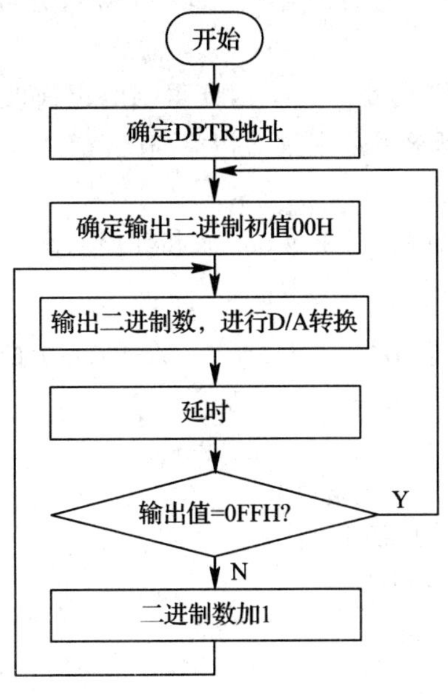

图 3-56　锯齿波程序流程图

源程序清单如下：

```
        ORG    0200H
DASAW：MOV    DPTR，#7FFFH      ；输入寄存器地址
        MOV    A，#00H           ；转换初值
```

```
WW:   MOVX  @DPTR, A        ; D/A转换
      INC   A
      NOP                   ; 延时
      NOP
      NOP
      JMP   WW
```

执行上述程序，可在运算放大器的输出端得到如图 3-57 所示的锯齿波。

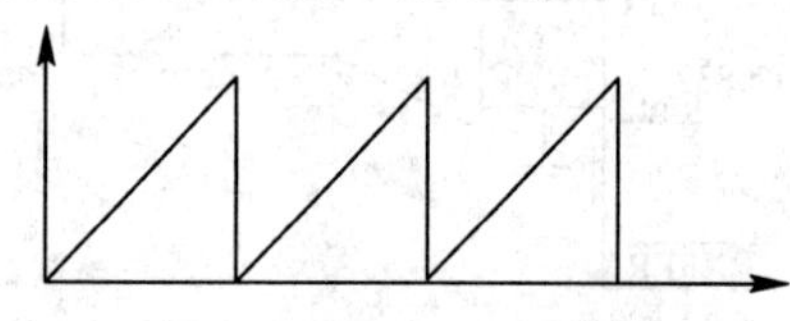

图 3-57　D/A 转换产生的锯齿波

说明：

(1) 程序每循环一次，A 加 1，因此实际上锯齿波的上升边是由 256 个小阶梯构成的，但由于阶梯很小，所以宏观上看就是如图 3-57 所示的线性增长锯齿波。

(2) 可通过循环程序段的机器周期数计算出锯齿波的周期，并可根据需要，通过延时的办法来改变波形周期。当延时较短时，可由 NOP 指令来实现(本程序就是如此)；当需要延迟时间较长时，可以使用一个延时子程序。延时不同，波形周期不同，锯齿波的斜率也就不同。

(3) 通过 A 加 1，可得到正向的锯齿波，如果要得到负向的锯齿波，则改为减 1 指令即可。

(4) 程序中 A 的变化范围是 0～255，因此得到的锯齿波是满幅度的。如果要求得到非满幅锯齿波，则可通过计算求得数字量的初值和终值，然后在程序中通过置初值判终值的办法来实现。

(5) 用同样的方法也可以产生三角波、方波和梯形波。

(二) 利用 DAC8032 产生方波

方波波形发生器硬件电路如图 3-55 所示，设 P2.7 接低电平，则输入寄存器地址为 7FFFH，方波程序流程如图 3-58。

源程序如下：

```
; ************* 方波程序 **********
; 程序名：方波程序 PM7_1_3.asm
; 程序功能：产生方波信号输出
        ORG   0000H
        AJMP  START
START:  MOV   DPTR, #7FFFH       ; 输入寄存器地址
AA:     MOV   A, #00H            ; 送转换最小值 00H
        MOVX  @DPTR, A           ; D/A 转换
        LCALL DELAY_1ms          ; 延时 1 ms
        MOV   A, #0FFH           ; 送转换最大值 FFH
        MOVX  @DPTR, A           ; D/A 转换
```

```
LCALL DELAY_1ms              ；延时 1 ms
AJMP    AA
END
```

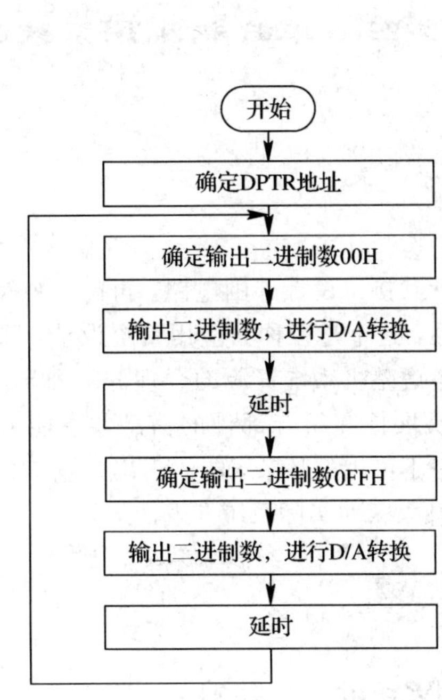

图 3-58　方波程序流程图

习题与思考题

(1) 什么是 D/A 转换器，它有哪些主要指标？简述其含义。

(2) 什么是 A/D 转换器，它有哪些主要指标？简述其含义。

(3) 对于 8 位、12 位、16 位 A/D 转换器，当满刻度输入电压为 5 V 时，其分辨率各为多少？

(4) DAC0832 芯片内部逻辑上由哪几部分组成？它有哪些控制信号？

(5) DAC0832 采用输入寄存器和 DAC 寄存器二级缓冲有何优点？

(6) DAC0832 和 MCS-51 接口时的三种工作方式各有什么特点？适合在什么场合使用？

(7) 若 DAC0832 工作在直通方式，请画出它与 AT89C51 单片机的连接图。

(8) 在什么情况下，要使用 D/A 转换器的双缓冲方式？试以 DAC0832 为例绘出双缓冲方式的接口电路。

(9) 试编制程序，实现产生正向的锯齿波。

(10) 请画出实现从 A/D 转换芯片 ADC0809 的 IN0 路采集模拟信号，并从 D/A 转换芯片 DAC0832 输出的 AT89C51 单片机的接口电路，并编写相应的程序。

学习任务四　单片机应用系统的设计

任务描述

以微控制器为核心，设计其接口设计外围电路，再配合各类输入、输出外部设备和驱动软件，最终形成实用的产品，这个过程称为应用系统设计，除了一般意义的电路板设计及程序设计之外，还应总体考虑整机系统资源的合理分配和布局、整机测试的可靠性、软件开发的有效性、系统的可扩展性和组合部件的信息共享能力、相关电路图和文档规整等，这些都是实用系统开发必不可少的环节，能体现出开发工作者的综合能力。通过一个完整的应用系统设计可以提升大家的实际系统开发能力。

相关知识

一、MCS－51 单片机应用系统的设计基础

（一）单片机应用系统的设计原则与过程

单片机应用系统应具有可靠性高、性价比高、操作维护方便和设计周期短等特点，其核心目的是使得基于单片机设计的产品能够量产并投放市场使用。

一个完备的单片机应用系统包括硬件和软件两大部分，其中硬件部分包括扩展的存储器、键盘、显示单元、向前通道、向后通道、控制接口电路以及相关芯片的外围电路等，软件部分就是指挥单片机按照预定的功能要求进行操作的程序。

应用系统的设计过程一般包括系统的总体设计、硬件设计、软件设计和系统总体调试四个阶段。这几个设计阶段彼此之间并不独立，需要相辅相成，紧密联系。在设计过程中应综合考虑，相互协调。各阶段根据情况交叉进行。

1. 系统总体设计

系统总体设计是应用系统设计的前提，合理的系统总体设计是系统成败的关键。总体设计包括对系统的功能、性能指标进行认识和分析，对系统单片机及关键芯片的选型，对系统基本机构的确立和对软硬件功能的划分等。

1）需求分析

分析被测控参数的形式（电量、非电量、模拟量、数字量等）、被测控参数的范围、性能指标、系统功能、工作环境、显示、报警、打印等各项要求。对系统的任务、测试对象、控制对象、硬件资源和工作环境做出详细的调查研究，明确各项指标要求。系统设计的整个过程就是围绕如何能达到技术指标要求来进行的。

2）方案论证

根据要求，设计出符合现场条件的软硬件总体方案，使系统符合“简单、经济、可靠”的原则。对设计目标、功能、技术路线、具体可能、处理方案、输入输出速度、存储容量、

地址分配和出错处理等给出明确的定义，拟定出完整的设计任务书。

3）主要器件的选型

单片机的型号主要是根据精度和速度要求来选择的，其次要考虑输入输出口的配置、程序存储器及内部 RAM 的容量大小、价格等。

传感器是单片机应用系统的一个重要环节，工业控制系统中所用的传感器是影响系统性能的重要指标。

总体方案设计过程中还应考虑软硬件的分工。一般来讲，硬件是基础，软件是关键，但两者在一定情况下可以相互转化。原则上，能由软件完成的任务尽量用软件来实现，以达到降低成本、简化硬件结构的目的。

2. 硬件设计

硬件设计围绕技术指标要求进行，要考虑留有充分的余量。其中，电路设计部分应力求正确无误，因为在后续系统调试过程中不宜修改硬件结构。

硬件设计包括原理图绘制、程序存储器的扩展、数据存储器与 I/O 接口设计、输入输出通道设计、人机界面设计、电源配置等，其扩展器件部分要考虑地址译码电路设计、总线驱动电路、系统速度匹配、负载容限、信号逻辑电平兼容性等问题。注意，整个硬件布局还要考虑抗干扰措施。

硬件设计结束后，应绘制出完整的硬件电路图，编写硬件设计说明书。

3. 软件设计

软件设计在系统研制过程中是最为繁重的一项任务，其难度较大。在进行软件设计时，根据应用系统的复杂程序，不仅要使用汇编语言来进行编程，必要时也需要使用高级语言进行编程。

软件设计一般包括软件方案设计、建立数学模型、系统流程图设计、编制程序、软件检查和分段仿真测试等环节。

4. 系统总体调试

在完成系统的软硬件设计和硬件组装后，便可以进入到应用系统调试阶段，其主要目的是查出软硬件设计中存在的不可预料的错误和可能出现的不协调问题，以便后续进行修改设计，最终使用户系统能够正确可靠地工作。调试包括硬件调试、软件调试、软硬件联调。调试过程在整个设计阶段要分段进行，硬件调试分为静态调试和动态调试两个步骤。软件调试利用应用系统开发平台可以先期进行仿真验证，而联调则主要考虑测试环境的干扰。

（二）单片机的开发系统及开发工具

整个单片机应用系统的设计过程中所用到的设备和软件平台统称为开发工具。单片机应用系统建立以后，电路是否正确，程序是否有误，怎样将程序装入机器等问题的解决，都必须借助单片机开发系统装置完成。单片机开发工具与通用计算机系统相比较，在硬件上增加了目标系统的在线仿真器、编译器等部件，还增加了目标系统的汇编和调试功能。开发系统和相关工具的使用见本书项目一。

二、单片机控制系统抗干扰技术

本节从干扰源的来源、硬件、软件以及电源系统等方面进行研究分析，并给出有效可行的解决办法。

（一）干扰的来源及分析

1. 主要的干扰源

影响正常工作的信号称为噪声，又称为干扰。在单片机控制系统中，出现了干扰，就会影响指令的正常执行，造成控制事故或控制失灵；在测量通道中产生了干扰，就会使测量产生误差，若计数器受到干扰就有可能扰乱记数，造成记数不准，而电压的冲击则有可能使系统遭到致命的破坏。

凡是能产生一定能量，可以影响周围电路正常工作的媒体都可认为是干扰源。干扰有的来自外部，有的来自内部。一般来说，干扰源可分为以下三类：

（1）自然界的宇宙射线、太阳黑子活动、大气污染及雷电因素；

（2）物质固有的，即电子元器件本身的热噪声和散粒噪声；

（3）人为因素，主要是由电气和电子设备引起。

各类干扰在系统工作的环境中广泛存在，比如动力电网的电晕放电，绝缘不良引起的弧光放电，交流接触器、开关电感负载的继电器接点引起的电火花，照明灯管引起的放电，大功率设备启动浪涌，可控硅开关造成的瞬间尖峰等会对电网产生影响；大功率广播、电视、通讯、雷达、导航、高频设备以及大功率设备发出的空间电磁干扰，系统本身电路的过渡过程，电路在状态转换时引起的尖峰电流，电感或电容产生的瞬间电压和瞬变电流会对系统工作产生干扰。另外，印制电路板布局不合理、布线不周到、排列不合理、粗细不合理等也会使电路板自身产生相互影响。

2. 干扰产生的原因

（1）电路性干扰。电路性干扰是由两个回路经公共阻抗耦合而产生的，干扰量是电流。

（2）电容性干扰。电容性干扰的产生是由于干扰源与干扰对象之间存在着变化的电场，其干扰量是电压。

（3）电感性干扰。电感性干扰是由于干扰源的交变磁场在干扰对象中产生了干扰感应电压。而产生感应电压的原因则是在干扰源中存在着变化的电流。

（4）波干扰。波干扰是传导电磁波或空间电磁波所引起的。空间电磁波的干扰量是电场强度和磁场强度。传导波的干扰量是传导电流和传导电压。

3. 干扰窜入系统的渠道

环境对单片机控制系统的干扰一般都是以脉冲形式进入系统的，干扰窜入系统的渠道主要有三条，如图 3-59 所示。

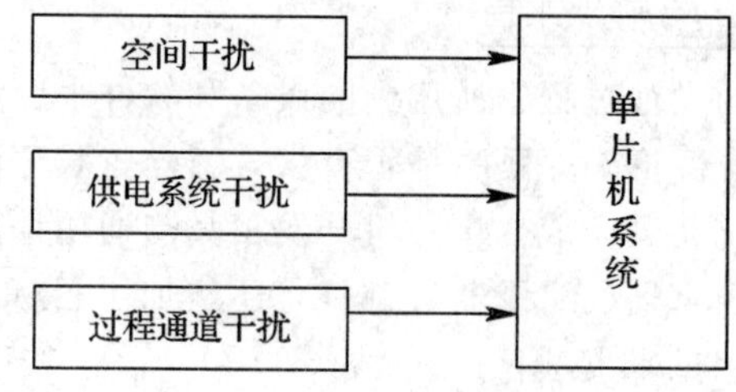

图 3-59　单片机控制系统主要干扰渠道

其中，空间干扰（场干扰）是通过电磁波辐射入系统的；过程通道干扰是通过和主机系统相连接的输入通道、输出通道及与其他主机系统相连的通信通道进入单片机系统的；供电系统干扰，主要通过供电系统的直流电源线路或地线进入系统。一般情况下，空间干扰的强度远小于其他两个，而且空间干扰可用良好的屏蔽与正确的接地，或采用高频滤波器加以解决。因此抗干扰的重点应放在供电系统干扰和过程通道干扰上。

（二）硬件抗干扰技术

1. 选用可靠的元器件

一般情况下，元器件在出厂前都会进行测试。因此应用时，通常不再进行测试，而直接将元器件用于电路中进行通电运行考验。若在考验中发现问题，则直接替换不合格芯片或器件。

根据一般的经验，如果芯片在通电使用的一个月中不产生损坏，就可以认为该芯片比较稳定。但在购买元器件时，最好到较正规的公司或商店进行购买，以保证元器件的质量可靠。

2. 接插件的选择应用

单片机控制系统通常由几块印制电路板组成，各板之间以及各板与基准电源之间经常选用接插件相联系。在接插件的插针之间也易造成干扰，这些干扰与接插件插针之间的距离以及插针与地线之间的距离都有关系。在设计选用时要注意以下几个问题：

(1) 合理地设置接插件。例如电源接插件与信号接插件要尽量远离，主要信号的接插件外面最好带有屏蔽等。

(2) 插头座上要增加接地针数。在安排插针信号时，用一部分插针为接地针，均匀分布于各信号针之间，起到隔离作用，以减小针间信号互相干扰。最好每一信号针两侧都是接地针。

(3) 信号针尽量分散配置，增大彼此之间的距离。

(4) 设计时考虑信号的翻转时差，把不同时刻翻转的插针放在一起。同时翻转的插针应尽量远离，因为信号同时翻转会使干扰叠加。

3. 印制电路板抗干扰设计

印制电路板是器件、信号线、电源线的高密度集合体，布线和布局好坏对可靠性的影响很大。

(1) 印制电路总体布局原则如下：

① 印制电路板大小要适中，板面过大、印制线路太长，会使阻抗增加，成本偏高；板子太小，板间相互连线增加，易增加干扰环境。

② 印制板元件布局时相关元件应尽量靠近。例如晶振、时钟发生器及 CPU 时钟输入端相互靠近，大电流电路要远离主板，或另做一块板。

③ 考虑电路板在机箱内的位置，发热大的元器件应放在易通风散热的位置。

(2) 电源线和地线与数据线传输方向一致，有助于增强抗干扰能力。接地线可环绕印制板一周，尽可能就近接地。

(3) 地线应尽量加宽，数字地、模拟地要分开，可根据实际情况考虑一点或多点接地。

(4) 配置必要的去耦电容：

① 电源进线端跨接 100 μp 以上的电解电容以吸收电源进线引入的脉冲干扰。

② 原则上每个集成电路芯片都要配置一个 0.01 μp 的瓷片电容或聚乙烯电容，以吸收高频干扰。

③ 电容引线不能太长，高频旁路电容不能带引线。

4. 执行机构抗干扰技术

在单片机控制系统输出回路中，存在着执行开关、线圈等回馈干扰。特别是感性负载，电机电枢的反电动势会损坏电子器件，甚至会破坏计算机系统或扰乱程序系统，为防止电感负载的瞬间通、断所造成的干扰，常采用以下措施：

(1) 触点两端并联阻容吸收电路，控制触点间放电，如图 3-60 (a)所示。

(2) 电感负载两端并联反向二极管，形成反电动势放电回路，保护设备。如图 3-60 (b)所示，在继电器线圈两端并接二极管。当开关断开时，感应电动势通过二极管放电，防止击穿电源及开关。

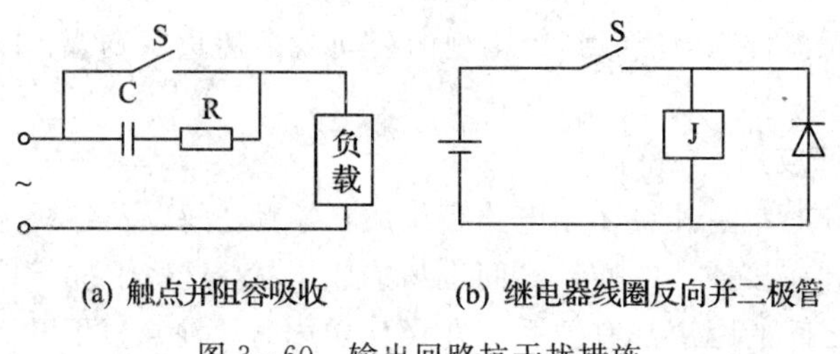

(a) 触点并阻容吸收　　(b) 继电器线圈反向并二极管

图 3-60　输出回路抗干扰措施

(三) 软件抗干扰技术

1. 设置软件陷阱

由于系统干扰可能破坏程序指针 PC，PC 一旦失控，使程序“乱飞”可能进入非程序区，造成系统一系列的运行错误。设置软件陷阱，可防止程序“乱飞”。

方法：在 ROM 或 RAM 中，每隔一些指令(十几条即可)，就把连续几个单元设置成空操作(即陷阱)。当失控的程序掉入“陷阱”，也就是连续执行几个空操作后，程序自动恢复正常，继续执行后面的程序。也可以将程序芯片中没有被程序指令字节使用的部分全部置成空操作指令代码，并在最后使用跳转指令，一般跳到程序开头。一旦程序飞到非程序区，则在执行空操作之后，跳回到程序开头，重新执行程序。或隔一段使用一条跳转到程序开头的指令。

2. 增加程序监视系统(Watchdog)

利用设置软件陷阱的办法虽在一定程度上解决了程序“飞出”失控问题，但不能有效地解决死循环问题。

设置程序监视器(Watchdog，看门狗)可比较有效地解决死循环问题。关于程序监视系统，虽然可以采用软件办法，但是大部分都采用软硬件相结合的办法。下面以两种解决办法来分析其结构原理。

1) 利用单片机内部定时器进行监视

方法：在程序一开始就启动定时器，在主程序中增设定时器赋值指令，使该定时器维持在非溢出工作状态。定时时间要稍大于程序一次循环的执行时间。程序正常循环执行一次给定时器送一次初值(喂狗)，使其不能溢出。但若程序失控，定时器则计满溢出中断，在中断服务程序中使主程序自动复位进入初始状态。

需要说明的是，现代增强型 51 单片机(包括 52 单片机)中一般都集成看门狗定时器，它可以独立工作，不依赖于 CPU，如果看门狗的定时时间到了，则定时器会强制单片机复位，实际应用中，一般是每间隔一定时间喂一次狗，这样才可以保证系统程序正常运行。

看门狗定时器一般由特殊功能寄存器来管理，因为该寄存器并非单片机的标准部件，所以不同型号的单片机管理看门狗的特殊功能寄存器不同，要灵活使用。

【例】 设8051单片机的晶振频率为6 MHz，并选择定时器T0定时监视程序，请编制该程序。

程序如下：

```
        ORG     0000H
START:  AJMP    MAIN
        ORG     000BH
        AJMP    START
MAIN:   SETB    EA
        SETB    IE0
        SETB    TR0
        MOV TMOD, #01H
MAIN1:  MOV TH0, datal
        MOV TL0, datal
        LJMP MAIN
```

2）利用单稳触发器构成程序监视器

方法：利用软件经常访问单稳电路，一旦程序有问题，CPU不能照常访问，单稳电路则产生翻转脉冲使单片机复位，程序重新开始执行。

3. 软件冗余技术

所谓软件冗余技术，就是多次使用同一功能的软件指令，以保证指令执行的可靠性。该技术可以从以下几个方面考虑：

(1) 采取多次读入法，确保开关量输入正确无误。对于重要的输入信息，可以利用软件多次读入，比较几次结果一致后再让其参与运算。在按钮和开关状态读入时，若配合软件延时则可消除抖动和误动作。

(2) 不断查询输出状态寄存器，及时纠正输出状态。设置输出状态寄存器，利用软件不断查询，当发现输出状态和正确状态不一致时，应及时纠正，防止因干扰引起的输出量变化而导致的设备误动作。

(3) 对于条件控制系统，把对控制条件的一次采样、处理控制输出改为循环采样、处理输出。这种方法对于惯性较大的控制系统具有良好的抗偶然干扰作用。

(4) 为防止计算错误，可采用两组计算程序，分别计算，然后将两组计算结果进行比较，如两次计算结果相同，则将结果送出。如两次计算结果不同，则再进行一次运算，并重新比较，直到结果相同为止。

4. 软件可靠性设计

(1) 利用软件提高系统抗干扰能力。在软件设计时采用如下措施，对提高系统抗干扰能力是积极有力的。

① 增加系统信息管理软件。系统信息管理软件与硬件相配合，可对系统信息进行保护，其中包括防止信息被破坏、出故障时保护信息、故障排除之后恢复信息等。

② 防止信息在输入、输出过程中出错。如对关键数据采用多种校验方式，对信息采用重复传送校验技术，可以保证信息的正确无误。

③ 编制诊断程序，及时发现故障，找出故障位置，以便及时检修或启用冗余软件。

④ 用软件进行系统调度，包括出现故障时保护现场，迅速将故障装置切换成备用装置；在环境条件发生变化时，采取应急措施；故障排除后，迅速恢复系统，继续投入运行等。

(2) 提高软件自身的可靠性。

(3) 程序分段和采用层次结构。在进行程序设计时，将程序分成若干个具有独立功能的子程序块。各个程序块可以单独使用，也可与其他程序块一起使用。各程序块之间可通过一个固定的通信区和一些指定的单元进行信息传递。每个程序块都可单独进行调整和修改而不影响其他程序块。

(4) 采用可测试性设计。软件在编制过程中会出现一些错误。为便于查出程序错误，提高软件开发效率，可采用以下三种方法：一是明确软件规格，使测试易于进行；二是将测试设计的程序段作为软件开发的一部分；三是把程序结构本身组成便于测试的形式。

(5) 对软件进行测试。测试软件的基本方法是，给软件一个典型的输入，观测输出是否符合要求。若发现错误则进行修改，直至消除错误，达到设计要求。

测试软件可按下述步骤进行：

① 单元测试，即对每个程序块单独进行测试；

② 局部或系统测试，即对多个程序块组成的局部或系统程序进行测试，以发现块间连接错误；

③ 系统功能测试，按功能对软件进行测试，如控制功能、显示功能、通信功能、管理功能、报警功能等；

④ 现场测试，即硬件安装调试后将软件进行安装测试，以便对整个控制系统的功能及性能作出评价。

5. 软件自诊断技术

软件诊断技术主要从两个方面进行考虑，一方面是对系统硬件和过程通道的自诊断，另一方面是对过程软件本身进行诊断和故障排除。

1) 对硬件系统进行诊断

对硬件系统诊断包含两个方面内容：一是确定硬件电路是否存在故障，这叫故障测试；二是指出故障的确切位置，给维护工作进行操作指导，这叫故障定位。

单片机控制系统有的配备有系统测试程序，在系统上电时，首先对系统的主要部件以及外设 I/O 端口进行测试，以确认系统硬件工作是否正常。对接口故障的测试，主要是检测接口中元器件的故障，这就要求在进行接口电路设计时要考虑以下因素：

① 在接口设计时，除考虑接口的功能外，还要考虑提供检测的寄存器或缓冲器，以便检测使用；

② 可将接口划分成若干个检测区，在每一检测区将检测点逐一编号，进行测试；

③ 可将测试点按顺序编制成故障字典，以便按测试结果给出故障部位，进行故障定位。

2) 软件运行自诊断

软件运行自诊断包括设置陷阱、使用程序监视器、采用时间冗余方法。时间冗余方法可通过消耗时间资源达到纠错的目的。时间冗余方法通常采用指令复执和程序卷回两种途径来实现。

(1) 指令复执技术，就是程序中的每条指令都是一个重新启动点，一旦发现错误，就重新执行被错误破坏的现行指令。指令复执既可用编制程序来实现，也可用硬件控制来实现。实现指令复执的基本方法是：

① 当发现错误时，能准确保留现行指令的地址，以便重新取出执行；

② 现实指令使用的数据必须保留，以便重新取出执行时使用。

指令复执的次数通常采用次数控制和时间控制两种方式。若在规定的复执次数或时间之内故障没有消失，则称为复执失败。

(2) 程序卷回技术。程序卷回不是某一条指令的重复执行，而是一小段程序的重复执行。为了实现卷回，需要保留现场。程序卷回的要点是：

① 将程序分成一些小段，卷回时只是卷回一小段，而不是卷回到程序起点；

② 在第 n 段之末，将当时各寄存器、程序计数器及其他有关内容移入内存，并将内存中被第 n 段所更改的单元又在内存中另开辟一块区域保存起来。如在第($n+1$)段中不出问题，则将第($n+1$)段现场存档，并撤销第二段所存内容；

③ 如在第($n+1$)段出现错误，就把第 n 段的现场送给机器的有关部分，然后从第($n+1$)段起点开始重复执行第($n+1$)段程序。

(四) 供电系统抗干扰技术

供电系统干扰分为：

(1) 过压、欠压、停电：使用各种稳压器和不间断电源 UPS。

(2) 浪涌、下陷、降出：快速响应的交流电压调压器。

(3) 尖峰电压：使用具有噪声抑制能力的交流稳压器或隔离变压器。

(4) 射频干扰：低通滤波器。

为了防止电源系统窜入干扰，影响单片机控制系统的正常工作，可采用如图 3-61 所示的供电配置。

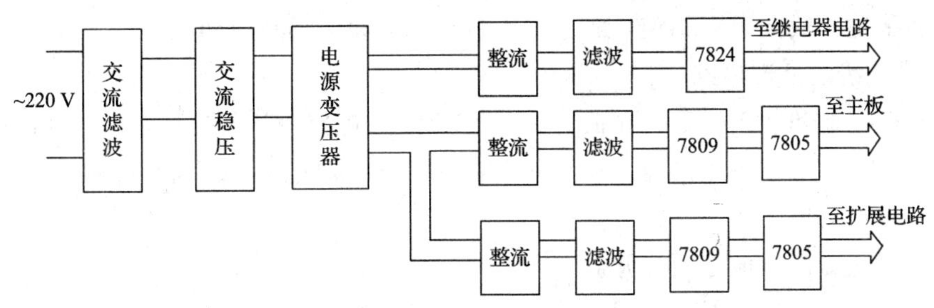

图 3-61　供电配置原理框图

整个供电系统从以下几个方面考虑：

(1) 交流进线端加交流滤波器，可滤掉高频干扰，如电网上大功率设备启停造成的瞬间干扰。滤波器市场上的成品有一级、二级滤波之分，安装时外壳要加屏蔽并使其良好接地，进出线要分开，防止感应和辐射耦合。低通滤波器仅允许 50 Hz 交流通过，对高频和中频干扰有很好的衰减作用。

(2) 要求高的系统加交流稳压器。

(3) 采用具有静电屏蔽和抗电磁干扰的隔离电源变压器。

(4) 采用集成稳压块两级稳压。

(5) 电路板采取独立供电，其余部分分散供电，避免一处电源有故障引起整个系统颠覆。

(6) 直流输出部分采用大容量电解电容进行平滑滤波。

(7) 线间对地增加小电容滤波消除高频干扰。

(8) 交流电源线与其他线尽量分开，减少再度耦合干扰。

(9) 尽量提高接口器件的电源电压，提高接口的抗干扰能力。

(五) 接地系统抗干扰技术

在设计时，若能将接地和屏蔽正确地结合起来使用，则可以解决大部分干扰引起的故障。接地问题包括两个方面的内容：一个是接地点是否正确；另一个是接地点是否牢固。接地点选择正确可防止系统各部分的串扰，接地点牢固可使接地点处于零阻抗，从而降低了接地电位，防止了接地系统的共模干扰。

1. 系统地线分类

系统地线分为两大类：保护接地主要是为了避免工作人员因设备绝缘损坏或性能下降而遭受触电危险和保证设备的安全；工作接地主要是保证控制系统稳定可靠地运行，防止地环路引起的干扰。

在单片机控制系统中，地线大致分为以下几类：

(1) 数字地也叫逻辑地，它是数字电路的零电位；

(2) 模拟地是放大器、采样保持器以及 A/D 转换器和比较器等的零电位；

(3) 功率地即大电流网络元件、功放器件的零电位；

(4) 信号地即传感器件的地电平；

(5) 交流地指交流 50 Hz 电源的零线；

(6) 直流地指直流电源的地线；

(7) 屏蔽地一般同机壳相连，是为防止静电感应和磁场感应而设置的，常和大地相接。

2. 不同地线的处理原则

(1) 一点接地和多点接地。在低频(小于 1 MHz)电路中，布线和元件之间的电感不会产生太大影响，常采用一点接地。在高频(高于 10 MHz)电路中，寄生电容和电感影响较大，常采用多点接地。

(2) 数字地和模拟地必须分开。

(3) 交流地与信号地不要共用。

(4) 浮地和接地。系统浮地是将系统电路的各个部分地线浮置起来，不与大地相连。通常采用系统浮地、机壳接地的方法，以提高抗干扰能力，使系统更加安全可靠。

(5) 印制电路板地线布线。注意事项如下：

① TTL、CMOS 器件的地线要呈辐射网状，其他地线不要形成环路；

② 地线尽量加宽，最好不要小于 3 mm；

③ 旁路电容地线不要太长；

④ 大规模集成电路最好跨越平行的地线和电源线，以消除干扰。

(6) 传感器信号地。由于传感器和机壳之间易引起共模干扰，为提高抗共模干扰能力，一般 A/D 转换器的模拟地采用浮空隔离，并可采用三线采样双层屏蔽浮地技术，就是将地线和信号线一起采样，可有效地抑制共模干扰。

(六) 输入、输出通道抗干扰技术

1. 开关信号的抗干扰技术

1) 开关量的电平转换

提高开关量电平进行开关信号传输，可以降低电磁干扰，而输入到单片机中的电平都是 TTL 电平，因此存在一个电平转换问题。可采用如图 3-62 所示的电路。若要提高开关量输出的电平则可参考图 3-63 所示的电路。

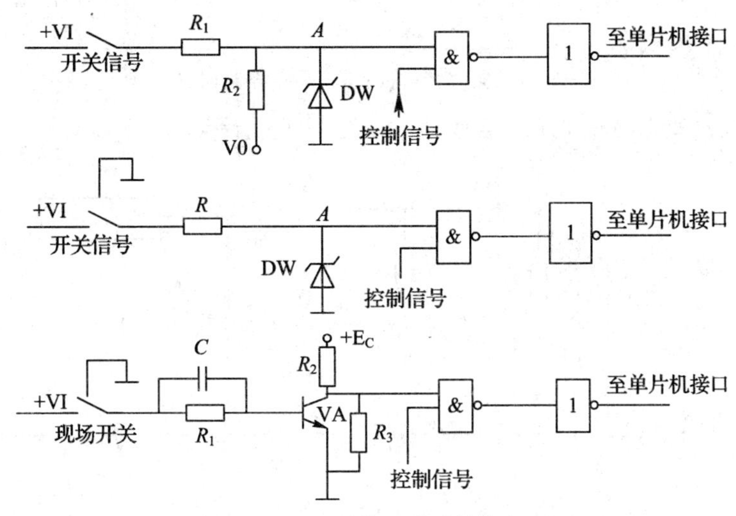

图 3-62　开关输入电平转换电路

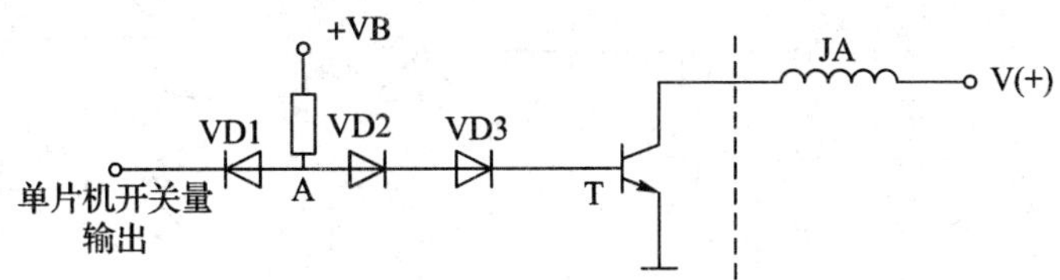

图 3-63　开关输出电平转换电器

2) 采用隔离技术

(1) 对启停负荷不大、响应速度不太高的设备，一般采用继电器隔离比采用光电隔离更直接。继电器能直接控制动力电路，而驱动继电器的集成电路要用集电极开路的集成电路(OC 门)，并在继电器线圈两端加续流二极管，以保证驱动电路正常工作，如图 3-64 所示。

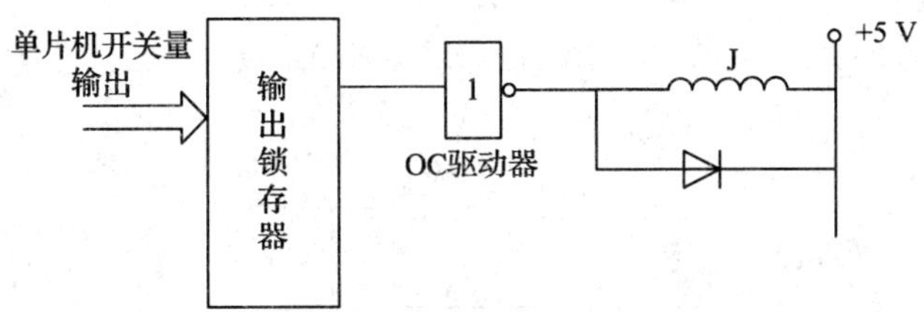

图 3-64　继电器隔离开关输出电路

(2) 在交流启停负荷较大时，大负荷触点在接通或断开时，所产生的火花和电弧具有十分强烈的干扰作用，可采用如图 3-65 所示的电路，用两个对接的可控硅代替交流接触器，它们的控制极由小继电器的一个触点控制。触点接通，两个可控硅轮流导通；触点断开，两个可控硅完全关断。固态继电器就是将对接的可控硅封装在一个模块中的器件。

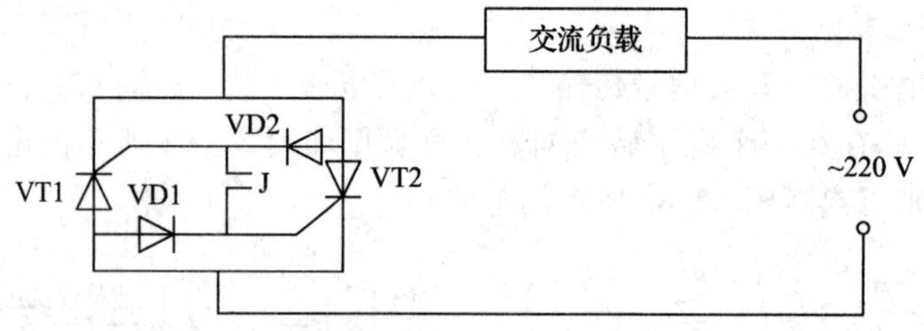

图 3-65　大负荷回路无触点控制回路

(3) 快速驱动直流负载的光耦合驱动，如图 3-66 所示。

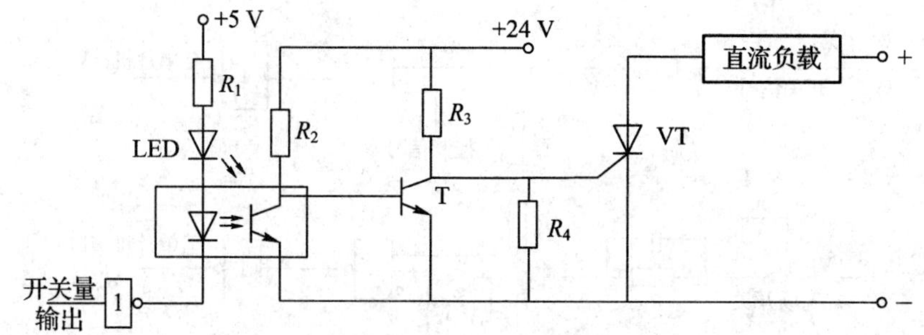

图 3-66　光电隔离快速驱动直流负载

(4) 快速驱动交流负载的光电耦合驱动，如图 3-67 所示。

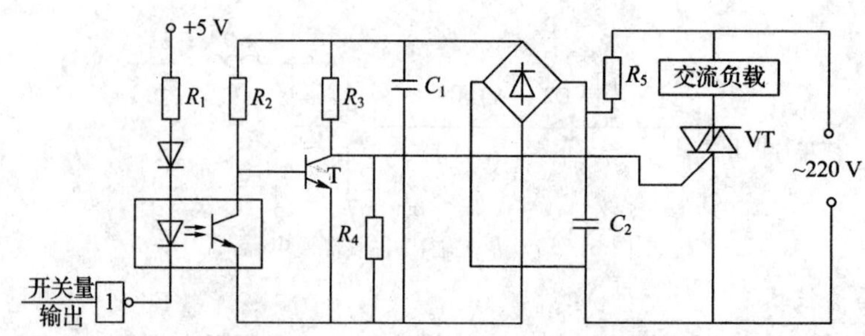

图 3-67　光电隔离快速驱动交流负载

2. 模拟通道的抗干扰技术

1) 硬件措施

(1) 模拟量输入回路。加入 RC 滤波器，以减小工频干扰信号对输入信号的影响，如图 3-68 所示。

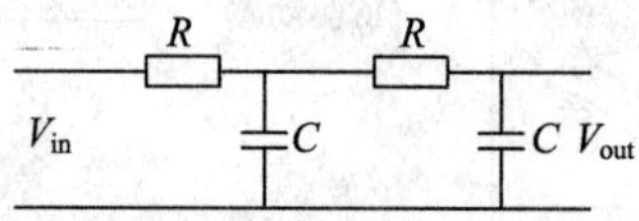

图 3-68　模入通道中的 RC 滤波

(2) 光电耦合器隔离。在模拟通道使用光电耦合器，可按照图 3-69 进行设计。

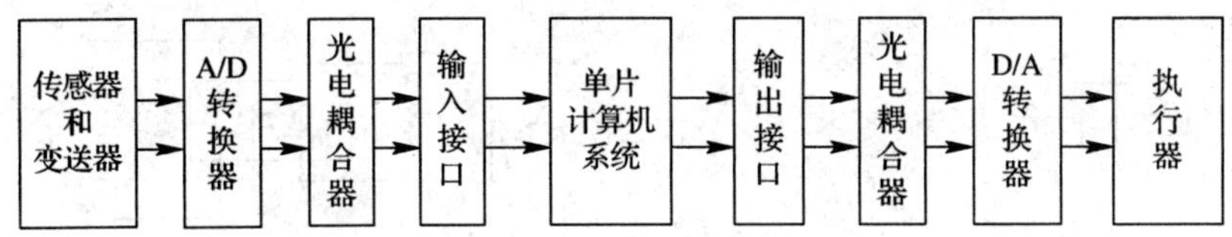

图 3－69　模拟通道光电耦合器的连接

(3) 适当选用 A/D 芯片。在干扰严重的场合，可选用双积分式 A/D 转换器。在要求转换速度快的场合，要选用逐次逼近方式的转换器。

2) 软件措施

用软件对输入量的滤波处理是消除低频干扰的重要措施，常用的滤波方法有以下几种：

(1) 限幅滤波，规定在相邻两次采样信号之间的差值不得超过一个固定数值。

(2) 中值滤波，每获得一个采样数据时连续采样三次，找出三个采样值中的一个居中的值作为本次采样值。

(3) 算术平均值滤波，连续记录几次采样值，求其平均值作为本次采样值。

(4) 五中取三平均值滤波，该办法是若得到一个采样数据，要连续采样五次，然后按大小顺序排列，去掉一个最大的，去掉一个最小的，取剩余三个数的平均值作为本次采样值。

(5) 一阶惯性滤波，对于低频干扰信号，可用此滤波模拟 RC 滤波，来消除干扰。

3. 长线传输的抗干扰技术

1) 双绞线传输

在数字信号传输过程中，根据传送距离的不同，双绞线的使用方法也不同。当传送距离在 5 m 以下时，发送和接收端连接负载电阻。若发送侧为集电极开路驱动，则接收侧的集成电路用施密特型电路抗干扰能力更强。

当用双绞线作远距离传送数据时，或有较大噪声干扰时，可使用平衡输出的驱动器和平衡输入的接收器。发送和接收信号端都要接匹配电阻，如图 3－70 所示。

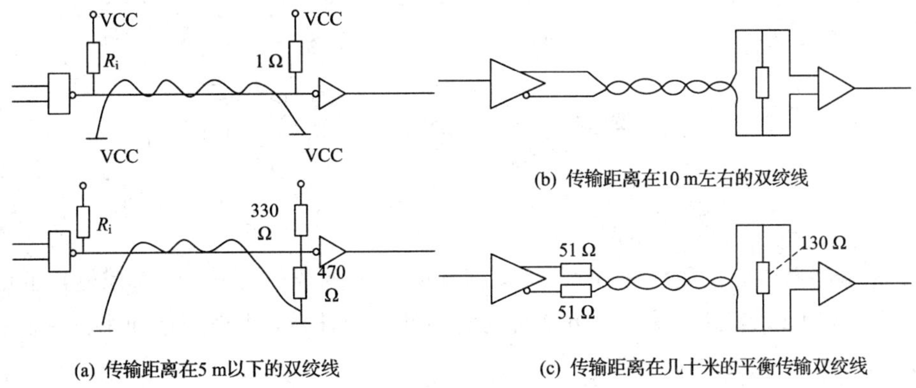

(a) 传输距离在5 m以下的双绞线

(b) 传输距离在10 m左右的双绞线

(c) 传输距离在几十米的平衡传输双绞线

图 3－70　双绞线平衡传输

当双绞线与光电耦合器联合使用时，可按图 3－71 所示的方式进行连接。其中，图 3－71(a)是集电极开路驱动器与光电耦合器的一般情况。图 3－71(b)是开关接点通过双绞线与光电耦合器连接的情况。如在光电耦合器的光敏晶体管的基极上接有电容及电阻，且后面连接施密特集成电路驱动器，则会大大加强抗噪声能力，如图 3－71(c)所示。

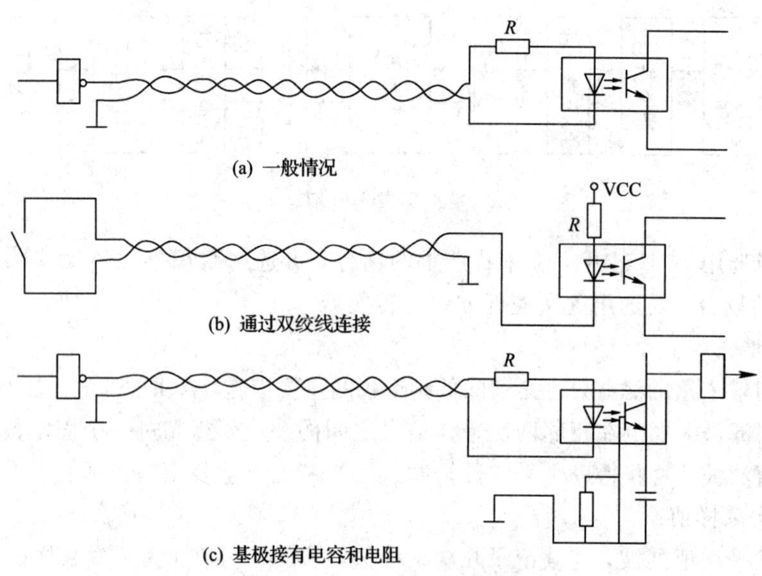

图 3-71　双绞线与光电耦合器联合使用

2) 长线传输的阻抗匹配

长线传输时如匹配不好，会使信号产生反射，从而形成严重的失真。为了对传输线进行阻抗匹配，必须估算出其特性阻抗。利用示波器观察的方法可以大致测定传输线特性阻抗的大小。调节可变电阻 R，当 R 与特性阻抗 R_p 相匹配时，用示波器测量 A 门输出波形畸变最小，反射波几乎消失，这时 R 值可认为是该传输线的特性阻抗 R_p。

传输线阻抗的匹配有以下四种形式：

(1) 终端并联匹配。如图 3-72 所示，终端匹配电阻 R_1、R_2 的值，按 $R_p=R_1/R_2$ 的要求选取。一般 R_1 为 220～330 Ω，而 R_2 可在 270～390 Ω 范围内选取。此种方法由于终端阻值偏低，相当于负载加重，使高电平有所下降，使高电平抗干扰能力有所下降。

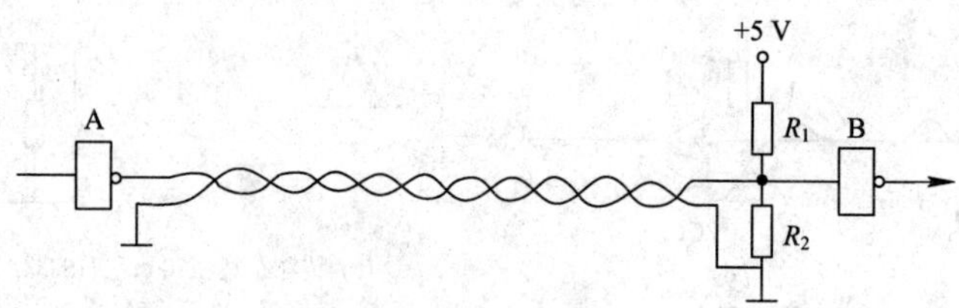

图 3-72　终端并联匹配示意图

(2) 始端串联匹配。如图 3-73 所示，匹配电阻 R 的取值为 R_p 与 A 门输出低电平时输出阻抗 R_{sc}(约 20 Ω)的差值。此方法会使终端低电平升高，相当于增加了输出阻抗，降低了低电平的抗干扰能力。

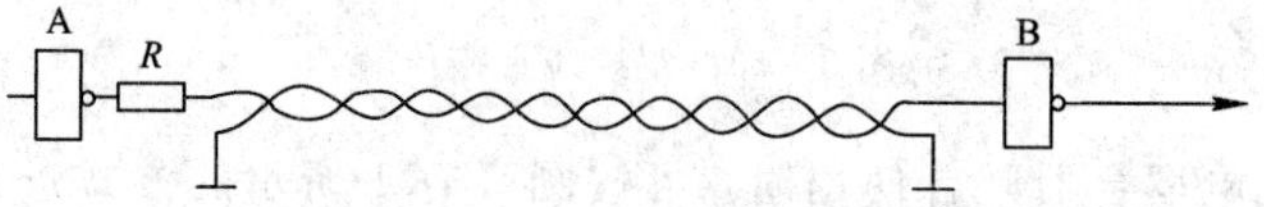

图 3-73　始端串联匹配示意图

(3) 终端并联隔直匹配。如图 3-74 所示，因电容 C 在较大时起隔直作用，并不影响匹配。所以只要求匹配电阻 R 与 R_p 相等即可。这种方法不会引起输出低电平的降低，增加了高电平的抗干扰能力。

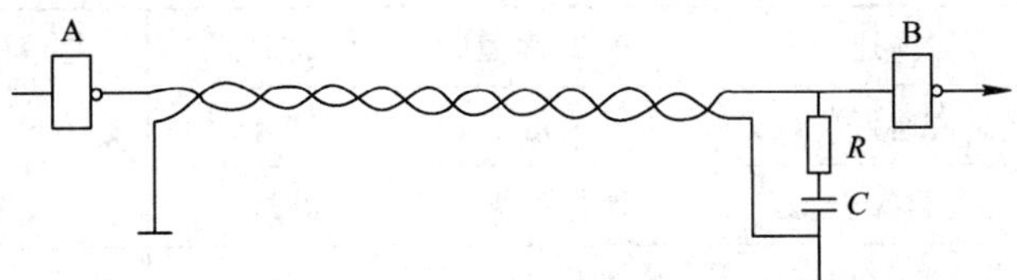

图 3-74 终端并联隔直匹配示意图

(4) 终端钳位二极管匹配。如图 3-75 所示，利用二极管 VD 把 B 门输入端低电平钳位在 0.3 V 以下，可以减少波的反射和振荡，提高动态抗干扰能力。

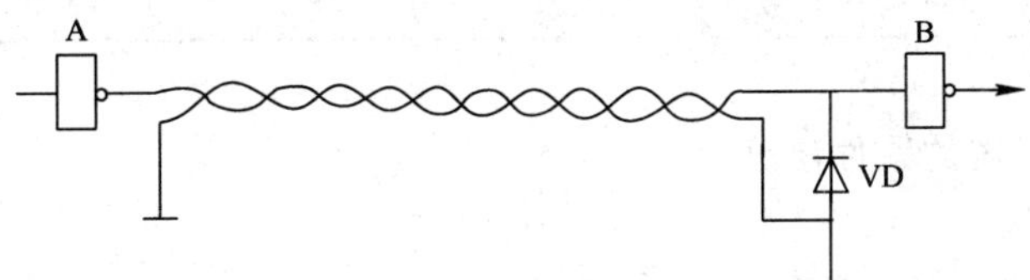

图 3-75 终端钳位二极管匹配示意图

3) 长线电流传输

用电流传输代替电压传输，可获得较好的抗干扰能力。如图 3-76 所示，从电流转换器输出 0～10 mA(或 4～20 mA)电流，在接收端并联 500 Ω(或 1 kΩ)的精密电阻，将此电流转换为 0～5 V(或 1～5 V)的电压，然后送入 A/D 转换器。在有的实用电路里输出端采用光电耦合器输出驱动，也会获得同样的效果。此种方法可减少在传输过程中的干扰，提高传输的可靠性。

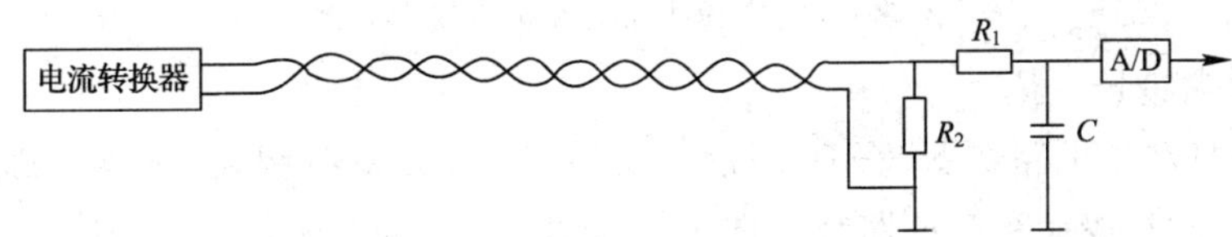

图 3-76 长线电流传输示意图

三、MCS-51 单片机应用系统举例

【例】 设计交通指示灯控制系统。

项目分析：

交通指示灯示意图如图 3-77 所示；实用交通指示灯控制系统状态表如表 3-12 所示。

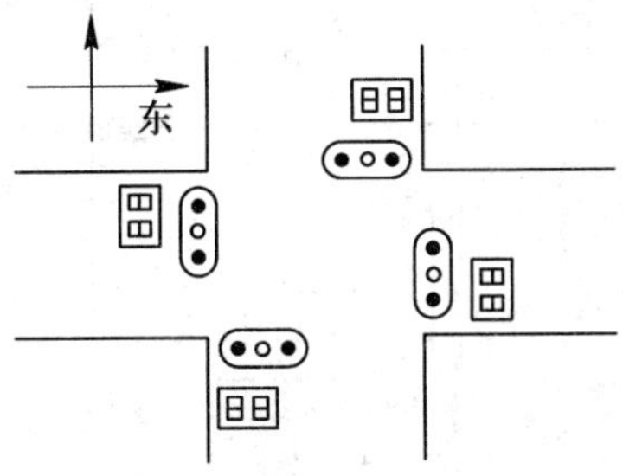

图 3-77 交通指示灯示意图

表 3-12 实用交通指示灯控制系统状态表

序号	状态描述	东西 A 道	南北 B 道	持续时间	数字显示
1	A 道通行	绿灯	红灯	55 s	55～01
2	A 道通行警告 1	绿灯闪烁	红灯	3 s	03～01
3	A 道通行警告 2	黄灯	红灯	2 s	02～01
4	B 道通行	红灯	绿灯	25 s	25～01
5	B 道通行警告 1	红灯	绿灯闪烁	3 s	03～01
6	B 道通行警告 2	红灯	黄灯	2 s	02～01

项目实现：

步骤 1 确定系统的硬件电路

1. 系统总体方案

交通指示灯总体方案示意图如图 3-78 所示。

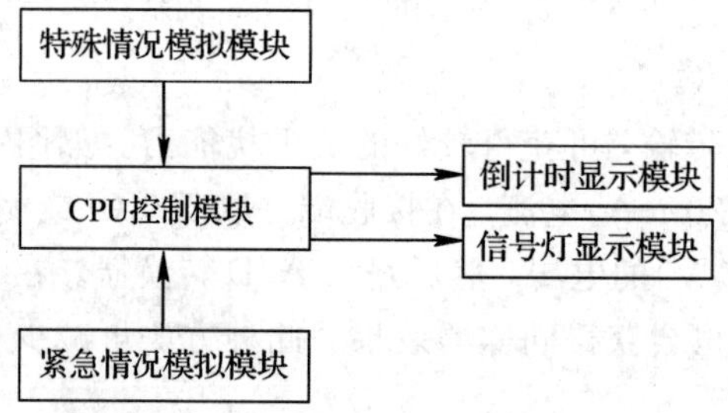

图 3-78 交通指示灯总体方案示意图

2. 硬件电路设计

交通指示灯硬件电路如图 3-79 所示。实用交通指示灯控制系统电路元器件清单见表 3-13。交通指示灯控制系统电路板硬件实物如图 3-80 所示。

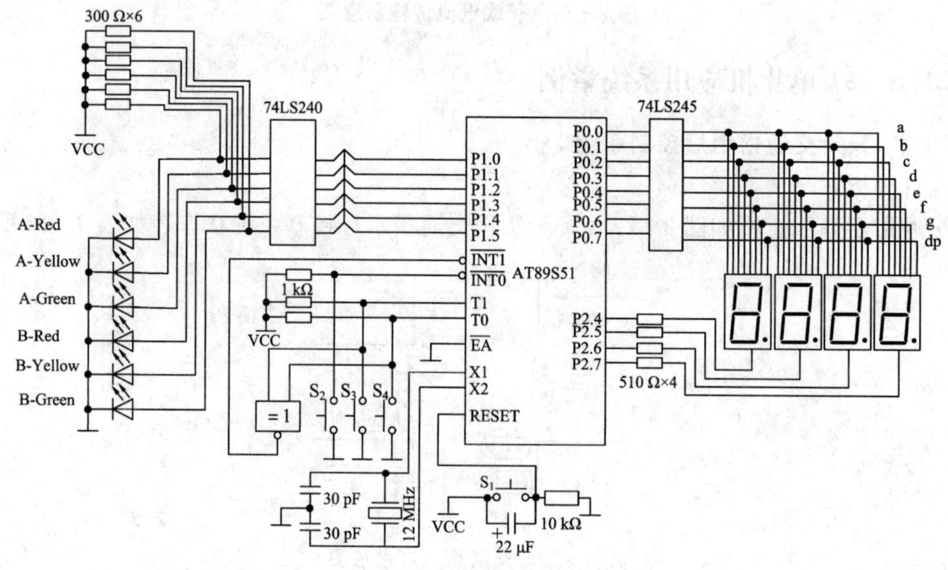

图 3-79 交通指示灯硬件电路

表 3-13　实用交通指示灯控制系统电路元器件清单

元器件名称	参数	数量
IC 插座	DIP40/DIP20/DIP14	1/1/2
单片机	AT89S51	1
晶体振荡器	12 MHz	1
瓷片电容	30 pF	2
发光二极管		6
数码管	HS-5101BS2	4
8 反相器	74LS240	1
电阻	10 kΩ	1
电解电容	22 μF	1
按钮开关		4
电阻	300 Ω	6
电阻	510 Ω/1 kΩ	4/3
驱动器	74LS245	1
异或非门		1

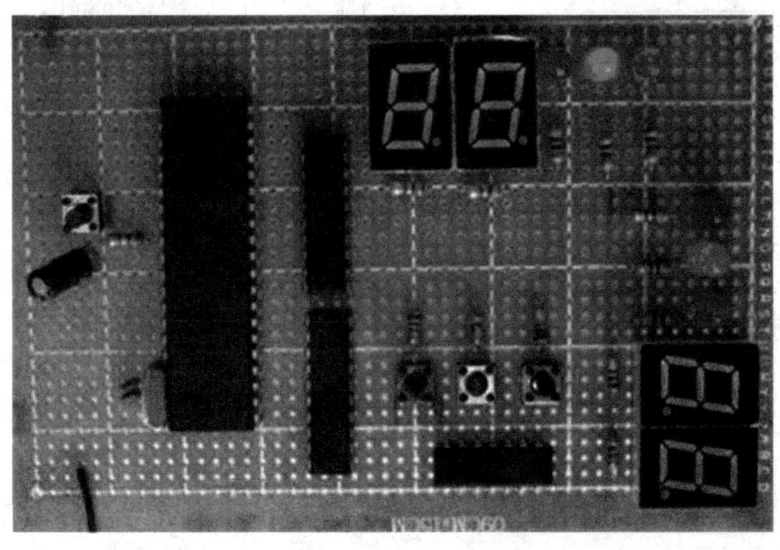

图 3-80　交通指示灯控制系统电路板硬件实物

步骤 2　完成系统的软件设计

1. 各模块流程图设计

(1) 信号灯显示主程序 MAIN 的流程图如图 3-81 所示。

(2) 计时显示及延时 1 s 子程序 Display 的流程图如图 3-82 所示。

(3) 紧急情况中断服务子程序 EMER 的流程图如图 3-83 所示。

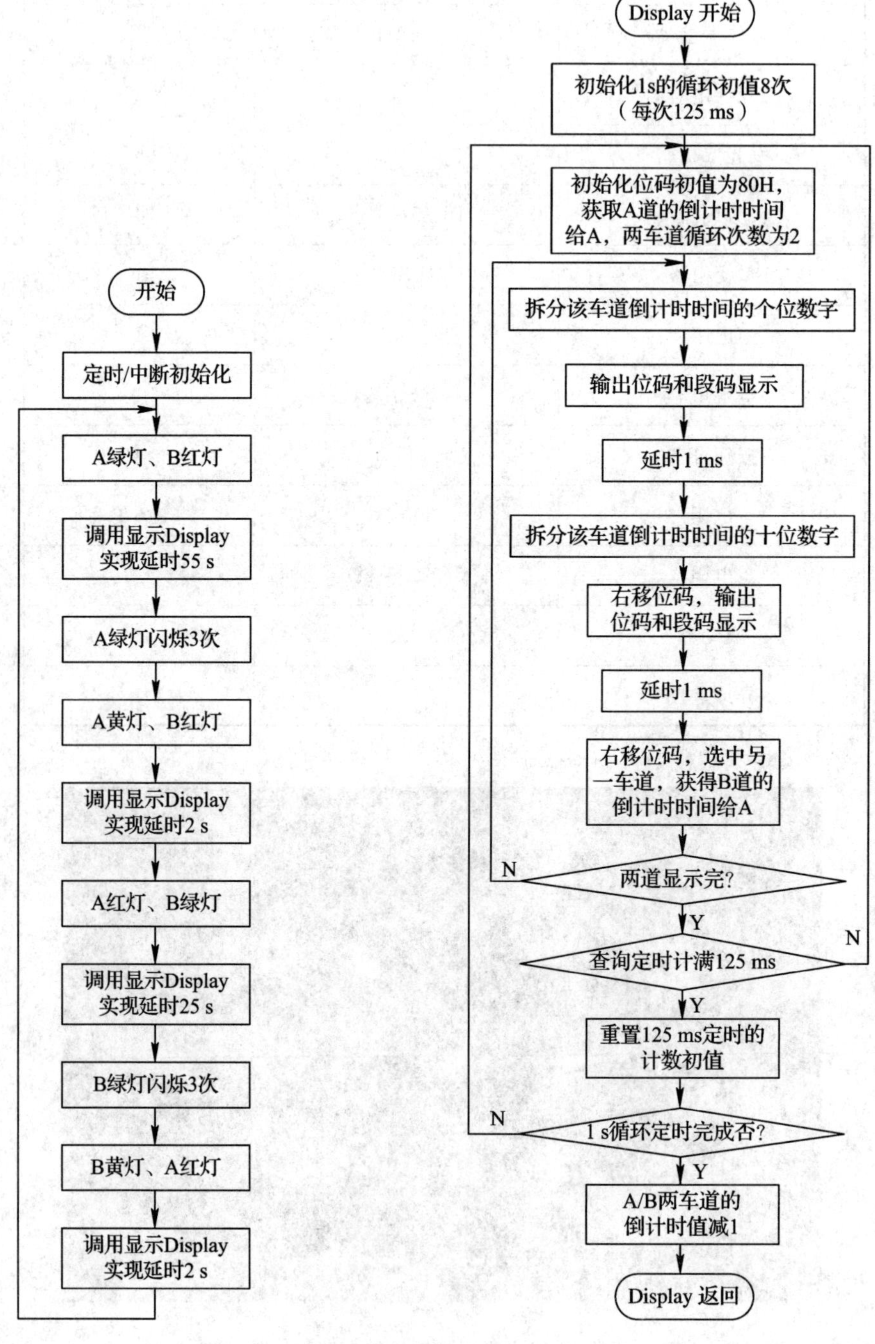

图 3-81　信号灯显示主程序 MAIN 的流程图　图 3-82　计时显示及延时 1 s 子程序 Display 的流程图

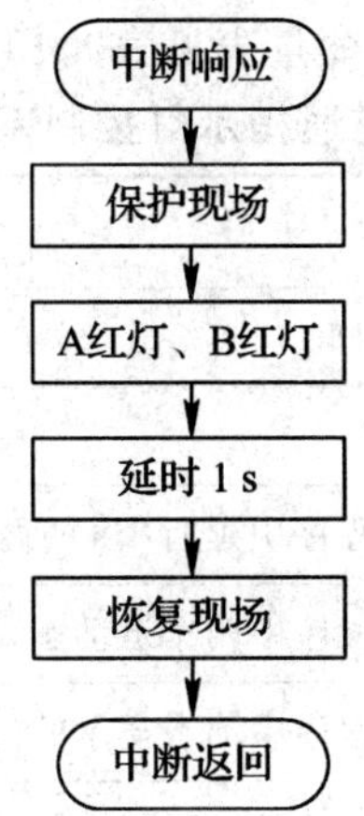

图 3－83　紧急情况中断服务子程序 EMER 的流程图

(4) 特殊情况中断服务子程序 BUSY 的流程图如图 3－84 所示。

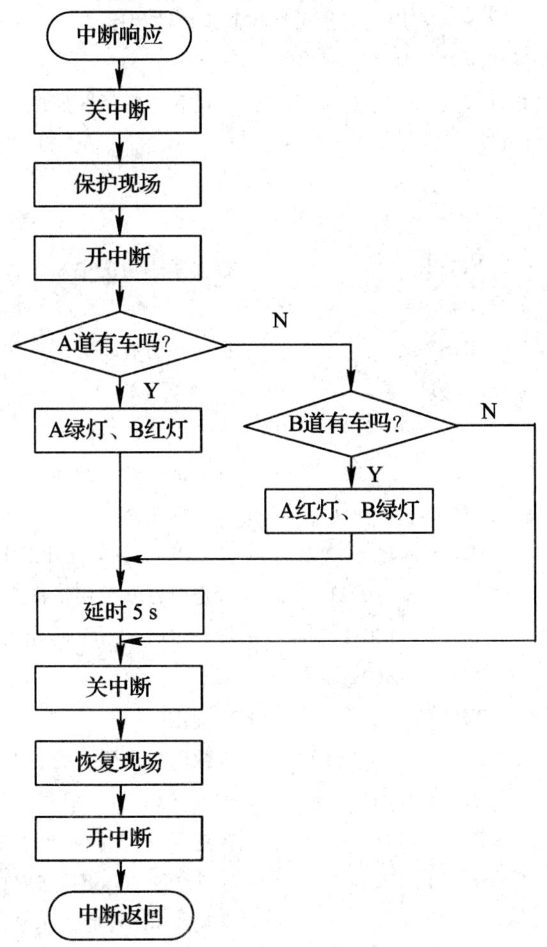

图 3－84　特殊情况中断服务子程序 BUSY 的流程图

2. 资源分配与源程序编码

实用交通指示灯控制系统寄存器变量表见表 3-14。

表 3-14 实用交通指示灯控制系统寄存器变量表

源程序中寄存器变量	意 义
R6	A 道计时时间
R7	B 道计时时间
R1	Display 子程序中延时 1 s 的循环次数(每次定时 50 ms)
R2	Display 子程序中两车道动态显示的循环次数
R5	Display 子程序中动态显示的位码
R3	DELAY_1 ms 子程序中软件延时的循环次数
R4	DELAY_1 ms 子程序中软件延时的循环次数

3. 源程序设计

```
;************实用交通指示灯控制系统源程序  **********
;程序名：实用交通指示灯控制系统源程序 PM8_1.asm
;程序功能：交通指示灯及倒计时显示(含紧急情况和特殊情况处理)
        ORG   0000H
        AJMP          MAIN
        ORG   0003H
        AJMP          EMER                 ;指向紧急情况中断子程序
        ORG   0013H
        AJMP          BUSY                 ;指向一道有车另一道无车中断程序
        ORG           0100H
MAIN:
        SETB          PX0                  ;置外部中断 0 为高优先级中断
        MOV           TCON，#00H           ;置外部中断 0、1 为低电平触发
        MOV           IE，#85H             ;开 CPU 中断，开外部中断 0 和 1
        MOV           TMOD，#01H           ;置定时器 0 采用工作方式 1
        MOV           TL0，#0B0H           ;设计定时 50 ms 的计数初值
        MOV           TH0，#3CH
        SETB          TR0                  ;启动定时
        MOV           DPTR，#TABLE         ;查数码管段码表的表首地址
DISP：  MOV           P1，#0F3H            ;A 道绿灯放行，B 道红灯禁止
        MOV           R6，#37H             ;A 道绿灯 55 s 倒计时初值
        MOV           R7，#3CH             ;B 道红灯 60 s 倒计时初值
DISP1：LCALL Display                       ;调用 1 s 倒计时显示延时子程序
        CJNE          R6，#00H，DISP1      ;55 s 不到，继续循环在状态 1
        MOV           R6，#03H             ;置 A 绿灯闪烁 3 s 倒计时
```

```
WARN1: CPL P1.2                        ; A绿灯闪烁
       LCALL      Display
       CJNE       R6, #00H, WARN1     ; 闪烁3 s未到,继续循环
       MOV        P1, #0F5H           ; A黄灯警告,B红灯禁止
       MOV        R6, #02H            ; 置A黄灯2 s倒计时初值
YEL1:  LCALL Display
       CJNE       R6, #00H, YEL1      ; 2 s未到,继续循环
       MOV        P1, #0DEH           ; A红灯,B绿灯
       MOV        R6, #1EH            ; A道红灯30 s倒计时初值
       MOV        R7, #19H            ; B道绿灯25 s倒计时初值
DISP2: LCALL Display
       CJNE       R7, #00H, DISP2     ; 25 s未到,继续循环
       MOV        R7, #03H            ; 置B绿灯闪烁3 s倒计时初值
WARN2: CPL        P1.5                ; B绿灯闪烁
       LCALL   Display
       CJNE       R7, #00H, WARN2
       MOV        P1, #0EEH           ; A红灯,B黄灯
       MOV        R7, #02H
YEL2:  LCALL Display
       CJNE       R7, #00H, YEL2
       AJMP       DISP                ; 循环执行主程序
  ; *********倒计时显示延时1 s子程序  Display ********
  ; 子程序名:倒计时显示延时子程序 Display
  ; 子程序功能:定时器0,工作方式1,当时钟频率为12 MHz时,延时1 s,同时显示R6/R7存
    储的A/B道的倒计时时间
Display: MOV      R1, #20H            ; 置1 s循环次数50 ms×20次
INIT:    MOV      R2, #02H            ; 置2车道循环次数R2为02H
         MOV      R5, #10H            ; 置位码初值R5为10H,选中A道十位数码管
         MOV      A, R6               ; A车道的计时时间显示变量R6存入A
DIV:     MOV      B, #0AH             ; 拆分计时时间的个位数字和十位数字
         DIV      AB                  ; R6除以10,A存R6的十位数字,B存个位数字
         MOVC     A, @A+DPTR          ; 查找十位数字的数码管段码表
         MOV      P2, R5              ; 输出位码,选中十位数码管
         MOV      P0, A               ; 输出计时时间十位数字的段码
         LCALL    DELAY_1ms           ; 延时1 ms,减少动态扫描闪烁
         MOV      A, R5               ; 左移位码,修改为选中个位数码管的位码
         RL    A
         MOV      R5, A
         MOV      P2, R5              ; 输出位码,选中个位数码管
```

```
        MOV      A，B                ；计时时间的个位数字给 A
        MOVC     A，@A+DPTR          ；查表取得个位数字的段码
        MOV      P0，A               ；输出计时时间个位数字的段码
        LCALL    DELAY_1ms           ；延时 1 ms
        MOV      A，R5               ；循环修改
        RL       A                   ；修改显示位：左移位码，选中 B 道十位数码管
        MOV      R5，A
        MOV      A，R7               ；修改显示变量：另一车道的计时时间 R7 存入 A
        DJNZ     R2，DIV             ；判断是否完成两车道的时间显示
        JBC      TF0，NEXT_TIMER     ；判断是否完成 50 ms 定时
        AJMP   I NIT                 ；未完成 50 ms 定时，则重新刷新显示计
NEXT_TIMER:MOV   TL0，#0B0H          ；计满 50 ms 重新给定时器赋计数初值
        MOV      TH0，#3CH
        DJNZ     R1，INIT            ；判断是否计满 20 次 50 ms，即 1 s 延时完成
        DEC      R6                  ；计满 1 s，两车道倒计时时间分别减 1
        DEC    R7
        RET
；*************  中断服务子程序 EMER  *************
；中断服务子程序名：外部中断 0 中断服务子程序 EMER
；程序功能：紧急情况下，使 A、B 方向交通指示灯均变为红灯
EMER：  CLR      EA                  ；关中断
        PUSH     PSW                 ；保护现场
        PUSH     ACC
        PUSH     B
        PUSH     P1                  ；P1 端口数据压栈保护
        PUSH     P0                  ；P0 端口数据压栈保护
        PUSH     P2                  ；P2 端口数据压栈保护
        PUSH     01H                 ；寄存器数据压栈保护
        PUSH     02H
        PUSH     03H
        PUSH     04H
        PUSH     05H
        PUSH     06H
        PUSH     07H
        PUSH     TH0                 ；TH0 压栈保护
        PUSH     TL0                 ；TL0 压栈保护
        SETB     EA
        MOV      P1，#0DBH           ；A、B 道均为红灯 1 s
        MOV      R6，#01H
```

```
        MOV     R7, #01H
        LCALL   Display             ;延时 1 s
        CLR     EA
        POP     TL0                 ;弹栈恢复现场
        POP     TH0
        POP     07H                 ;寄存器数据弹栈恢复现场
        POP     06H
        POP     05H
        POP     04H
        POP     03H
        POP     02H
        POP     01H
        POP     P2                  ;端口数据压栈保护
        POP     P0
        POP     P1
        POP     B
        POP     ACC
        POP     PSW
        SETB    EA
        RETI                        ;返回主程序
;**************中断服务子程序 BUSY***************
;中断服务子程序名:BUSY
;程序功能:根据按键判断,让有车车道通行
BUSY:   CLR     EA                  ;关中断
        PUSH    PSW                 ;保护现场
        PUSH    ACC
        PUSH    B
        PUSH    P1                  ;P1 端口数据压栈保护
        PUSH    P0                  ;P0 端口数据压栈保护
        PUSH    P2                  ;P2 端口数据压栈保护
        PUSH    01H                 ;寄存器数据压栈保护
        PUSH    02H
        PUSH    03H
        PUSH    04H
        PUSH    05H
        PUSH    06H
        PUSH    07H
        PUSH    TH0                 ;TH0 压栈保护
        PUSH    TL0                 ;TL0 压栈保护
```

```
        SETB    EA              ；开中断
        JNB     P3.4，BP         ；A道无车转向
        MOV     P1，＃0F3H       ；A绿灯，B红灯
        SJMP    DELAY1          ；转向5 s延时
BP：    JNBP3.5，EXIT            ；B道无车，退出中断
        MOV     P1，＃0DEH       ；A红灯，B绿灯
DELAY1：MOV     R6，＃05H
        MOV     R7，＃05H        ；置5 s循环次数
NEXT：  LCALL Display            ；延时1 s
        CJNE    R6，＃00H，NEXT  ；5 s未到，继续循环
EXIT：  CLR     EA
        POP     TL0             ；弹栈恢复现场
        POP     TH0
        POP     07H             ；寄存器数据弹栈恢复现场
        POP     06H
        POP     05H
        POP     04H
        POP     03H
        POP     02H
        POP     01H
        POP     P2              ；端口数据压栈保护
        POP     P0
        POP     P1
        POP     B
        POP     ACC
        POP     PSW
        SETB    EA
        RETI
    ；＊＊＊＊＊＊＊＊＊＊＊＊＊ 延时子程序DELAY_1 ms ＊＊＊＊＊＊＊＊＊＊＊
    ；子程序名：延时子程序DELAY_1 ms
    ；子程序功能：循环指令延时1 ms
DELAY_1 ms：
        MOV     R4，＃4
LOOP2： MOV     R3，＃125
LOOP3： DJNZ    R3，LOOP3
        DJNZ    R4，LOOP2
        RET
    ；＊＊＊＊＊＊＊＊＊＊＊＊＊共阳极数码管段码表TABLE＊＊＊＊＊＊＊＊＊＊＊＊＊
TABLE： DB 0C0H，0F9H，0A4H，0B0H，99H
```

```
DB 92H，82H，0F8H，80H，90H
END
```

【例】 单片机为核心的数据采集系统。

1. 数据采集系统的组成

数据采集系统一般由信号调理电路、多路切换电路、采样保持电路、A/D、CPU、RAM、EPROM组成。其原理框图如图3-85所示。

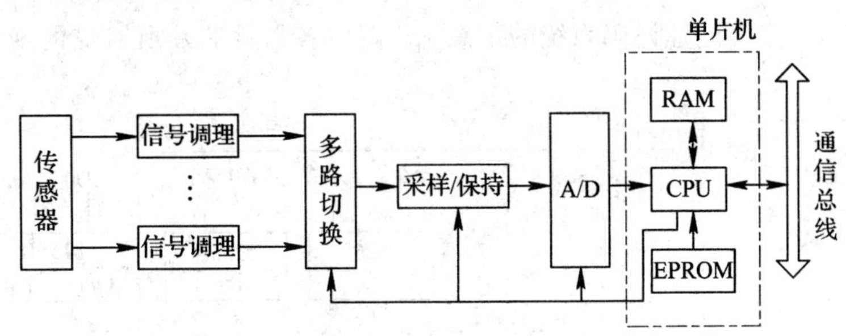

图3-85 原理框图

1）信号调理电路

信号调理电路是传感器与A/D之间的桥梁，是测控系统中重要组成部分。其主要功能如下：

(1) 目前标准化工业仪表常采用0～10 mA、4～20 mA的电流信号，为了和A/D的输入形式相适应，通常将电流信号经I/V转换器变换成电压信号。

(2) 某些测量信号可能是非电量的，这些非电压量信号必须变为电压信号，还有些信号即使是电压信号，也必须经过放大、滤波。这些处理包括信号形式的变换、量程调整、环境补偿、线性化等。

(3) 在某些恶劣条件下，共模电压干扰很强，如共模电平高达220 V，不采用隔离的办法无法完成数据采集任务，因此，必须根据现场环境，考虑共模干扰的抑制，甚至采用隔离措施，包括地线隔离、路间隔离，等等。

综上所述，非电量的转换、信号形式的变换、放大、滤波、共模抑制及隔离等，都是信号调理的主要功能。

信号调理电路包括电桥、放大、滤波、隔离等电路。根据不同的调理对象，采用不同的电路。电桥电路的典型应用之一就是热阻测温。

信号放大电路通常由运放承担，运放的选择主要考虑精度要求(失调及失调温漂)、速度要求(带宽、上升率)、幅度要求(工作电压范围及增益)及共模抑制要求。

滤波和限幅电路通常采用二极管、稳压管、电容等器件。用二极管和稳压管的限幅方法会产生一定的非线性，且会使灵敏度下降，这可以通过后级增益调整和非线性校正来进行补偿。

2）多路切换电路

多路切换电路用来进行多路模拟量信号的输入通道选择。

3）采样保持电路(S/H)

采样保持电路用来匹配模数转换的采用周期，使转换过程中的信号稳定。

4）模/数转换器（ADC）

模/数转换器用来进行模拟量到数字量的转换。

2. 数据采集系统设计中的地址空间分配与总线驱动

在扩多片存储器芯片时，要注意解决两个问题：① 如何把两个 64 KB 存储器空间分配给各个芯片；② 如何解决对多片芯片的驱动问题。

1）地址空间的分配

图 3－86 是一个全地址译码系统的示意图，图中各器件芯片所对应的地址如表 3－15 所示。

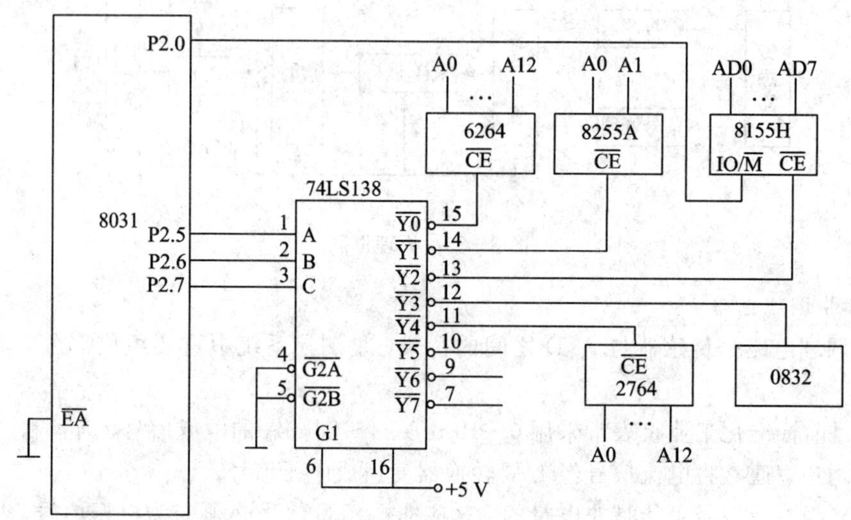

图 3－86　全地址译码系统示意图

表 3－15　各器件芯片所对应的地址

器件		地址线	片内地址单元数	地址编码
6264		0 0 0××××× ××××××××	8 KB	0000H～1FFFH
8255A		0 0 1 1 1 1 1 1 1 1 1 1 1 1××	4	3FFCH～3FFFH
8155H	RAM	0 1 0 1 1 1 1 0××××××××	256	5E00H～5EFFH
	I/O	0 1 0 1 1 1 1 1 1 1 1 1 1×××	6	5FF8H～5FFDH
0832		0 1 1 1 1 1 1 1 1 1 1 1 1 1 1 1	1	7FFFH
2764		1 0 0××××× ××××××××	8 KB	8000H～9FFFH

2）驱动能力的估算

(1) 直流负载下驱动器驱动能力的估算。驱动器驱动能力主要取决于高电平输出时驱动器能提供的最大电流和低电平输出时所能吸收的最大电流。现设 I_{OH} 为驱动器在高电平输出时的最大输出电流，I_{IH} 为每个同类门负载所吸收的电流。I_{OL} 为驱动器在低电平输出时的最大吸入电流，I_{IL} 为驱动器需要为每个同类门提供的吸入电流。显然，如下关系满足时才能使驱动器可靠工作。

$$I_{OH} \geqslant \sum_{i=1}^{N_1} I_{IH}，I_{OL} \geqslant \sum_{i=1}^{N_2} I_{IL}$$

设 $I_{OH}=15$ mA、$I_{OL}=24$ mA、$I_{IH}=0.1$ mA 和 $I_{IL}=0.2$ mA，求得 $N_1=150$ 和 $N_2=120$。因此，驱动器的实际驱动能力应为 120 个同类门。

(2) 交流负载下驱动能力的估算。总线上传送的数据是脉冲型信号，在同类门负载为容性(分布电容造成)时，就必须考虑电容的影响。若 C_p 为驱动器的最大驱动电容，C_i $(i=1,2,\cdots,N)$ 为每个同类门的分布电容。为了满足同类门电容的交流效应，驱动器负载电路应满足如下关系：

$$C_p \geqslant \sum_{i=1}^{N_3} C_i$$

若 $C_p=15$ μF，C_i 不大于 0.3 μF，则根据上式可求得 $N_3=50$。

【例】 水温控制系统的设计。

1. 控制要求

水温控制系统设计的要求如下；

(1) 温度控制的设定范围为 35～85℃，最小分辨率为 0.1℃。

(2) 偏差≤0.6℃，静态误差≤0.4℃。

(3) 实时显示当前的温度值。

(4) 命令按键 5 个，分别是：复位键、功能转换键、加 1 键、减 1 键和确定键。

2. 硬件电路设计

硬件电路从功能模块上来划分有：

(1) 主机电路。

(2) 数据采集电路。

(3) 键盘、显示电路。

(4) 控制执行电路。

硬件功能结构如图 3-87 所示。

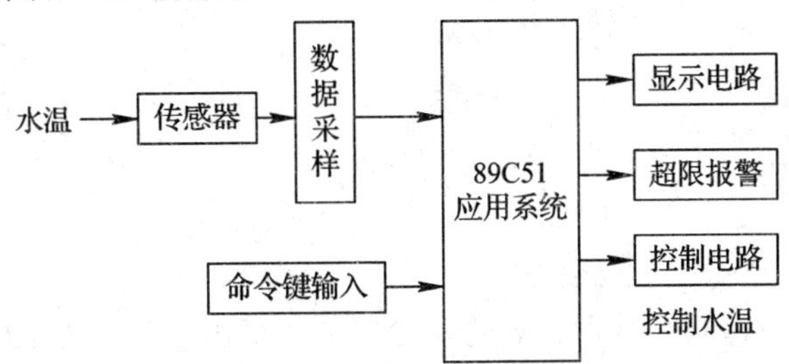

图 3-87　硬件功能结构图

数据采集电路的设计：

主机采用 89C51，系统时钟频率为 12 MHz，内部含有 4 KB 字节的闪烁存储器。无须外扩程序存储器。

数据采集电路主要由温度传感器、A/D转换器、放大电路等组成，见图3-88。

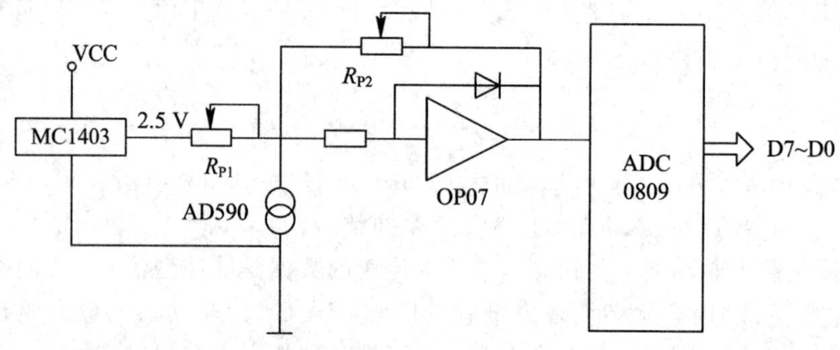

图3-88　数据采集电路图

控制执行电路的设计：

由单片机的输出来控制风扇或电炉。设计中要采用光电耦合器进行强电和弱电的隔离，但考虑到输出信号要对可控硅进行触发，以便接通风扇或电炉电路，所以可控硅选用了既有光电隔离又有触发功能的MC3041。其中使用P1.0控制电炉电路，P1.1控制风扇电路。

四、单片机C语言概述

在已经了解C语言的基础上，本书仅仅介绍C语言在单片机方面的概念、数据定义和函数定义等。

(一) 学习单片机C语言的必要性

随着单片机性能的不断提高，C语言编译调试工具的不断完善，以及现在对单片机产品辅助功能的要求、对开发周期不断缩短的要求，使得越来越多的单片机编程人员转向使用C语言，因此有必要在单片机课程中讲授“单片机C语言”。“C51”概念：为了与ANSI C区别，把“单片机C语言”称为“C51”，也称为“Keil C”。

在编程方面，使用C51较汇编语言有诸多优势：

(1) 编程容易。

(2) 容易实现复杂的数值计算。

(3) 容易阅读与交流。

(4) 容易调试与维护程序。

(5) 容易实现模块化开发。

(6) 程序可移植性好。

(二) C51语言与ANSI C的区别

用汇编语言编写单片机程序时，必须要考虑单片机存储器的结构，尤其要考虑单片机片内数据存储器、特殊功能寄存器是否正确合理的使用，以及是否按照实际地址端口进行数据处理。虽然不像汇编语言那样需要具体地组织、分配存储器资源，但是C51对数据类型和变量的定义，必须要与单片机的存储结构相关联，否则编译器不能正确地映射定位。若用C51编写单片机程序，则需要根据单片机的存储器结构及内部资源定义相应的数据类型和变量。其他的语法规定、程序结构及程序设计方法，都与 ANSI C 相同。因此学习的关键是在了解 C 语言的基础上，熟悉 C51 各种变量的定义、指针定义、函数定义和混合编程。

(三) C51 的标识符与关键字

1. 标识符

标识符是用来标识源程序中某个对象名称的符号。其中的对象可以是常量、变量、语句标号、数据类型、自定义函数名以及数组名等。C51 的标识符的定义不是随意的，需要符合以下定义规则：

· C51 的标识符可以由字母、数字(0～9)和下划线“_”组成。

· C51 的标识符区分大小写，例如“num5”和“NUM5”代表两个不同的标识符。

· C51 的标识符第一个字符必须是小写字母(a～z)、大写字母(A～Z)或者下划线“_”。例如“count1”、“C_1”等，都是正确的。而“5num”则是错误的标识符，在编译时系统会出现错误提示。另外，有些编译系统专用的标识符是以下划线开头，为了程序的兼容性和可移植性，所以建议一般不要以下划线开头来命名标识符。

· C51 的标识符定义不能使用 C51 的关键字，也不能和用户已使用的函数名或 C51 库函数同名。例如“int”是不正确的标识符，“int”是关键字，所以它不能作为标识符。

· C51 的标识符最多可支持 32 个字符，不过为了使用和理解方便，尽量不要使用过长的标识符。

2. 关键字

关键字是已经被 C51 编译器定义保留的专用特殊标识符。关键字是 C51 语言的一部分，这些关键字有固定的名称和含义，用户在 C51 源程序中自定义的标识符不允许与关键字相同，否则程序将无法编译运行。单片机 C51 程序语言采用了 ANSI C 标准定义的 32 个关键字。同时，C51 有自己的特殊关键字，称为 C51 扩展的关键字。下面给出常用的 C51 扩展的关键字：

_at_	bdata	bit	code	data
idata	interrupt	pdata	reentrant	sbit
sfr16	using	volatile	xdata	sfr

(四) C51 的数据及其存储结构

1. 数据类型

MCS-51 单片机的数据类型是 C51 语言中变量以及常量的类型。每个变量在使用之前必须定义其数据类型。C51 除了继承了标准 C 语言中基本的数据类型 int、char、short、long、float 和 double 等外，还有自己的特点。例如在 C51 语言中 int 和 short、float 和 double 具有相同的取值范围和含义。

在 C51 中有以下几种基本数据类型：整型(int)、浮点型(float)、字符型(char)、无值型(void)。此外，C51 语言还提供了几种聚合类型(aggregate types)，包括数组、指针、结构、联合(共用体)、枚举和位域。关于几种聚合类型感兴趣的读者可以自学，本书主要介绍几种基本类型。

C51 语言中基本数据类型的长度和数值范围，如表 3-16 所示。

表 3-16　C51 数据类型、长度和数值范围

数据类型	表示方法	长度	数值范围
无符号字符型	unsigned char	1 字节	0～255
有符号字符型	signed char	1 字节	－128～127
无符号整型	unsigned int	2 字节	0～65535
有符号整型	signed int	2 字节	－32768～32767
无符号长整型	unsigned long	4 字节	0～4294967295
有符号长整型	signed long	4 字节	－2147483648～2147483647
浮点型	float	4 字节	±1.1755E－38～±3.40E＋38
特殊功能寄存器型	sfr sfr16	1 字节 2 字节	0～255 0～65535
位类型	bit、sbit	1 位	0 或 1

1) 数据类型转换

(1) 自动转换：转换规则是向高精度数据类型转换、向有符号数据类型转换。如字符型变量与整型变量相加时，则位变量先转换成字符型或整型数据，然后再相加。

(2) 强制转换：像 ANSI C 一样，通过强制类型转换的方式进行转换。如：

```
unsigned  int  b;
float  c;           b=(int)c;
```

2) C51 数据的存储

MCS-51 单片机只有 bit 和 unsigned char 两种数据类型支持机器指令，而其他类型的数据都需要转换成 bit 或 unsigned char 型进行存储。

为了减少单片机的存储空间和提高运行速度，要尽可能地使用 unsigned char 型数据。

(1) 位变量的存储。bit 和 sbit 型位变量，直接存于 RAM 的位寻址空间，包括低 128 位和特殊功能寄存器位。

(2) 字符变量的存储。字符变量(char)：无论是 unsigned char 数据还是 signed char 数据，均为 1 个字节，能够被直接存储在 RAM 中，可以存储在 0～0x7f 区域，也可以存储在 0x80～0xff 区域，这与变量的定义有关。

unsigned char 数据：可直接被 MSC-51 接受。

signed char 数据：用补码表示。需要额外的操作来测试、处理符号位，使用的是两种库函数，代码量大，运算速度降低。

(3) 整型变量的存储。整型变量(int)：不管是 unsigned int 数据还是 signed int 数据，均为 2 个字节，其存储方法是高位字节保存在低地址(在前面)，低位字节保存在高地址(在后面)。

例如，整型变量的值为 0x1234，signed int 数据用补码表示。

(4) 长整型变量的存储。长整型变量(long)为 4 个字节，其存储方法与整型数据一样，是最高位字节保存的地址最低(在最前面)，最低位字节保存的地址最高(在最后面)。

如长整型变量的值为 0x12345678，则不管是 unsigned long 数据还是 signed long 数据均为 4 个字节，其高位存入低地址，低位存入高地址。

(5) 浮点型变量的存储。浮点型变量(float)占 4 个字节，用指数方式表示，其具体格式与编译器有关。

对于 Keil C，采用的是 IEEE - 754 标准，具有 24 位精度，尾数的最高位始终为 1，因而不保存。具体分布为：1 为符号位，8 为阶码位，23 为尾数。

符号位 S：1 表示负数，0 表示正数。

阶码：用移码表示。如，实际阶码－126 用 1 表示，实际阶码 0 用 127 表示，即实际阶码数加上 127 得到阶码的表达数。阶码数值范围：－126～＋128。

例如：浮点数－12.5 的符号位为 1，12.5 的二进制数为 1100.1＝1.1001E＋0011，阶码数值 3＋127＝130＝10000010B，尾数为 1001。因此，其十六进制数为 0xC1480000。

2. C51 变量的定义及数据存储区域

1) C51 变量的存储类型

按照 ANSI C，C 语言的变量有 4 种存储类型：动态存储(auto)、静态存储(static)、外部存储(extern)、寄存器存储(register)。

(1) 动态存储。

动态(存储)变量：用 auto 定义的变量为动态变量，也叫自动变量。

作用范围：在定义动态变量的函数内或复合语句内部。当定义动态变量的函数或复合语句执行时，C51 才为变量分配存储空间，结束时所占用的存储空间释放。

定义变量时，auto 可以省略，或者说如果省略了存储类型项，则认为是动态变量。动态变量一般分配使用寄存器或堆栈。

(2) 静态存储。

静态(存储)变量：用 static 定义的变量为静态变量，它分为内部静态变量和外部静态变量。

内部静态变量：在函数体内定义的为内部静态变量。在函数内可以任意使用和修改，函数运行结束后会一直存在，但在函数外不可见，即在函数体外得到保护。

外部静态变量：在函数体外部定义的为外部静态变量。在定义的文件内可以任意使用和修改，外部静态变量会一直存在，但在文件外不可见，即在文件外得到保护。

(3) 外部存储。

外部(存储)变量：用 extern 声明的变量为外部变量，它是在其他文件中定义过的全局变量。用 extern 声明后，便可以在所声明的文件中使用外部变量。

需要注意的是：在定义变量时，即便是全局变量，也不能使用 extern 定义。

(4) 寄存器存储。

寄存器(存储)变量：用 register 定义的变量为寄存器变量。寄存器变量存放在 CPU 的寄存器中，这种变量的处理速度快，但数目少。

C51 中的寄存器变量：C51 的编译器在编译时，能够自动识别程序中使用频率高的变量，并将其安排为寄存器变量，用户不用专门声明。

2) C51 变量的存储区域

变量的存储区属性是单片机扩展的概念，它非常重要，涉及 7 个新的关键字。

MCS－51单片机有四个存储空间，它们是片内数据存储空间、片外数据存储空间、片内程序存储空间和片外程序存储空间。

MCS－51单片机有更多的存储区域：由于片内数据存储器和片外数据存储器又分成不同的区域，所以单片机的变量有更多的存储区域。在定义变量时，必须明确指出变量存放在哪个区域。存储区与存储空间的对应关系见表3－17。

表3－17　C51存储区与存储空间的对应关系

关键字	对应的存储空间及范围
code	ROM空间，64 KB全空间
data	片内RAM，直接寻址，低128字节
bdata	片内RAM，位寻址区0x20～0x2f，可字节访问
idata	片内RAM，间接寻址，256字节，与@Ri对应
pdata	片外RAM，分页寻址的256字节(P2不变)，P2改变可寻址64 KB全空间，与MOVX @Ri对应
xdata	片外RAM，64 KB全空间
bit	片内RAM位寻找区，位地址为0x00～0x7f，128位

3）C51变量定义举例

① 定义存储在data区域的动态unsigned char变量：

```
unsigned char data sec=0，min=0，hou=0；
```

② 定义存储在data区域的静态unsigned char变量：

```
static unsigned char data scan_code=0xfe；
```

③ 定义存储在data区域的静态unsigned int变量：

```
static unsigned int data dd；
```

④ 定义存储在bdata区域的动态unsigned char变量：

```
unsigned char bdata operate，operate1；
//定义指示操作的可位寻址的变量
```

⑤ 定义存储在idata区域的动态unsigned char数组：

```
unsigned char idata temp[20]；
```

⑥ 定义在pdata区域的动态有符号int数组：

```
int pdata send_data[30]；
//定义存放发送数据的数组
```

⑦ 定义存储在xdata区域的动态unsigned int数组：

```
unsigned int xdata receiv_buf[50]；
//定义存放接收数据的数组
```

⑧ 定义存储在code区域的unsigned char数组：

```
unsigned char code dis_code[10]=
{0x3f，0x06，0x5b，0x4f，0x66,0x6d,0x7d,0x07,0x7f,0x6f}；
//定义共阴极数码管段码数组
```

4) C51变量的存储模式

存储模式：如果在定义变量时缺省了存储区属性，则编译器会自动选择默认的存储区域，也就是存储模式。变量的存储模式就是程序(或函数)的编译模式。

编译模式分为三种：小模式(small)、紧凑模式(compact)和大模式(large)。编译模式由编译控制命令决定。

存储模式(编译模式)决定了变量的默认存储区域和参数的传递方法。

(1) small模式。

在small模式下，变量的默认存储区域是“data”、“idata”，即未指出存储区域的变量保存到片内数据存储器中，并且堆栈也安排在该区域中。

small模式的特点：存储容量小，但速度快。

在small模式下参数的传递方式：通过寄存器、堆栈或片内数据存储区完成。

(2) compact模式。

在compact模式下，变量的默认存储区域是“pdata”，即未指出存储区域的变量保存到片外数据存储器的一页中，最大变量数为256字节，并且堆栈也安排在该区域中。

compact模式的特点：存储容量较small模式大，速度较small模式稍慢，但比large模式要快。

在compact模式下参数的传递方式：通过片外数据区的一个固定页完成。

(3) large模式。

在large模式下，变量的默认存储区域是“xdata”，即未指出存储区域的变量保存到片外数据存储器中，最大变量数可达64 KB，并且堆栈也安排在该区域中。

large模式的特点：存储容量大，速度慢。

large模式下参数的传递方式：通过片外数据存储器完成。

C51支持混合模式：可以对函数设置编译模式。在large模式下，可以将某些函数设置为compact模式或small模式，从而提高运行速度。

默认编译模式：如果文件或函数未指明编译模式，则编译器按small模式处理。

编译模式控制命令：“＃pragma small(或compact、large)”应放在文件的开始。

5) C51变量的绝对定位

C51有三种方式可以对变量(I/O端口)绝对定位：绝对定位关键字_at_、指针、库函数的绝对定位宏。

C51扩展的关键字_at_专门用于对变量作绝对定位，_at_使用在变量的定义中，其格式为

```
[存储类型] 数据类型 [存储区] 变量名1
_at_地址常数[，变量名2…]
```

(1) 举例说明_at_的使用方法：

① 对data区域中unsigned char变量的aa作绝对定位：

```
unsigned char data aa _at_ 0x30;
```

② 对pdata区域中unsigned int数组的cc作绝对定位：

```
unsigned int  pdata cc[10]  _at_  0x34;
```

③ 对 xdata 区域中 unsigned char 变量的 printer_port 作绝对定位：

```
unsigned char xdata  printer_port_at_  0x7fff;
```

(2) 对变量绝对定位的几点说明：

① 绝对地址变量在定义时不能初始化，因此不能对 code 型变量进行绝对定位；

② 绝对地址变量只能是全局变量，不能在函数中对变量进行绝对定位；

③ 绝对地址变量多用于 I/O 端口，一般情况下不对变量作绝对定位；

④ 位变量不能使用_at_来进行绝对定位。

6) C51 变量的定义

(1) bit 型位变量的定义。

常说的位变量指的就是 bit 型位变量。C51 bit 型位变量定义的一般格式为

[存储类型] bit 位变量名 1[＝初值]

[，位变量名 2[＝初值]][，…]

bit 位变量被保存在 RAM 中的位寻址区域(字节地址为 0x20～0x2f，16 字节)。例如：

```
bit flag_run，receiv_bit=0;
static  bit send_bit;
```

说明：

① bit 型位变量与其他变量一样，可以作为函数的形参，也可以作为函数的返回值，即函数的类型可以是位型的；

② 位变量不能定义指针，不能定义数组。

(2) sbit 型位变量的定义。

对于能够按位寻址的特殊功能寄存器、定义在位寻址区域的变量(字节型、整型、长整型)，可以对其各位用 sbit 定义位变量。

① 特殊功能寄存器中位变量的定义。

能够按位寻址的特殊功能寄存器中位变量定义的一般格式为

sbit 位变量名 ＝ 位地址表达式

其中位地址表达式有三种形式：直接位地址、特殊功能寄存器名带位号、特殊功能寄存器地址带位号。

若用直接位地址定义位变量，则位变量定义的格式为

sbit 位变量名 ＝ 位地址常数

其中位地址常数范围为 0x80～0xff，用来定义特殊功能寄存器的位。例如：

```
sbit  P0_0=0x80;
sbit  RS0=0xd3;          //定义 PSW 的第 3 位
```

若用特殊功能寄存器名带位号定义位变量，则位变量定义的格式为

sbit 位变量名 ＝ 特殊功能寄存器名^位号常数

其中位号常数为 0～7。例如：

```
sbit  P0_3=P0^3;
sbit  OV=PSW^2;          //定义 PSW 的第 2 位
```

若用特殊功能寄存器地址带位号定义位变量，则位变量定义的格式为

sbit 位变量名 = 特殊功能寄存器地址^位号常数

其中位号常数为 0～7。例如：

```
sbit P0_6=0x80^6;
sbit AC=0xd0^6;                //定义 PSW 的第 6 位
```

说明：

· 用 sbit 定义的位变量，必须能够按位操作。

· 用 sbit 定义的位变量，必须放在函数外面作为全局位变量，而不能放在函数内部。

· 用 sbit 每次只能定义一个位变量。

· 对其他模块定义的位变量(bit 型或 sbit 型)的引用声明，都使用 bit。

· 用 sbit 定义的是一种绝对定位的位变量(因为名字是与确定位地址对应的)，具有特定的意义，在应用时不能像 bit 型位变量那样随便使用。

② 位寻址区变量的位定义。

bdata 型变量(字节型、整型、长整型)被保存在 RAM 中的位寻址区，因此可以对 bdata 型变量各位作位变量定义。这样，既可以对 bdata 型变量作字节(或整型、长整型)操作，也可以对 bdata 型变量作位操作。

bdata 型变量的位定义格式为

sbit 位变量名 = bdata 型变量名^位号常数

bdata 型变量位是定义过的，位号常数可以是 0～7(8 位字节变量)，或 0～15(16 位整型变量)，或 0～31(32 位字长整型变量)。

(3) C51 特殊功能寄存器的定义。

8 位特殊功能寄存器定义的一般格式为

sfr 特殊功能寄存器名 = 地址常数(地址常数范围：0x80～0xff)

特殊功能寄存器定义举例(见 reg51.h、reg52.h 等文件)：

```
sfr    P0=0x80;        //定义 P0 寄存器
sfr    PSW=0xd0;       //定义 PSW
```

(4) 指针的定义。

由于 MCS - 51 单片机有三种不同类型的存储空间，并且还有不同的存储区域，因此 C51 指针的内容更丰富。

指针具有四种属性(存储类型、数据类型、存储区、变量名)。按存储区域不同，可将指针分为通用指针和不同存储区域的专用指针。

所谓通用指针，就是通过该类指针可以访问所有的存储空间。在 C51 库函数中通常使用这种指针来访问。

通用指针用 3 个字节来表示：

第一个字节表示指针所指向的存储空间。

第二个字节为指针地址的高字节。

第三个字节为指针地址的低字节。

通用指针的定义与一般 C 语言指针的定义相同，其格式为

```
[存储类型]    数据类型    *指针名1
[, *指针名2][, …]
```

例如：

```
unsigned  char  *cpt;
int  *dpt;
```

7）C51 函数的定义

在 C51 中，函数的定义与 ANSI C 中是相同的。唯一不同的就是在函数的后面需要带上若干个 C51 的专用关键字。

(1) C51 一般函数定义。

函数定义的一般格式如下：

```
返回类型  函数名(形参表)[函数模式]
  [reentrant] [interrupt m] [using n]
  {
      局部变量定义
      执行语句
  }
```

各属性含义如下：

函数模式：也就是编译模式、存储模式，可以为 small、compact 和 large。缺省时则使用文件的编译模式。

reentrant：重入函数。所谓可重入函数，就是允许被递归调用的函数，是 C51 定义的关键字。

在编译时会为重入函数生成一个堆栈，可以通过这个堆栈来完成参数的传递和存放局部变量。

注意：重入函数不能使用 bit 型参数；函数返回值也不能是 bit 型。

interrupt m：中断关键字和中断号。interrupt 是 C51 定义的。C51 支持 32 个中断源。中断入口地址与中断号 m 的关系为

$$中断入口地址=3+8\times m$$

using n：选择工作寄存器组和组号。n 为 0～3，对应第 0 组到第 3 组。关键字 using 是 C51 定义的。

如果函数有返回值，则不能使用该属性。因为返回值存于寄存器中，函数返回时要恢复原来的寄存器组，会导致返回值错误。

(2) C51 中断函数的定义。

C51 函数的定义实际上已经包含了中断服务函数，但为了明确起见，下面专门给出中断处理函数的具体定义形式：

```
          void  函数名(void)[函数模式]
interrupt m  [using n]
          {
              局部变量定义
              执行语句
```

}

中断服务函数需要注意以下几点：

① 中断服务函数不传递参数；

② 中断服务函数没有返回值；

③ 中断服务函数必须有 interrupt m 属性；

④ 进入中断服务函数，ACC、B、PSW 会进栈，根据需要，DPL、DPH 也可能进栈，如果没有 using n 属性，R0～R7 也可能进栈，否则不进栈；

⑤ 在中断服务函数中调用其他函数，被调函数最好设置为可重入函数，因为中断是随机的，中断服务函数所调用的函数可能会出现嵌套调用；

⑥ 不能够直接调用中断服务函数。

(五) 运算符表达式及其规则

1. 运算符

运算符是一个表示特定算术或逻辑操作的符号，也称为操作符。例如，“＋”表示了一个加法运算；“&&”号表示了一个逻辑与的运算。在 C51 语言中，运算符可以把需要进行运算的各个量(常量或变量)连接起来组成一个表达式。

C51 语言中的运算符很丰富，主要有三大类：算术运算符、关系和逻辑运算符、位操作运算符。另外，还有一些用于完成复杂功能的特殊运算符。

1) 普通运算符

(1) 算术运算符。算术运算符是用来进行算术运算的操作符。C51 语言中允许的算术运算符，如表 3－18 所示。C51 语言中的运算符“＋”、“－”、“＊”和“/”的用法与大多数计算机语言相同，几乎可用于所有 C51 语言内定义的数据类型。

表 3－18　算术运算符

运算符	含义	运算符	含义
－	减法、取负	－－	自减一
＋	加法	＋＋	自加一
＊	乘法	%	模运算
/	除法		

(2) 关系和逻辑运算符。逻辑运算符中的“逻辑”描述了操作数的逻辑关系，而关系运算符中的“关系”描述了一个操作数与另一个操作数之间的比较关系。关系运算符和逻辑运算符通常在一起使用。其中，逻辑运算符如表 3－19 所示。

表 3－19　逻辑运算符

运算符	含义	运算符	含义
!	逻辑非	&&	逻辑与
||	逻辑或		

(3) 位操作运算符。位操作运算是对字节或字中的二进制位(bit)进行测试、置位、移位或逻辑处理的运算符。其中字节或字是针对C标准中的char和int数据类型而言的，位操作不能用于float、double、long double、void或其他复杂类型。

支持全部的位运算符(Bitwise Operators)是C51语言与其他高级语言最大的不同，即具有汇编语言所具有的运算能力。因此C51既具有高级语言的特点，也具有低级语言的功能。

C51语言中的位运算符，如表3-20所示。位运算中AND、OR和NOT(1的补码)的真值表与逻辑运算等价，唯一不同的是位操作是逐位进行运算的。

表3-20　位操作运算符

运算符	含义	运算符	含义
|	逻辑或	&	逻辑与
~	按位取补	^	异或
《	左移	》	右移

2) 特殊运算符

除了上述几种运算符外，在C51语言中还有一些特殊运算符，用于一些复杂的运算，可以起到简化程序的作用。

(1) “,”运算符。“,”运算符是把几个表达式串在一起，按照顺序从左向右计算的运算符。“,”运算符左侧的表达式不返回值，只有最右边的表达式的值作为整个表达式的返回值。

(2) “?”运算符。“?”运算符是三目操作符，其一般形式为

EXP1? EXE2:EXP3;

(3) 地址操作运算符。地址操作运算符主要有“*”和“&”两种。

(4) 联合操作。联合操作主要用来简化一些特殊的赋值语句，这类赋值语句的一般形式为

<变量1>=<变量1><操作符><表达式>

(5) “sizeof”运算符。“sizeof”运算符是单目操作符，它返回的是变量所占字节或类型长度字节。

(6) 类型转换运算符。类型转换运算符用于强使某一表达式变为特定类型，为一目运算符，并且同其他一目操作符的优先级相同。

3) 运算符优先级和结合性

在C51语言中，当一个表达式中有多个运算符参与运算时，要按照运算符的优先级别进行运算。在一个复杂的表达式中，常常有许多运算符和变量，除了要判断其优先级还要考虑其结合性(或者关联性)。例如：

－5＋7;

这里的表达式需要用结合性来判断，因为运算符“－”和“＋”相对于运算的操作数来说是“左”结合的，所以实际参与计算的是“-5”和“＋7”，运算的结果为2。

2. 表达式

表达式是由运算符把需要进行运算的各个量连接起来而构成的一个整体。表达式主要由操作数和运算符组成。操作数一般包括常量和变量，有时甚至可以包括函数和表达式等。同运算符一样，表达式也是C51语言中的基本组成部分。

1) 算术表达式

算术表达式是指用算术运算符和括号将操作数连接起来，并且符合C51语法规则的式子。例如a+(b−c)*2−'b'就是一个正确的算术表达式。算术表达式比较简单，主要应该注意算术运算符的计算顺序。这里仅举一个例子，来演示算术表达式的应用。程序示例如下：

```
#include <stdio.h>                          //头文件
void main()                                 //主函数
{
  int i,j,x,y;                              //声明变量
  i=23;
  j=12;
  x=i+j;                                    //算术运算
  y=i-j;                                    //算术运算
  printf("i+j=%d\\ni-j=%d\\n",x,y)//输出结果
}
```

2) 赋值表达式

赋值表达式是指由赋值运算符将一个变量和一个表达式连接起来的式子，其一般形式为

　　<变量><赋值运算符><表达式>

例如"x=15"就是一个简单的赋值表达式，表示将15赋值给变量x。赋值表达式的求解过程就是将赋值运算符右边的表达式值赋给左边的变量。赋值表达式在程序中的应用示例如下：

```
#include <stdio.h>                          //头文件
void main()                                 //主函数
{
int i,j;                                    //声明变量
char a,b;
a='c';                                      //变量赋值
b='d';
i=15+'a';                                   //赋值
j=b-'D'+a;
printf("i=%d\\nj=%d\\n",i,j);               //输出结果
}
```

3) 逗号表达式

逗号表达式是指用逗号运算符将两个表达式连接起来的式子，其一般形式为

　　表达式1，表达式2，表达式3，…表达式n

逗号表达式的应用示例如下：

```
#include <stdio.h>                   //头文件
```

```
void main()                          //主函数
{
  int a,b;                           //声明变量
  b=(a=3*10,a*8);                    //逗号表达式
  printf("a=%d\\nb=%d\\n",a,b);//输出结果
}
```

4）关系和逻辑表达式

关系和逻辑表达式是用关系运算符以及逻辑运算符来构成的式子。关系和逻辑表达式常用于程序控制语句以控制流程运算。关系表达式和逻辑表达式通常是结合在一起使用的。

(1) 关系表达式。关系表达式是指用关系运算符将两个表达式连接起来的式子。关系运算又称为“比较运算”。

示例如下：

```
x<=y,x!=z,(x>5)>=0
```

(2) 逻辑表达式。逻辑表达式是指用逻辑运算符将两个表达式连接起来的式子。逻辑表达式中的运算对象可以是任何类型的数据，如字符型、整型或指针型等。

(六) 混合编程

混合编程有两种方式：一种是在C语言函数中嵌入汇编语言程序，程序中没有独立的汇编语言函数，只有个别C语言函数中嵌入有汇编程序；另一种是C语言文件与汇编语言文件混合编程，程序中有独立的汇编程序函数和汇编语言文件。无论是哪种混合编程方式，采用C51后，程序的大部分是C语言，只有少部分是汇编语言。

1. 在C51程序中嵌入汇编程序

在C51程序中嵌入汇编程序是用编译控制指令“#pragma src”、“#pragma asm”和“#pragma endasm”来实现的。“#pragma src”是控制编译器将C源文件编译成汇编文件，“#pragma src”要放在文件的开始；“#pragma asm”和“#pragma endasm”指示汇编语言程序的开始和结束，分别放在汇编程序段的前面和后面。

【例】 编写一段从单片机P1口做循环右移输出的流水灯子程序。

```
#pragma src                    //指示将C文件编译成汇编文件
……
void  round_lamp(void)
{           static unsigned char lamp=0x55;
    P1=lamp;
# pragma asm                   //指示汇编语言程序开始
    MOV        A,lamp          //对变量lamp做循环右移
    RR         A
    MOV        lamp,A
# pragma endasm                //指示汇编语言程序结束
}
```

2. C51程序与汇编程序混合编程

在C51程序与汇编程序混合编程的情况下，C语言与汇编语言程序都是独立的文件，

它们的函数要相互调用，因而涉及汇编语言程序的参数传递和函数命名两个问题。

(七) 汇编语言文件编写举例

一个完整的汇编语言程序文件包含三个函数，分别是：定时器/计数器 T1 产生方波信号的中断函数、循环右移多位函数和循环左移多位函数。

参数传递：T1 的计数初值通过全局变量 T1_H、T1_L 传递。

左移、右移函数都有两个入口参数(被移位的数、移位的位数)和返回值(被移位后的数)，要求通过寄存器传递。所有参数都是无符号字符型数据。

示例程序如下：

```
        NAME    EXAMP                       ;定义模块名
        ? PR?T1_INT?EXAMP   SEGMENT   CODE
        ? PR?_RIGHT?EXAMP        SEGMENT   CODE
        ? PR?_LEFT?EXAMP   SEGMENT   CODE
        PUBLIC      _RIGHT                  ;公共函数声明
        PUBLIC      _LEFT
        EXTRN      DATA(T1_H)               ;引用外部变量声明
        EXTRN      DATA(T1_L)
        CSEGAT      001BH                   ;设置 T1 中断入口
        LJMPT1_INT
        RSEG   ? PR?T1_INT?EXAMP            ;定义 T1 中断处理函数
T1_INT:
        MOV     TL1,   T1_L
        MOV     TH1,   T1_H
        CPL     P1.7
        RETI
        RSEG   ?PR?_RIGHT?EXAMP             ;右移函数
_RIGHT :                                    ;R7 为第 1 个参数，
        MOV   A,   R7                       ;为将被移位的数
RIGHT_LP:                                   ;R5 为第 2 个参数,移位的位数
          RR   A                            ;右移 1 位
          DJNZ  R5,     RIGHT_LP
          MOV   R7,   A                     ;保存返回值于 R7 中
          RET                               ;为被移位后的数
          RSEG   ?PR?_LEFT? EXAMP           ;左移函数
_ LEFT:                                     ;R7 为第 1 个参数
          MOV    A,   R7                    ;为被移位的数
LEFT_LP:                                    ;R5 为第 2 个参数，移位的位数
          RL     A                          ;左移 1 位
          DJNZ  R5,   LEFT_LP
          MOV   R7,   A                     ;保存返回值于 R7 中
```

```
RET                                ;为被移位后的数
END
```

补充说明在C51中调用汇编函数的方法：若要在C语言文件中调用汇编语言中的函数，则必须先声明再调用，其声明方法与声明C语言函数完全一样，即

extern　返回值类型　函数名(参数表)；

例如：

```
extern unsigned  char  right_shift(char,char);
extern unsigned  char  left_shift (char, char);
```

对于汇编语言函数的调用方法，与调用C语言中的函数完全一样。

拓展链接　I²C、SPI总线

现代应用系统越来越重视系统间的互联。通过数据通信传输可以达到资源共享的目的，但这需要高效、实用、低功耗的通信协议作为支持。所谓通信协议，就是通信双方的一种约定，即对数据格式、同步方式、传送速度、传送步骤、检纠错方式以及控制字符定义等问题做出统一规定，且通信双方必须共同遵守。因此，通信协议也叫通信控制规程，或传输控制规程。以下介绍两个常见的通信总线标准及典型芯片。

一、I^2C 总线

I^2C 总线是 PHLIPS 公司推出的一种串行总线，是具备多主机系统所需的包括总线裁决和高低速器件同步功能的高性能串行总线。I^2C 总线只有两根双向信号线，一根是数据线 SDA，另一根是时钟线 SCL。I^2C 总线结构如图 3-89 所示。

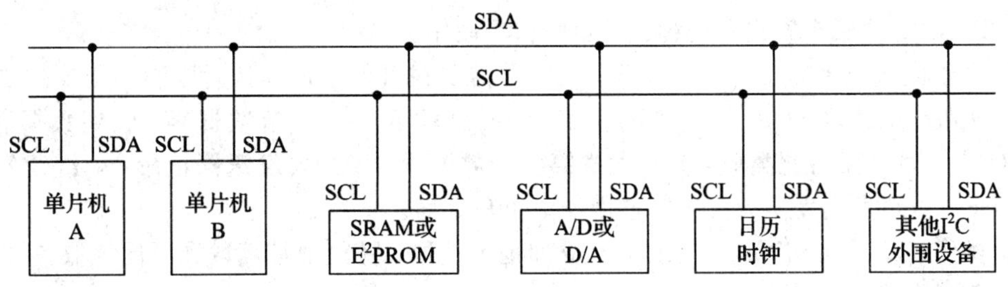

图 3-89　I^2C 总线结构

I^2C 总线通过上拉电阻接正电源，如图 3-90 所示。当总线空闲时，两根线均为高电平。若连到总线上的任一器件输出为低电平，则会使总线信号变低，即各器件的 SDA 及 SCL 都是线“与”关系。

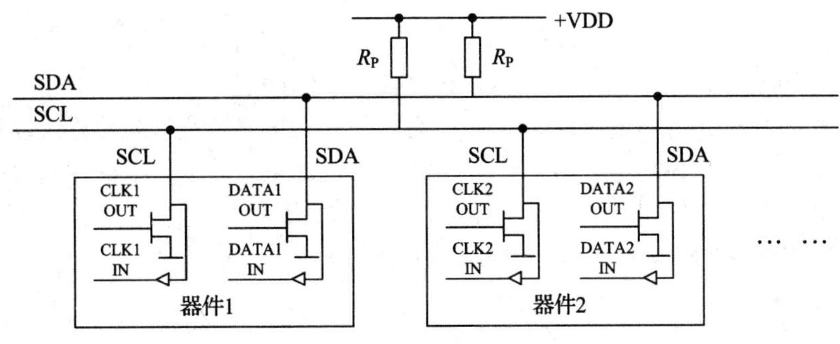

图 3-90　I^2C 总线上拉电阻接线

每个接到 I^2C 总线上的器件都有唯一的地址。当主机与其他器件传送数据时，可以由主机发送数据到其他器件上，这时主机为发送器，通过总线接收数据的器件则为接收器。在多主机系统中，可能同时有几个主机试图启动总线传送数据。为了避免混乱，I^2C 总线会通过总线仲裁来决定由哪台主机控制总线。I^2C 总线时序如图 3-91 所示。

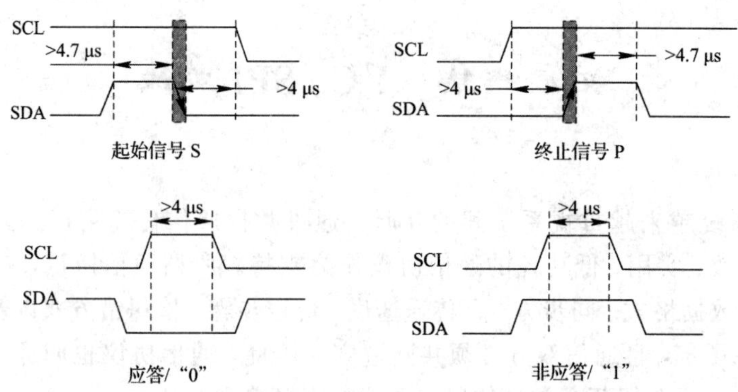

图 3-91　I^2C 总线时序图

以 AT24C02 芯片为例对 I^2C 总线做简要介绍。

AT24C02 是一个内含 256×8 位存储空间的串行 CMOS E^2PROM，CATALYST 公司的先进 CMOS 技术实质上减少了器件的功耗。AT24C02 有一个 16 字节的写入缓冲器(可按页写入)，写入速度快(小于 10 ms)。该器件通过 I^2C 总线接口进行操作，有一个专门的写保护功能。

AT24C02 的操作模式有两种：读操作和写操作。

写操作模式包含写字节和写页面，写字节需要在器件地址确认后跟随一个 8 位二进制地址，收到地址通过 SDA 发出确认信号，随时钟输入一个字节数据码，收到数据后，向 SDA 确认。写页面与此类似，只是发送第一个数据后，不需要发送停止命令，继续发送后面的数据，直至发送完毕，发送停止指令中止写页面。

读操作模式与启动写操作一样，有立即地址读取、随机地址读取和顺序读取三种。

1. 开始信号与结束信号

AT24C02 读写启停时序如图 3-92 所示。

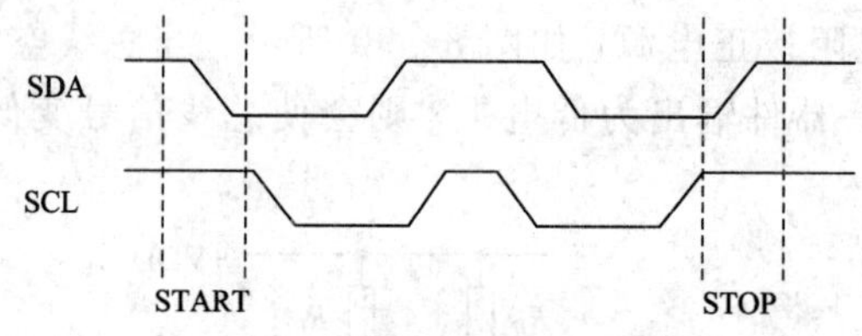

图 3-92　AT24C02 读写启停时序图

开始信号：当 SCL 为高电平时，SDA 由高电平向低电平跳变，开始传送数据。

结束信号：当 SCL 为高电平时，SDA 由低电平向高电平跳变，结束传送数据。

2. 应答信号

AT24C02 应答时序如图 3-93 所示。

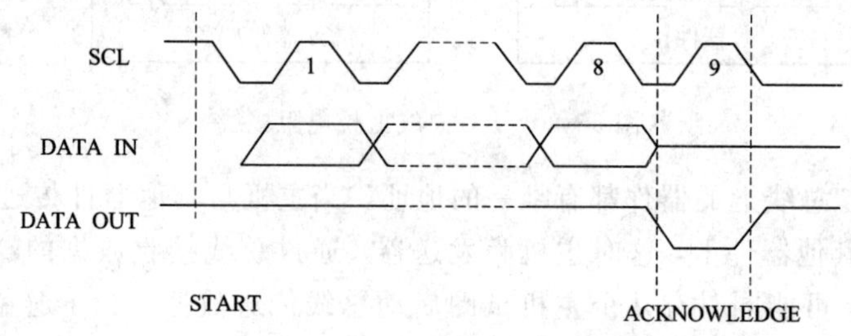

图 3-93　AT24C02 应答时序图

若某器件通过总线发送数据到另一器件上，则定义发送数据的器件为主机(发送器)，接收数据的器件为从机(接收器)。图 3－93 表明了应答信号的时序，其中 SCL 线为主机(微控制器)控制线，DATA IN 表示从机接收数据的情况，DATA OUT 表示主机发送数据的情况。可见，在开始信号之后，从机在 8 个时钟脉冲的控制下接收数据，并且没有发出任何信号，但在第 9 个时钟期间从机将 SDA 线拉低表示应答，即产生应答信号——接收数据的芯片在接收到 8 bit 数据后，向发送数据的芯片发出特定的低电平脉冲，表示已收到数据。

3. 电路图

如图 3－94 所示，A0、A1、A2 三个引脚为 AT24C02 的硬件地址线，通常根据引脚上的电平决定当前器件的硬件地址。

WP 为 AT24C02 的写保护引脚，当该引脚为高电平时，器件只读不写。

SCL、SDA 分别为器件的 I^2C 协议接口。

注意，图 3－94 中 SCL 和 SDA 分别接了两个 10 kΩ 的上拉电阻，其 I^2C 传输的基本模式是“起始信号—数据传输—应答—结束”。

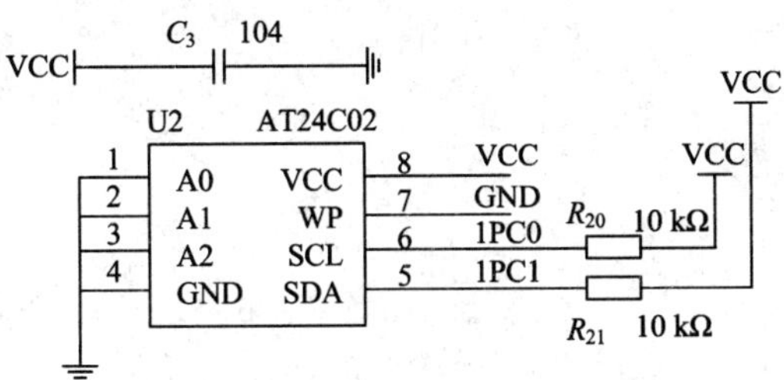

图 3－94　AT24C02 外部接线图

4. 数据读写示例

将图 3－94 中引脚 6、5 分别接于单片机的 P1.0、P1.1 端，写入操作的数据存放地址在 R2 中，要写的数据在 B 中，完成 AT24C02 写入字节程序如下：

```
WT_MEM:   NOP
          ACALL MEM_START       ;给 AT24C02 开始信号
          MOV A，#0A0H          ;写命令字＋片选地址信息
          ACALL WR1             ;写入以上信息
MWRITE2:  MOV   A,R2            ;准备写入片内地址信息
          ACALL WR1             ;写入
          MOV A,B               ;准备数据
          ACALL WR1             ;写入数据
          ACALL MEM_STOP        ;发送停止信号
```

注意，如果要重复写入，可以不发送停止信号，返回 MWRITE2 继续写下一数据即可。写完后发送结束信号。

```
          RET                   ;返回，一个字节写结束
;读字节程序，要读入数据的地址信息在单片机 R2 中，返回的读取数据需存入单片机的 B 中
RD_MEM: ACALL MEM_START         ;发送开始信号
        MOV A，#0A0H            ;写命令字＋片选地址信息
        ACALL WR1               ;写入以上信息
        MOV A,R2                ;准备片内信息
```

```
        ACALL WR1               ;写入信息
        ACALL MEM_START         ;重复发送开始信号
        MOV A,#0A1H             ;准备命令字(读)+片选地址
        ACALL WR1               ;写入以上信息
        CLR A                   ;准备接收读取数据
        MOV R3, #08H
        CLR SCL
RD1:    SETB SCL
        NOP
        LACALL MDELAY
        MOV C, SDA              ;数据移入C
        RLCA
        CLR SCL
        LACALL MDELAY
        MOV C, SDA
        RLC A
        CLR SCL
        ACALL MDELAY
        DJNZ R3, RD1
        MOV B,A                 ;数据送B
        ACALL MEM_STOP          ;发送停止信号
        RET
WR1:    MOV R6, #08H            ;写入8个字节数
WR2:    RLC A                   ;A带进位左移
        MOV SDA,C               ;数据输出一位
        SETB SCL
        ACALL MDELAY
        CLR SCL                 ;准备写入下一个字节数据
        ACALL MDELAY
        DJNZ R6, WR2
WR4:    LCALL MDELAY            ;等待写完1字节信息
        SETB SCL
        LCALL MDELAY            ;等待存储器AT24C02应答信号
        CLR SCL
        RET
```

二、SPI 总线

SPI 是串行外设接口(Serial Peripheral Interface)的英文缩写。SPI 总线主要应用在 E^2PROM、Flash、实时时钟、A/D 转换器、数字信号处理器和数字信号解码器之间。

SPI 通信总线是一种高速全双工同步通信总线，它只占用芯片的四根管脚，起到了节约芯片管脚的作用，同时它为 PCB 的布局节省了空间，给用户带来了方便。出于这种简单易用的特性，如今越来越多的芯片中应用了 SPI 通信总线，比如 AT91RM9200。

SPI 的通信原理很简单，它以主从方式工作，这种工作模式通常有一个主设备和一个或多个从设备，主从设备之间至少需要四根(单向传输时可使用三根)信号线连接，即 SDI(数据输入)、SDO(数据输出)、SCLK(时钟)、CS(片选)。这四根数据线是所有基于 SPI 的设备共有的。

(1) SDI：主设备数据输入，从设备数据输出；

(2) SDO：主设备数据输出，从设备数据输入；

(3) SCLK：时钟信号，由主设备产生；

(4) CS：从设备使能信号，由主设备控制。

其中，CS 为片选线，只有片选信号为预先规定的使能信号时(高电位或低电位)，对芯片的操作才有效。这使得在同一总线上连接多个 SPI 设备成为可能。

而 SDI、SDO 和 SCLK 负责通讯。通讯是通过数据交换完成的，SPI 是串行通讯协议，即表示数据是一位一位传输的。因此，需要由 SCLK 提供时钟脉冲，使 SDI、SDO 基于时钟脉冲完成数据传输。数据输出通过 SDO 线，数据在时钟上升沿或下降沿时挂于总线，随即在紧接着的下降沿或上升沿被读取，此时则完成一位数据输出传输。输入也使用同样的原理。这样，随着至少 8 次时钟信号的跳变(上沿和下沿为一次)，就可以完成 8 位数据的传输。

注意，SCLK 只能由主设备控制，不能由从设备控制。同样，在一个基于 SPI 的设备中，应至少有一个主控设备。普通的串行通信一次连续传送至少 8 位数据，而 SPI 通信允许数据一位一位传送，甚至允许暂停。因为 SCLK 时钟线由主控设备控制，当没有时钟跳变时，从设备不采集或传送数据。也就是说，主设备通过对 SCLK 时钟线的控制可以完成对通讯的控制。SPI 还是一个数据交换协议：因为 SPI 的数据输入和输出线独立，所以允许同时完成数据的输入和输出。不同 SPI 设备的实现方式不尽相同，主要是数据改变和采集的时间不同，在时钟信号上沿或下沿采集有不同定义。

缺点：SPI 接口没有指定的流控制，没有应答机制确认是否接收到数据。

实验 3-1　8051 与 PC 机串行口通讯实验

一、实验目的

(1) 了解 8051 串行口的工作原理以及发送方式。

(2) 了解 PC 机通讯的基本要求。

二、实验说明

8051 串行口经 232 电平转换后，与 PC 机串行口相连，其硬件电路如图 3-95 所示。PC 机使用串口调试应用程序 V2.2.exe 实现上位机与下位机的通讯。本实验使用查询法接收和发送资料。上位机发出指定字符，下位机收到后返回原字符。波特率设为 4800。

三、实验内容及步骤

(1) 在 TKMCU-1 实验台上，利用单片机最小应用系统 1，将九孔串行线插入 232 总线串行口。232 总线串行口的两只短路帽连接“本地”端。

(2) 安装好仿真器，用串行数据通信线连接计算机与仿真器，把仿真头插到模块的单片机插座中，打开模块电源，插上仿真器电源插头。

(3) 启动计算机，打开伟福仿真软件，进入仿真环境。选择仿真器型号、仿真头型号、CPU 类型；选择通信端口，测试串行口。

(4) 打开 8051 通讯.ASM 源程序，编译无误后，全速运行程序。

(5) 打开串口调试 V2.2.exe 应用程序，选择下列属性：

波特率——4800　　　　数据位——8

奇偶校验——无　　　　停止位——1

在 V2.2.exe"发送的字符/数据"区输入字符/数据，点击手动发送，接收区收到相同的字符/数据。

(6) 把源程序编译成可执行文件，烧录到 8051 芯片中。

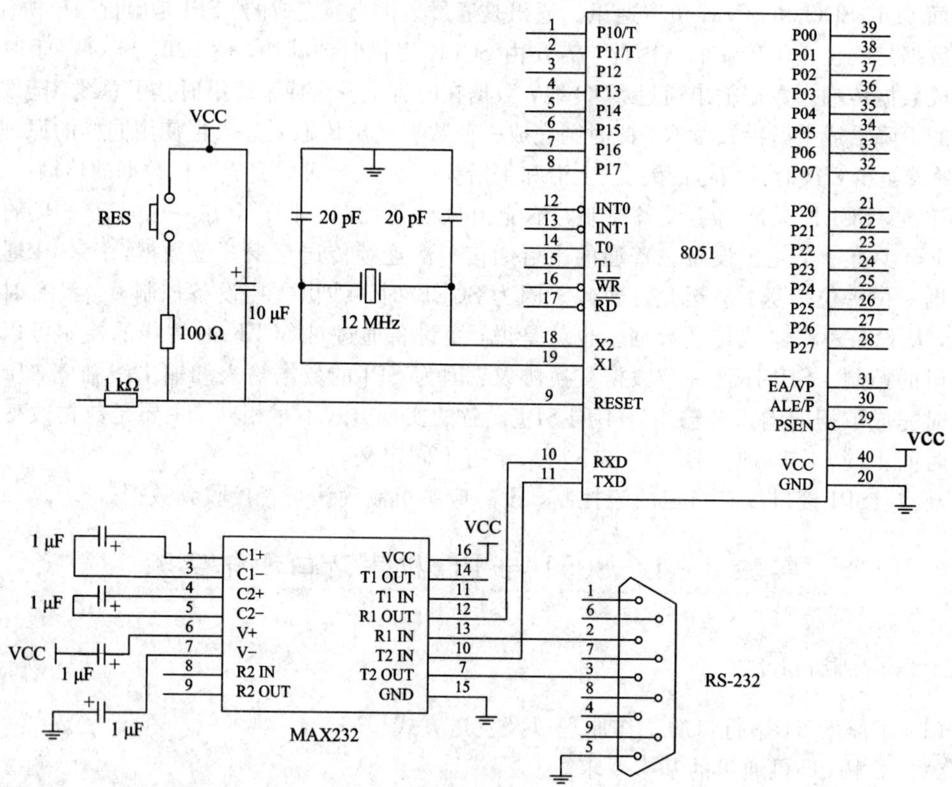

图 3-95　8051 与串行口硬件电路图

四、源程序

```
        ORG   00H
        JMP   START
        ORG   20H
START:  MOV   SP,#60H
        MOV   SCON,#01010000B     ;设定串行方式：8 位异步，允许接收
        MOV   TMOD,#20H           ;设定计数器 1 为模式 2
        ORL   PCON,#10000000B     ;波特率加倍
```

```
        MOV     TH1,#0F3H       ;设定波特率为 4800
        MOV     TL1,#0F3H
        SETB    TR1             ;计数器 1 开始计时
AGAIN:  JNB     RI,$            ;等待接收
        CLR     RI              ;清接收标志
        MOV     A,SBUF          ;接收数据缓冲
        NOP
        MOV     SBUF,A          ;送发送数据
        JNB     TI,$            ;等待发送完成
        CLR     TI              ;清发送标志
        SJMP    AGAIN
        END
```

实验 3-2　ADC0809 模/数转换实验

一、实验目的

(1) 掌握 ADC0809 模/数转换芯片与单片机的连接方法及 ADC0809 的典型应用。

(2) 掌握用查询方式、中断方式完成模/数转换程序的编写方法。

二、实验说明

本实验使用 ADC0809 模/数转换器。ADC0809 是 8 通道 8 位 CMOS 逐次逼近式 A/D 转换芯片，片内有模拟量通道选择开关及相应的通道锁存、译码电路，A/D 转换后的数据由三态锁存器输出，由于片内没有时钟需外接时钟信号。ADC0809 与单片机的硬件接线示意如图 3-96 所示。

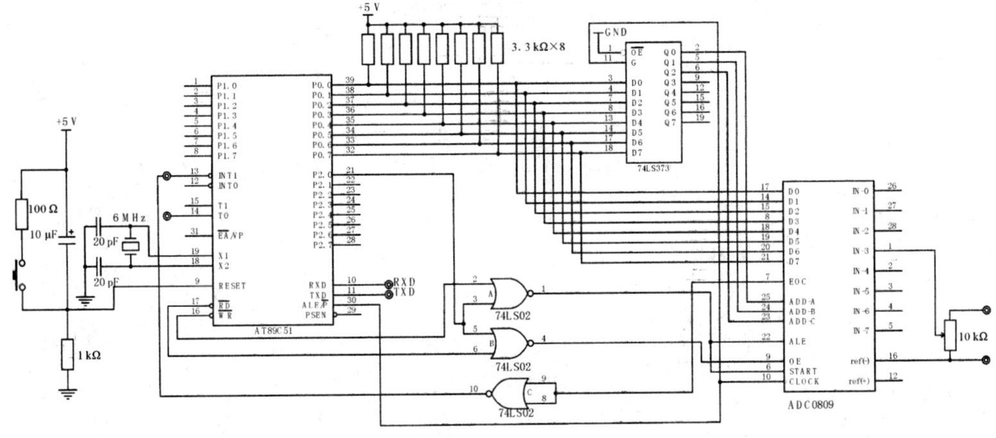

图 3-96　ADC0809 与单片机的硬件接线示意图

三、实验步骤

(1) 在 TKMCU-1 实验台上，将单片机最小应用系统 1 的 P0 口接 ADC0809 的 D0～

D7 口，$\overline{Q0}$～Q7 口接 ADC0809 的 A0～A7 口，$\overline{WR}$、$\overline{RD}$、P2.0、ALE、INT1 分别接 A/D 转换的$\overline{WR}$、$\overline{RD}$、P2.0、CLK、INT1；再将 A/D 转换的 IN 接入+5 V，单片机最小应用系统 1 的 P2.1、P2.2 连接到串行静态显示实验模块的 DIN、CLK。

(2) 安装好仿真器，用串行数据通信线连接计算机与仿真器，把仿真头插到模块的单片机插座中，打开模块电源及仿真器电源。

(3) 启动计算机，打开伟福仿真软件，进入仿真环境。选择仿真器型号、仿真头型号、CPU 类型；选择通信端口，测试串行口。

(4) 打开 AD0809.ASM 源程序，编译无误后，全速运行程序。

(5) 源程序调试成功后，将代码编译成可执行文件烧录到 AT89C51 芯片中。

四、流程图及源程序

1. 流程图

程序流程如图 3－97 所示。

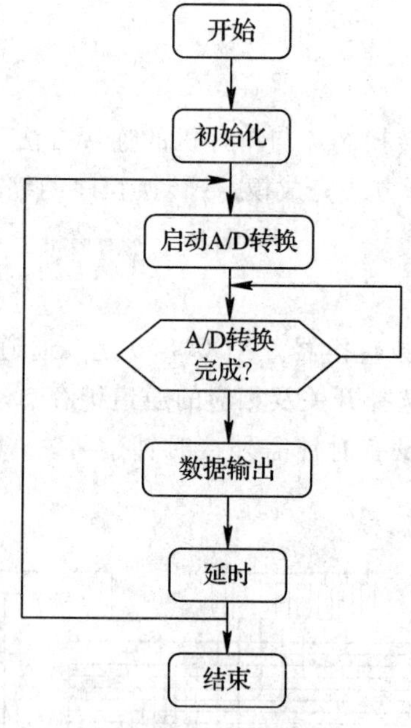

图 3－97　程序流程图

2. 源程序

```
        DBUF0     EQU   30H
        TEMP      EQU   40H
        ORG       0000H
START:  MOV       R0,#DBUF0
        MOV       @R0,#0AH
        INC   R0
        MOV       @R0,#0DH
        INC       R0
        MOV       @R0,#11H
        INC       R0
```

```
        MOV     DPTR,#0FEF3H;A/D
        MOV     A,#0
        MOVX    @DPTR,A
WAIT:   JNB     P3.3,WAIT
        MOVX    A,@DPTR
        MOV     P1,A
        MOV     B,A
        SWAP    A
        ANL     A,#0FH
        XCHA,@R0
        INC     R0
        MOV     A,B
        ANL     A,#0FH
        XCHA,@R0
        ACALL   DISP1
        ACALL   DELAY
        AJMP    START
DISP1:
        MOV     R0,#DBUF0
        MOV     R1,#TEMP
        MOV     R2,#5
DP10:   MOV     DPTR,#SEGTAB
        MOV     A,@R0
        MOVC    A,@A+DPTR
        MOV     @R1,A
        INC     R0
        INC     R1
        DJNZ    R2,DP10
        MOV     R0,#TEMP
        MOV     R1,#5
DP12:   MOV     R2,#8
        MOVA,@R0
DP13:   RLCA
        MOV     P2.1,C
        CLR     P2.2
        SETB    P2.2
        DJNZ    R2,DP13
        INC     R0
        DJNZ    R1,DP12
        RET
SEGTAB: DB 3FH,6,5BH,4FH,66H,6DH
        DB 7DH,7,7FH,6FH,77H,7CH
        DB 58H,5EH,79H,71H,0,00H
```

```
DELAY：MOV    R4,#0FFH
AA1：  MOV    R5,#0FFH
AA：   NOP
       NOP
       DJNZ  R5,AA
       DJNZ  R4,AA1
       RET
       END
```

五、思考题

(1) A/D 转换程序有三种编制方式：中断方式、查询方式、延时方式，实验中使用了查询方式，请用另两种方式编制程序。

(2) P0 口是数据/地址复用的端口，请说明实验中 ADC0809 的模拟通道选择开关在利用 P0 口的数据口或地址地位口时，程序指令和硬件连线的关系。

实验 3-3　DAC0832 数/模转换实验

一、实验目的

(1) 掌握 DAC0832 直通方式、单缓冲器方式、双缓冲器方式的编程方法。

(2) 掌握 D/A 转换程序的编程方法和调试方法。

二、实验说明

DAC0832 是 8 位 D/A 转换器，它采用 CMOS 工艺制作，具有双缓冲器输入结构。

DAC0832 内部有两个寄存器，而这两个寄存器的控制信号有五个。其中输入寄存器由 ILE、$\overline{CS}$、$\overline{WR1}$控制，DAC 寄存器由$\overline{WR2}$、Vref 控制。若用软件指令控制这五个控制端则可实现三种工作方式，即：直通方式、单缓冲方式、双缓冲方式。

直通方式预先将两个寄存器的五个控制端分别置为电平有效，再将两个寄存器都开通，一旦有数字信号输入就立即进入 D/A 转换。

单缓冲方式使 DAC0832 两个输入寄存器中的一个处于直通方式，另一个处于受控方式。可将 DAC0832 的$\overline{WR2}$和 Vref 并联接地，并把它的$\overline{WR1}$接到 AT89C51 的$\overline{WR}$上，再使 DAC0832 的 ILE 接高电平，$\overline{CS}$接高位地址或地址译码的输出端上。

双缓冲方式是将 DAC0832 的输入寄存器和 DAC 寄存器都接成受控方式，这种方式可用于多路模拟量要求同时输出的情况下。

三种工作方式区别是：直通方式不需要选通，可直接进行 D/A 转换；单缓冲方式一次选通；双缓冲方式二次选通。DAC0832 与单片机的硬件连接示意图如图 3-98 所示。

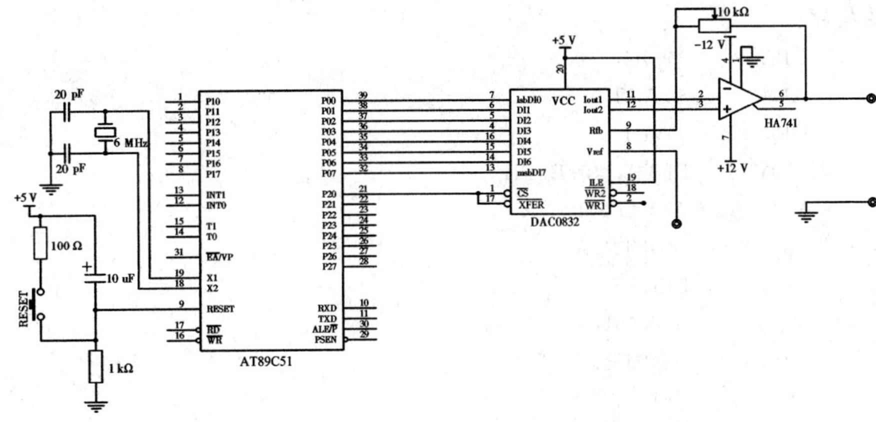

图 3－98　DAC0832 与单片机的硬件连接示意图

三、实验步骤

(1) 在 TKMCU－1 实验台上，将单片机最小应用系统 1 的 P0 口接在 DAC0832 的 DI0～DI7 口上，再将单片机最小应用系统 1 的 P2.0、$\overline{WR}$分别接在 D/A 转换的 P2.0、$\overline{WR}$上，然后将 Vref 接－5 V，D/A 转换的 OUT 接示波器探头。

(2) 安装好仿真器，用串行数据通信线连接计算机与仿真器，把仿真头插到模块的单片机插座中，打开模块电源和仿真器电源。

(3) 启动计算机，打开伟福仿真软件，进入仿真环境。选择仿真器型号、仿真头型号、CPU 类型；选择通信端口，测试串行口。

(4) 打开 DA0832.ASM 源程序，编译无误后，全速运行程序，观察示波器测量输出波形的周期和幅度。

(5) 程序调试成功，把源程序编译成可执行文件烧录到 AT89C51 芯片中。

四、流程图及源程序

1. 流程图

程序流程如图 3－99 所示。

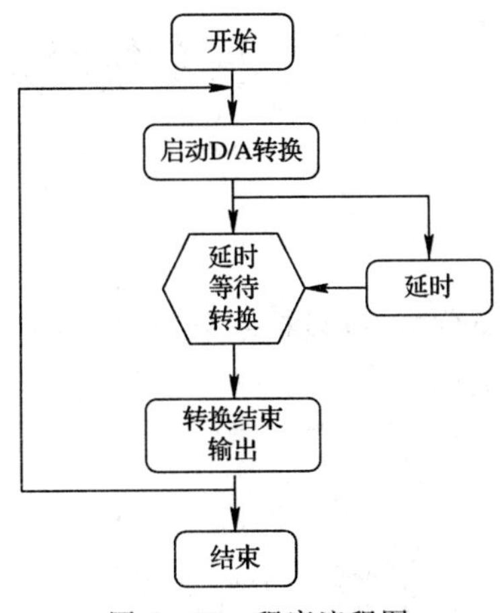

图 3－99　程序流程图

2. 源程序

```
          ORG     0000H
          AJMP    START
          ORG     0030H
START:    MOV     DPTR,#0FEFFH
LP:       MOV     A,#0FFH
          MOVX    @DPTR,A
          ACALL   DELAY
          MOV     A,#00H
          MOVX    @DPTR,A
          LCALL   DELAY
          SJMP    LP
DELAY:    MOV     R3,#00H
          MOV     R4,#00H
  D1:     DJNZ    R4,D1
          NOP
          NOP
          NOP
          NOP
          NOP
          DJNZ    R3,D1
          RET
          END
```

五、思考题

(1) 计算输出方波的周期，并说明应如何改变输出方波的周期。

(2) 在硬件电路不改动的情况下，请编写实现输出波形为锯齿波及三角波的程序。

(3) 请画出 DAC0832 在双缓冲工作方式时的接口电路，并用两片 DAC0832 实现图形 x 轴和 y 轴偏转放大同步输出。

实验 3-4　0～5 V 直流数字电压的设计

一、实验任务

利用单片机 AT89C51 与 ADC0809 设计一个数字电压表。该数字电压表能够测量 0～5 V 的直流电压值，且为四位数码显示。

二、实验原理

1) 模/数转换原理

实验选用 ADC0809 作为模/数转换的芯片。ADC0809 为逐次逼近式 A/D 转换芯片，工作时需要一个稳定的时钟输入。通常 ADC0809 的时钟频率为 10～1200 kHz，实验选择典型值 640 kHz。要求测量电压范围是 0～5 V，取 Vref＋＝＋5 V，Vref－＝0 V。

ADC0809 有 8 个输入通道可供选择，实验选择 IN0 通道，故要求 ADC0809 的 A、B、C 三个引脚接地。当 ADC0809 启动时 ALE 引脚电平正跳变可以锁存 A、B、C 上的地址信息。ADC0809 可以将从 IN0 得到的模拟数据转换为相应的二进制数，A/D 转换完成后，ADC0809 在 EOC 引脚上产生一个 8 倍于自身时钟周期的正脉冲作为转换结束的标志。然后当 OE 引脚上产生高电平时，ADC0809 将允许转换完的二进制数据输出。

2）数据处理原理

由 ADC0809 的转换原理可知，直接得到的数据是二进制数，因此需要进一步处理数据以求得二进制数所对应的十进制数，并且对其进行精度处理，也就是实验要求的精确到小数点后两位。用 51 单片机对数据进行处理，其基本思路是：首先将得到的二进制数直接除以十进制数 51，然后取整，接着将得到的余数乘以 10，然后再除以 51，再取整作为最后十进制数的十分位，最后将得到的余数除以 5 得到十进制数的百分位。

3）数据显示原理

实验使用四位一体七段数码管，并利用动态扫描显示来完成数码管对十进制数的显示，再通过程序的延时，实现四位数码管的稳定显示。因为用的是四位数码显示管，但结果数据为三位，故将第四位显示为单位 V。

4）电路原理图

数字电压表硬件电路如图 3－100 所示。

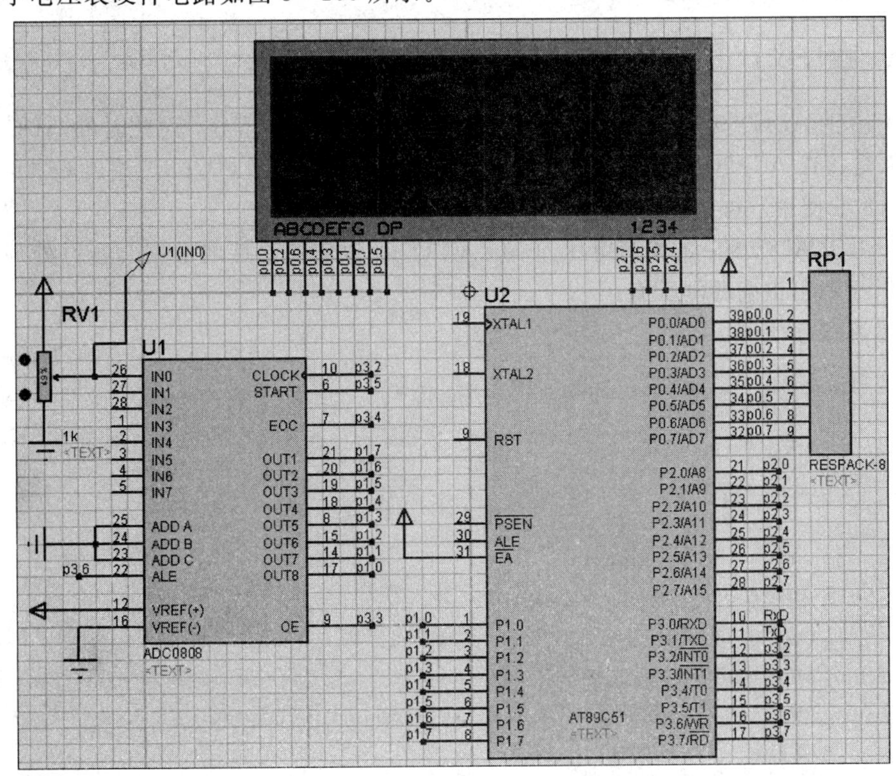

图 3－100　数字电压表硬件电路图

系统板上的硬件连线如下：

（1）把“单片机系统”区域中的P0.0～P0.7与“动态数码显示”区域中的A、B、C、D、E、F、G、DP端口用8芯排线连接。

（2）把“单片机系统”区域中的P2.4～P2.7与“动态数码显示”区域中的位选4、3、2、1端连接。

（3）把“单片机系统”区域中的P3.5与“模/数转换模块”区域中的START启动信号用导线连接。P3.6作为ALE的信号传输。单片机$\overline{EA}$接高电平。

（4）把“单片机系统”区域中的P3.3与“模/数转换模块”区域中的OE端子用导线连接。

（5）把“单片机系统”区域中的P3.4与“模/数转换模块”区域中的EOC端子用导线连接。

（6）把“单片机系统”区域中的P3.2与“模/数转换模块”区域中的CLOCK端子用导线连接。

（7）把“模/数转换模块”区域中的ADD A、ADD B、ADD C端子用导线连接到“电源模块”区域中的GND端子上。

（8）把“模/数转换模块”区域中的IN0端子用导线连接到“三路可调电压模块”区域中的RV1端子上。而ADC0809的IN1到IN7悬空，不作连接。

（9）把“单片机系统”区域中的P1.0～P1.7用8芯排线连接到“模/数转换模块”区域中的OUT8至OUT0端子上。

三、程序设计内容

（1）由于ADC0809在进行A/D转换时需要有CLOCK信号，而此时的ADC0809的CLOCK是接在AT89C51单片机的P3.2端口上的。因此，可以从P3.2输出CLOCK信号供ADC0809使用。可用软件产生CLOCK信号。

（2）由于ADC0809的参考电压Vref＝VCC，所以转换之后的数据要经过处理才能在数码管上显示出正确的电压值。

汇编源程序如下：

```
        ORG     0000H
        LJMP    START
        ORG     000BH
        CPL     P3.2
        MOV     TH0,#0FFH
        MOV     TL0,#0FFH
        RETI
        ORG     0014H
START:  MOV     PSW,#0FFH
        MOV     R1,#00H
        MOV     R2,#00H
        MOV     R3,#00H              ;清零寄存器
        MOV     IE,#82H              ;设置IE，开启定时器，关闭其他中断
```

```
        MOV     TMOD ,#01H          ;定时器 T0，方式 1，给 ADC0809 时钟信号
        MOV     TH0，#0FFH
        MOV     TL0，#0FFH
        SETB    TR0                 ;启动定时器
LOOP1： CLR     P3.5                ;清零并启动 ADC0809
        CPL     P3.5
        CPL     P3.5
        CLR     P3.6                ;初始化 ALE，并启动
        SETB    P3.6
        SETB    P3.4
LOOP2： JNB     P3.4 ，LOOP2        ;扫描 EOC
        SETB    P3.3                ;允许输出
        MOV     P1,#0FFH
        MOV     A,P1
        MOV     B,#51
        DIV     AB
        MOV     DPTR,#DTAB
        MOVC    A,@A+DPTR
        ORL     A,#20H
        MOV     R1,A                ;得到个位和小数点存于 R1
        MOV     A,B
        MOV     B,#10
        MUL     AB
        JNB     PSW.2,LOOP3
        CLR     PSW.2
        INC     A
        MOV     B,#51
        DIV     AB
        ADD     A,#5
        MOV     R0,B
        AJMP    LOOP4
LOOP3： MOV     B,#51
        DIV     AB
        MOV     R0,B
LOOP4： MOV     DPTR,#DTAB
        MOVC    A,@A+DPTR
        MOV     R2,A                ;得到十分位存于 R2
        MOV     A,B
        MOV     A,R0
        MOV     B,#10// MOV   B,#5
        MUL     AB //DIV   AB
        JNB     PSW.2,LOOP5
        CLR     PSW.2
```

```
        INC     A
        MOV     B,#51
        DIV     AB
        ADD     A,#5
        AJMP    LOOP6
LOOP5:  MOV     B,#51
        DIV     AB
LOOP6:  MOV     DPTR,#DTAB
        MOVC    A,@A+DPTR
        MOV     R3,A                ;得到百分位存于 R3
DIS:    CLR     P2.4                ;显示单位
        MOV     P0,#5EH
        MOV     R5,#0FH
        DJNZ    R5,$
        SETB    P2.4
        CLR     P2.5                ;显示百分位
        MOV     P0,R3
        MOV     R5,#0FH
        DJNZ    R5,$
        SETB    P2.5
        CLR     P2.6;显示十分位
        MOV     P0,R2
        MOV     R5,#0FH
        DJNZ    R5,$
        SETB    P2.6
        CLR     P2.7                ;显示个位和小数点
        MOV     P0,R1
        MOV     R5,#0FH
        DJNZ    R5,$
        SETB    P2.7
        JB      P3.4,LOOP7
        AJMP    DIS
LOOP7:  LJMP    LOOP1
DTAB:   DB      5FH ,44H ,9DH,0D5H,0C6H
        DB      0D3H,0DBH,45H,0DFH,0D7H
        END
```

附录　51系列单片机指令表

助记符		指令说明	字节数	周期数
数据传递类指令				
MOV	A，Rn	寄存器传送到累加器	1	1
MOV	A，direct	直接地址传送到累加器	2	1
MOV	A，@Ri	累加器传送到外部RAM(8地址)	1	1
MOV	A，#data	立即数传送到累加器	2	1
MOV	Rn，A	累加器传送到寄存器	1	1
MOV	Rn，direct	直接地址传送到寄存器	2	2
MOV	Rn，#data	累加器传送到直接地址	2	1
MOV	direct，Rn	寄存器传送到直接地址	2	1
MOV	direct，direct	直接地址传送到直接地址	3	2
MOV	direct，A	累加器传送到直接地址	2	1
MOV	direct，@Ri	间接RAM传送到直接地址	2	2
MOV	direct，#data	立即数传送到直接地址	3	2
MOV	@Ri，A	直接地址传送到直接地址	1	2
MOV	@Ri，direct	直接地址传送到间接RAM	2	1
MOV	@Ri，#data	立即数传送到间接RAM	2	2
MOV	DPTR，#data16	16位常数加载到数据指针	3	1
MOVC	A，@A+DPTR	代码字节传送到累加器	1	2
MOVC	A，@A+PC	代码字节传送到累加器	1	2
MOVX	A，@Ri	外部RAM(8地址)传送到累加器	1	2
MOVX	A，@DPTR	外部RAM(16地址)传送到累加器	1	2
MOVX	@Ri，A	累加器传送到外部RAM(8地址)	1	2
MOVX	@DPTR，A	累加器传送到外部RAM(16地址)	1	2
PUSH	direct	直接地址压入堆栈	2	2

续表一

助记符		指令说明	字节数	周期数
POP	direct	直接地址弹出堆栈	2	2
XCH	A，Rn	寄存器和累加器交换	1	1
XCH	A，direct	直接地址和累加器交换	2	1
XCH	A，@Ri	间接 RAM 和累加器交换	1	1
XCHD	A，@Ri	间接 RAM 和累加器交换低 4 位节	1	1
算术运算类指令				
INC	A	累加器加 1	1	1
INC	Rn	寄存器加 1	1	1
INC	direct	直接地址加 1	2	1
INC	@Ri	间接 RAM 加 1	1	1
INC	DPTR	数据指针加 1	1	2
DEC	A	累加器减 1	1	1
DEC	Rn	寄存器减 1	1	1
DEC	direct	直接地址减 1	2	2
DEC	@Ri	间接 RAM 减 1	1	1
MUL	AB	累加器和 B 寄存器相乘	1	4
DIV	AB	累加器除以 B 寄存器	1	4
DA	A	累加器十进制调整	1	1
ADD	A，Rn	寄存器与累加器求和	1	1
ADD	A，direct	直接地址与累加器求和	2	1
ADD	A,@Ri	间接 RAM 与累加器求和	1	1
ADD	A,＃data	立即数与累加器求和	2	1
ADDC	A,Rn	寄存器与累加器求和(带进位)	1	1
ADDC	A，direct	直接地址与累加器求和(带进位)	2	1
ADDC	A，@Ri	间接 RAM 与累加器求和(带进位)	1	1
ADDC	A，＃data	立即数与累加器求和(带进位)	2	1
SUBB	A，Rn	累加器减去寄存器(带借位)	1	1
SUBB	A，direct	累加器减去直接地址(带借位)	2	1

续表二

助记符		指令说明	字节数	周期数
SUBB	A，@Ri	累加器减去间接RAM(带借位)	1	1
SUBB	A，#data	累加器减去立即数(带借位)	2	1
逻辑运算类指令				
ANL	A，Rn	寄存器“与”到累加器	1	1
ANL	A，direct	直接地址“与”到累加器	2	1
ANL	A，@Ri	间接RAM“与”到累加器	1	1
ANL	A，#data	立即数“与”到累加器	2	1
ANL	direct，A	累加器“与”到直接地址	2	1
ANL	direct，#data	立即数“与”到直接地址	3	2
ORL	A，Rn	寄存器“或”到累加器	1	2
ORL	A，direct	直接地址“或”到累加器	2	1
ORL	A，@Ri	间接RAM“或”到累加器	1	1
ORL	A，#data	立即数“或”到累加器	2	1
ORL	direct，A	累加器“或”到直接地址	2	1
ORL	direct，#data	立即数“或”到直接地址	3	1
XRL	A，Rn	寄存器“异或”到累加器	1	2
XRL	A，direct	直接地址“异或”到累加器	2	1
XRL	A，@Ri	间接RAM“异或”到累加器	1	1
XRL	A，#data	立即数“异或”到累加器	2	1
XRL	direct，A	累加器“异或”到直接地址	2	1
XRL	direct，#data	立即数“异或”到直接地址	3	1
CLR	A	累加器清零	1	2
CPL	A	累加器求反	1	1
RL	A	累加器循环左移	1	1
RLC	A	带进位累加器循环左移	1	1
RR	A	累加器循环右移	1	1
RRC	A	带进位累加器循环右移	1	1
SWAP	A	累加器高、低4位交换	1	1

续表三

助记符		指令说明	字节数	周期数
控制转移类指令				
JMP	@A+DPTR	相对 DPTR 的无条件间接转移	1	2
JZ	rel	累加器为 0 则转移	2	2
JNZ	rel	累加器为 1 则转移	2	2
CJNE	A，direct，rel	比较直接地址和累加器，不相等转移	3	2
CJNE	A，#data，rel	比较立即数和累加器，不相等转移	3	2
CJNE	Rn，#data，rel	比较寄存器和立即数，不相等转移	2	2
CJNE	@Ri，#data，rel	比较立即数和间接 RAM，不相等转移	3	2
DJNZ	Rn，rel	寄存器减 1，不为 0 则转移	3	2
DJNZ	direct，rel	直接地址减 1，不为 0 则转移	3	2
NOP		空操作，用于短暂延时	1	1
ACALL	add11	绝对调用子程序	2	2
LCALL	add16	长调用子程序	3	2
RET		从子程序返回	1	2
RETI		从中断服务子程序返回	1	2
AJMP	add11	无条件绝对转移	2	2
LJMP	add16	无条件长转移	3	2
SJMP	rel	无条件相对转移	2	2
布尔指令				
CLR	C	清进位位	1	1
CLR	bit	清直接寻址位	2	1
SETB	C	置位进位位	1	1
SETB	bit	置位直接寻址位	2	1
CPL	C	取反进位位	1	1
CPL	bit	取反直接寻址位	2	1
ANL	C，bit	直接寻址位“与”到进位位	2	2
ANL	C，/bit	直接寻址位的反码“与”到进位位	2	2
ORL	C，bit	直接寻址位“或”到进位位	2	2

续表四

助记符		指令说明	字节数	周期数
ORL	C，/bit	直接寻址位的反码“或”到进位位	2	2
MOV	C，bit	直接寻址位传送到进位位	2	1
MOV	bit，C	进位位位传送到直接寻址	2	2
JC	rel	如果进位位为1则转移	2	2
JNC	rel	如果进位位为0则转移	2	2
JB	bit，rel	如果直接寻址位为1则转移	3	2
JNB	bit，rel	如果直接寻址位为0则转移	3	2
JBC	bit，rel	直接寻址位为1则转移并清除该位	2	2
伪指令				
ORG		指明程序的开始位置		
DB		定义数据表		
DW		定义16位的地址表		
EQU		给一个表达式或一个字符串起名		
DATA		给一个8位的内部RAM起名		
XDATA		给一个8位的外部RAM起名		
BIT		给一个可位寻址的位单元起名		
END		指出源程序到此为止		
指令中的符号标识				
Rn		工作寄存器R0～R7		
Ri		工作寄存器R0和R1		
@Ri		间接寻址的8位RAM单元地址(00H～FFH)		
#data8		8位常数		
#data16		16位常数		
addr16		16位目标地址，能转移或调用到64 KB ROM的任何地方		
addr11		11位目标地址，在下条指令的2 KB范围内转移或调用		
Rel		8位偏移量，用于SJMP和所有条件转移指令，范围－128～＋127		
Bit		片内RAM中的可寻址位和SFR的可寻址位		
Direct		直接地址，范围片内RAM单元(00H～7FH)和80H～FFH		
$		指本条指令的起始位置		

参 考 文 献

［1］ 李全利. 单片机原理及应用技术［M］. 3 版. 北京：高等教育出版社，2009.
［2］ 李朝青. 单片机原理及接口技术［M］. 3 版. 北京：北京航空航天大学出版社，2007.
［3］ 何立民. 单片机高级教程［M］. 北京：北京航空航天大学出版社，2001.
［4］ 程院莲. 基于任务驱动的单片机应用教程［M］. 西安：西安电子科技大学出版社，2011.
［5］ 夏继强. 单片机实验与实践教程［M］. 北京：北京航空航天大学出版社，2001.
［6］ 赵晓安. MCS－51 单片机原理及应用［M］. 天津：天津大学出版社，2001.
［7］ 赵兴宇，李媛. 单片机应用与设计［M］. 西安：西安电子科技大学出版社，2012.
［8］ 王文杰，许文斌. 单片机应用技术［M］. 北京：冶金工业出版社，2008.